室内健康环境营造技术丛书

建筑室内微生物污染与控制

曹国庆　李劲松　钱　华　等编著
陆津龙　李安桂

U0167569

中国建筑工业出版社

图书在版编目（CIP）数据

建筑室内微生物污染与控制 / 曹国庆等编著. — 北
京：中国建筑工业出版社，2022.3
（室内健康环境营造技术丛书）
ISBN 978-7-112-27109-2

Ⅰ. ①建… Ⅱ. ①曹… Ⅲ. ①室内环境-微生物污染
-污染防治 Ⅳ. ①TU238②X5

中国版本图书馆 CIP 数据核字（2022）第 028415 号

责任编辑：张文胜
责任校对：赵听雨

室内健康环境营造技术丛书

建筑室内微生物污染与控制

曹国庆 李劲松 钱 华 等编著
陆津龙 李安桂

*

中国建筑工业出版社出版、发行（北京海淀三里河路 9 号）

各地新华书店、建筑书店经销

北京鸿文瀚海文化传媒有限公司制版

北京建筑工业印刷厂印刷

*

开本：787 毫米×1092 毫米 1/16 印张：16¼ 字数：392 千字
2022 年 3 月第一版 2022 年 3 月第一次印刷
定价：**52.00** 元
ISBN 978-7-112-27109-2
（38738）

版权所有 翻印必究
如有印装质量问题，可寄本社图书出版中心退换
（邮政编码 100037）

编著委员会

主 任　曹国庆　李劲松　钱　华　陆津龙　李安桂
副主任　李景广　刘志坚　陈紫光　胡凌飞　王聖齐　章重洋　张　莹
委 员（以姓氏笔画为序）

于　丹（北京建筑大学）

叶　瑾（东南大学）

申芳霞（北京航空航天大学）

戎　瑞（华北电力大学）

刘燕敏（同济大学）

李　彬（东南大学）

李国柱（中国建筑科学研究院有限公司）

李旻雯（上海建科集团股份有限公司）

吴定萌（西安建筑科技大学）

何春雷（青岛众瑞智能仪器股份有限公司）

迟方圆（青岛众瑞智能仪器股份有限公司）

张　寅（北京航空航天大学）

张金萍（北京建筑大学）

张铭健（中国建筑科学研究院有限公司）

陈　超（北京工业大学）

高　军（同济大学）

郭建国（中国医学科学院医学实验动物研究所）

郭康旗（东南大学）

黄　衍（上海建科集团股份有限公司）

梁　薇（北京科技大学）

谢　慧（北京科技大学）

糜长稳（东南大学）

前　言

　　人类历史上暴发的全球性重大传染性疾病中，绝大多数因微生物污染传播所致。自21世纪以来，严重急性呼吸综合征（SARS）、人感染禽流感、埃博拉出血热（EHF）、中东呼吸综合征（MERS），以及新型冠状病毒肺炎（COVID-19）疫情无不给人类生存带来深刻影响。特别是全球化日益发达的今天，随着交通条件越发便利，人类活动范围也随之扩大，导致各类烈性传染病传播越发迅猛、带来的危害逐渐增加。因此，随着人类科技水平的发展进步，有关微生物对人类健康的影响日益受到重视。

　　据统计，人类一生约有80％的时间在建筑室内度过，建筑室内微生物污染是传染性疾病不可忽视的源头。随着我国经济发展和人民生活水平的不断提高，以及人们对建筑室内环境质量的要求不断提升，室内微生物污染已逐渐被纳入室内空气质量考量范畴，并成为相关领域研究的热点和焦点。

　　我国幅员辽阔，各地气候条件、经济发展水平与人群生活习惯不尽相同，建筑室内微生物污染呈现种类繁杂、来源多样、群落特征差异显著的特点，缺乏有针对性的长效解决方法或技术措施。近年来，微生物污染引发的各类疫情，给世界各国卫生健康体系带来了重大考验。因此，加强对典型建筑室内微生物污染的防治能力、提高重大疫情防控能力与突发公共卫生事件应急处理能力、降低疾病发生与传播风险、补充健全建筑室内微生物污染防控相关标准规范等方面亟待新的突破。

　　旨在为这一重大社会需求提供技术支撑，我国启动的"十三五"绿色建筑及建筑工业化重点研发专项下属项目"室内微生物污染源头识别监测和综合控制技术"（项目编号2017YFC0702800）、室内空气质量评价与控制北京市重点实验室开放基金课题"医院建筑生物安全防控关键技术研究"（课题编号BZ0344KF20-04），以"健康、适宜和高效"为原则，以"典型建筑室内微生物污染得到全程控制、传染病在室内污染传播得到有效控制"为总体目标，立足我国国情、充分吸收借鉴国内外先进经验，重点开展了"污染现状调研、传播机理分析、应用技术研发、技术工程示范"四个方面的研究。经过对我国不同气候区不同功能建筑室内微生物污染现状和来源的充分调研，从地域、时域、功能特征三个维度，构建了集建筑室内微生物群落结构、污染水平和散发源特性等信息于一体的基础数据库；研制了空气微生物污染在线监测装置，为实现室内微生物污染精准控制提供了技术保障；针对典型建筑室内微生物污染问题，提出了多项建筑本体防治技术和建筑设备防治技术措施，针对呼吸道传染病可能在室内污染传播问题，给出了工程防范措施，实现了从室内微生物污染源头、传播途径与沉降定植全过程动态高效控制，为提升我国室内环境的整体水平提供科技引领和技术支撑。

为系统性梳理本项目重要研究成果和应用示范情况，决定编著本书，就我国建筑室内微生物污染来源、污染现状、传播机理、防控标准、控制技术、建筑防疫能力构建等广受关注的问题进行总结，以期分享给相关领域同仁们。

本书的出版及相关研究均得到由中国建筑科学研究院有限公司主持的"十三五"国家重点研发计划项目"室内微生物污染源头识别监测和综合控制技术"（项目编号：2017YFC0702800）、室内空气质量评价与控制北京市重点实验室开放基金课题"医院建筑生物安全防控关键技术研究"（课题编号：BZ0344KF20-04）的资助，同时也得到了国内相关领域权威专家的大力支持，在此一并表示感谢。由于编写时间有限，成稿仓促，书中难免有疏漏和谬误之处，期待广大同仁提出宝贵意见和建议，共同促进行业发展。

目　　录

第1章　室内微生物污染来源与传播机理

1.1　微生物分类与生物学特性

随着人类社会的不断进步，人们对微生物的了解也愈来愈深，微生物对人类社会的重大影响日益受到重视。一次重大疾病的暴发可能只和某种病毒有关，空气中的一些微生物也会对材料进行腐蚀；然而，一些微生物作为分解者，对整个生态系统的物质循环起着不可替代的作用。同时，在很多工业领域，人们利用微生物大大提高了生产效率。因而，如何在与微生物共存过程中更好地利用微生物做对人类有益的事，首先需要对微生物类型及其生物学特性有基本了解。

在微生物学中，微生物被分为两大类：细胞型微生物和非细胞型微生物，如图 1-1 所示。其中非细胞型微生物是结构最简单和最微小的微生物，没有典型的细胞结构，没有能够产生能量的酶系统，需要寄生在其他活细胞内生长繁殖，这类微生物的典型代表就是病毒；而细胞型微生物又分为原核和真核两种类别，其中原核微生物没有成型的细胞核（无核膜包围），包括细菌、古菌和蓝藻等，真核微生物有真正的细胞核（有核膜包围），包括真菌、藻类和原生动物等。

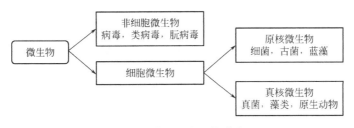

图 1-1　典型的微生物分类

1.1.1　病毒

在所有的微生物中，病毒是一类体积最为微小、只有单一核酸类型、严格的细胞内寄生的非细胞型微生物。目前由微生物所引起的疾病大概有 75％是由病毒引起的。

病毒的大小一般为 20～300nm，其基本结构包括 DNA 或 RNA 所构成的核心以及蛋白质所构成的衣壳。核酸决定了病毒的特性，根据核酸种类的不同，可以将病毒分为 DNA 病毒和 RNA 病毒；病毒的蛋白质外壳起到保护病毒核酸并参与感染宿主细胞的作用。

致病性病毒给人类带来了巨大灾难，1918 年的流感大流行，感染了全球约 5 亿人，造成了约 5000 万人死亡；2003 年的"非典"以及 2020 年的新型冠状病毒的暴发，都给人类社会带来了巨大损失。在日常的人类活动中，有一些病毒感染能引起良性肿瘤，如痘病毒科的兔纤维瘤病毒感染、人传染性软疣病毒感染和乳多泡病毒科的乳头瘤病毒感染；另有一些能引起恶变肿瘤，按其核酸种类可分成 DNA 肿瘤病毒感染和 RNA 肿瘤病毒感染。RNA 肿瘤病毒感染均属反转录病毒科，包含鸡和小白鼠的败血症和肉瘤病毒感染，从肿瘤体细胞中可查出病毒感染粒。这两大类病毒感染均能在身体之外转换体细胞。在人类肿瘤中，已证实 EB 病毒与伯基特淋巴瘤和鼻咽癌有密切相关；从一种 T 体细胞败血症查出反录病毒感染。除此之外，Ⅱ型疱疹病毒感染可能与宫颈癌发病原因相关，乙型肝炎病毒感染可能与肝癌发病原因相关。可是，病毒感染大约并不是唯一的发病原因，自然环境和基因遗传要素可能起协同效应。病毒感染常产生在发烧、感冒等呼吸道感染后，病毒颗粒可由血液循环直接进入耳道血液循环中，造成内耳毛细胞、神经纤维体细胞及毛细血管等构造的毁坏。病毒感染也可以经圆窗入侵耳道，造成迷路炎等病损，造成耳聋。

然而随着人类对病毒研究的愈发深入，人们也开始利用病毒，如噬菌体可以作为防治某些疾病的特效药；细胞工程中，病毒可以作为细胞融合的助融剂；实验室专一的细菌培养剂也可以添加某些特定的病毒除杂，最为重要的是，病毒在生物圈的物质循环和能量流动中也起着非常重要的作用。病毒有益的地方还有很多，目前最为看好的未来医学的前景是靶细胞疗法治疗癌症，就是将病毒的核酸除掉，保留病毒的蛋白质外壳，让外壳包裹上药物，这样药物不会轻易被胃肠道消化，可以根据病毒的嗜性、特异性攻击某人体组织的细胞。于是经过基因修饰，就可以攻击体内的癌症细胞，从而不用像化疗、放疗一般伤害人体自身的健康细胞，而且精准治疗。至于如何让病毒找到癌症细胞，这是由于细胞突变无限增殖，变成癌变细胞会在癌变细胞表面分泌特殊的受体，同时免疫系统会有所察觉，只要根据免疫细胞凋亡癌症细胞的受体识别通路，改造病毒外壳再包裹药物，就是新的抗癌药物的思路（这里利用的蛋白外壳，主流研究使用的是巨细胞病毒 MCMV）。最近强生公司推出的艾滋病疫苗的载体就是另一种病毒载体——腺病毒，虽然人类的腺病毒导致从皮肤病到呼吸道和肠胃疾病等多种病症。但利用其基因组大编码蛋白多，同时又是 DNA 病毒突变少的原因，使得它被用作各种疫苗的载体。

1.1.2　细菌

细菌是一种具有细胞壁的单细胞微生物，其体积微小且种类繁多，体积差异较大，通常用 μm 作为其计量大小的单位。细菌形态各异，一般根据形态特征可以将细菌分为球菌、杆菌和螺旋菌三大类。细菌的基本结构包括细胞壁、细胞膜、细胞质和核质 4 大部分组成，某些细菌还具有荚膜、鞭毛等特殊结构。

细菌对人类来讲是存在很多的益处的，比如在农业方面，根瘤菌和固氮菌被用于农作物种植，细菌在物质转化、提高土壤肥力和控制植物病害等方面起到积极作用。细菌通常与酵母菌及其他种类的真菌一起用于发酵食物，例如在醋的传统制造过程中，就是利用空气中的醋酸菌（*Acetobacter*）使酒转变成醋。其他利用细菌制造的食品还有奶酪、泡菜、酱油、醋、酒、优格等。细菌也能够分泌多种抗生素，例如链霉素即是由链霉菌（*Steptomyces*）所分泌的。细菌能降解多种有机化合物的能力也常被用来清除污染，称作生物复育（bioremediation）。举例来说，科学家利用嗜甲烷菌（*Methanotroph*）来分解美国佐治亚州的三氯乙烯和四氯乙烯污染。细菌也对人类活动有很大的影响。例如奶酪及优格的制作、部分抗生素的制造、废水的处理等，都与细菌有关。在生物科技领域，细菌也有着广泛的运用，例如用大肠杆菌制造出胰岛素、用细菌制造出人的干扰素、利用细菌培养进行科学研究。

在危害方面，一些细菌作为病原体，引起人类或农作物的疾病，近年来 0157 大肠杆菌、登革热、出血热、非典型肺炎流行性疾病的大规模暴发引起了人类的恐慌。有害细菌常常给人们带来很大威胁，如：

大肠杆菌：可引发腹膜炎、胆囊炎、败血症、新生儿脑膜炎、腹痛和便血等；

金黄色葡萄球菌：可引发蜂窝组织炎、皮肤病、支气管炎、中耳炎、脑膜炎等；

霉菌：能够引起恶心、呕吐、腹痛等症状，严重的会导致呼吸道及肠道疾病，如哮喘、痢疾等，患者会因此精神萎靡不振，严重时则出现昏迷、血压下降等。

据统计，全世界每年因细菌感染造成的死亡人数为 2000 万人，占总死亡人数的 30%，是非常触目惊心的。

从肌肤外在的环境，到人体内在的微环境，有害细菌、病毒等病原体无时无刻不在伺机而动。空气中的致病菌主要是由病人或带菌者在咳嗽、吐痰、打喷嚏和呼吸时，随同唾液飞沫一起大量排出而进入空气的。人体常处于微生物的包围之中，机体和微生物时刻都在相互斗争，如果机体处于"劣势"，产生不同的病理状态叫传染，产生明显症状的叫传染病。如脑膜炎，双球菌喜欢在春暖花开的季节里出来活动，它侵入人体后，先进入血液形成菌血症，再跑到脑脊髓的外膜上生产繁殖，造成炎症。这种病死亡率高达 80%，而且愈有各种后遗症。

人的皮肤上经常附着有链球菌、小球菌、大肠杆菌、霉菌等微生物，一旦皮肤损伤，致病菌侵入伤口就会引起化脓感染，打针时使用碘酒给皮肤消毒就是防止皮肤上的微生物通过注射针眼进入人体。人的口腔里所含的食物残渣和脱落的上皮细胞是细菌的良好营养物，口腔里的温度相当适宜细菌繁殖，所以，常有各种球菌，如乳酸杆菌、芽孢杆菌等生存。这些微生物再分解，利用食物中产生的许多有机酸，会损坏牙齿。

在鼻腔、咽喉部位常有喉杆菌、肺双球菌、葡萄球菌和流感杆菌；在眼结膜、泌尿生殖道也都有一些微生物生存。其中一些致病菌一旦遇到皮肤破裂、服抗菌药过多、人体过度疲劳便会使人患病。

人类目前对微生物健康的依赖性正进行第二次革命。据估计，人类微生物组细菌细胞数量大约有 38 万亿个，与人类细胞数量（30 万亿个）相当，这些细菌在人类的疾病和预防上起着相当重要的作用。肠道是人类微生物组的重要子系统，有研究认为肠道菌群的失调会导致人类的疾病，从局部肠胃病到神经、呼吸，代谢等疾病；人类的呼吸道微生物群可以为呼吸道病原体的生殖提供抵抗力，同时也能参与到呼吸生理和免疫稳态的成熟和维持。

1.1.3 真菌和古菌

真菌是典型的真核细胞，大部分真菌不会使人致病甚至是对人类有益的。其形态多样，比细菌大得多，有完整的细胞结构和成型的细胞核，胞浆内有完整的细胞器，能进行有性和无性繁殖。

古菌又称古细菌、太古菌或太古生物，为典型的原核生物，它与细菌有很多相似之处，同时一些特征又类似于真核生物。在细胞结构和代谢上，古菌与细菌差别不大，然而与大多数细菌不同，古菌只含有一层细胞膜而缺少肽聚糖细胞壁，在基因的转录和翻译上，古菌更接近真核生物。

真菌是微生物中的一个大类，为不含叶绿素的真核细胞，具有细胞壁和真正的细胞核，以寄生或腐生方式生存。既往真菌和霉菌为同一概念，目前统称真菌，霉菌是真菌的一种。由于真菌所产生的各种酶，在食品工业上，人们利用酵母菌进行酿酒、制酱、发酵食品；在工业、农业和医药卫生等领域，其发挥的作用也很可观，如：人们利用霉菌生产柠檬酸、葡萄酸等有机酸，淀粉酶、蛋白酶等酶制剂，生产头孢、青霉素等抗生素。虽然绝大部分真菌对人类没有危害，但也有一少部分真菌会对人体造成感染，导致一些皮肤疾病，如很常见的头癣、体癣、股癣、手足癣等。

在危害方面，根据致病性将真菌分为致病性真菌和条件致病性真菌。致病性真菌包括组织胞质菌、球孢子菌、类球孢子菌、皮炎芽生菌、着色真菌、足分支菌、孢子丝菌等。条件致病性真菌包括念珠菌属、隐球菌、曲霉菌、毛霉菌、放线菌、奴卡菌属等。在深部真菌病中，条件致病性真菌占重要地位。随着抗生素、肾上腺皮质激素的广泛应用，血液病合并系统性真菌感染明显增多，20世纪50年代仅为 2%～5%，20世纪80年代后期呈快速增长趋势。急性白血病首次诱导治疗合并真菌感染占 17%。采用骨髓移植治疗的患者，真菌感染发生率达 15%～25%。在真菌感染中，念珠菌、曲霉菌最常见，特别是曲霉菌病随着粒细胞减少时间的延长而增加。当中性粒细胞低于 $0.5×10^9/L$ 的状态达 3 周以上时，浸润性肺曲霉菌症增加 4 倍。隐球菌、荚膜组织胞质菌感染在 T 细胞免疫高度缺乏的患者中发生，如艾滋病、急慢性 T 细胞白血病、淋巴瘤等患者。感染部位，曲霉菌病多以肺为靶脏器，浸润性肺曲霉菌病，90% 以上是以肺部为侵入门户。吸入的孢子发芽后形成菌丝，侵入气管内形成坏死性支气管肺炎，接着迅速侵入肺门中、大血管，引起血管闭塞、破坏出血，进一步血行播散到血液丰富的脑、心脏、肾和肝脾等脏器。念珠菌通常以胃肠道或咽喉正常菌群的组成部分出现，患者免疫功能低下时，念珠菌在消化道过多繁殖，损伤黏膜屏障，引起肠炎并可导致败血症，引起播散性念珠菌感染。隐球菌多侵犯脑膜引起脑膜炎和脑炎。

微生物作为地球上最古老的生命，对整个地球的生态起着至关重要的作用，在给人类社会带来许多进步的同时，也给人类带来了灾难。因而更有必要重视对微生物的研究，趋利避害。

1.2　室内空气微生物特征

1.2.1　室内空气微生物的多样性

室内空气微生物的多样性主要表现在种类多样性、来源多样性和粒子粒径多样性等。

1. 种类多样性

种类多样性是指室内空气微生物的生物学分类上的多样性，包括细菌、真菌、病毒、孢子、寄生虫碎片等，从微生物的潜在威胁来说，这些微生物中有不致病的微生物、条件致病微生物、致病微生物等。

室内空气微生物对室内人员的潜在感染风险主要是致病微生物，如：冬春季节的流感病毒，无季节差异的结核分枝杆菌、麻疹病毒等。条件致病微生物对一些特殊人群是较大潜在感染风险，如：在医院环境中的鲍曼不动杆菌、铜绿假单胞菌、白色念珠菌等。

2. 来源多样性

来源多样性是指室内空气微生物来源有多个源头和途径，包括空气流动将室外大气中的微生物带到室内，由室内来人衣物携带；传染性空气微生物颗粒可能产生于例如感染者、暖通空调（HVAC）系统以及医院的冷却塔水，所有这些来源都可以产生空气传播的传染性颗粒。室内建筑的粉尘、空调、顶棚、地毯等，为烟曲霉生长繁殖提供条件，一旦条件适合，烟曲霉就会生长产生大量的孢子，进一步释放扩散到空气中。

3. 粒子粒径多样性

粒子粒径多样性是指室内空气中悬浮的微生物颗粒粒径的大小呈多样性，范围从 $0.1\mu m$ 到 $10\mu m$。粒径多样性对室内人员造成的暴露风险也是不一样的，一些研究表明，$6\mu m$ 以上的颗粒倾向于主要沉积在上呼吸道，而 $2\mu m$ 以下的颗粒则主要沉积在肺泡区域。同时，粒径多样性也给生物气溶胶采样器和实时监测仪器的研制提出了更高的要求。

1.2.2 室内空气微生物暴露感染风险

由于室内环境相对封闭或半封闭，空气流动不如室外环境好，影响了室内空气微生物的扩散和自然净化，易导致室内局部微生物浓度高、微生物种类增多，使身在其中的人员感到不适，出现易疲惫、呼吸道过敏、头晕等建筑综合征症状。有病原微生物时，容易引起空气传播感染，如室内有流感病人、肺结核病人时，其他人员感染的几率将大大增加。

室内环境空气中条件致病微生物、致病微生物主要来自于室内人员的释放，也有一些是通过空调系统等输送携带进来的。这些条件致病微生物和致病微生物对室内人员的潜在威胁，或者说是否能够导致空气传播感染，主要取决于这些微生物在室内环境空气中存在的形式和微生物的生物学特性。

1.3 室内微生物污染来源

空气微生物自然源主要包括自然界的水体、土壤、动植物等。人类活动，如污水处理、动物饲养、发酵过程和农业活动等也是空气微生物的重要来源。人体本身的呼吸、皮肤和毛发也是空气微生物粒子的主要来源。

室内人员密度和人员行为是影响室内微生物的主要因素，另外室内微生物来源还包括室外微生物、室内微生物的群落特征和物种构成受室外影响，同时也受建筑特征及室内环境的影响。

1.3.1 室内源

室内微生物来源多样，人体活动（呼出气、皮肤菌群等）、潮湿环境生物膜、卫生间冲厕、地面二次扬尘、围护结构霉菌滋生等典型排放源对室内空气微生物群落有直接影响，需要对不同类型的微生物分别开展讨论。

室内环境是人为建造的工作、学习或者生活的场所。人本身即是和微生物的共存体，室内的各项人为活动可以通过机体脱落、地面再悬浮等过程影响室内环境内的各类气态和颗粒态物质。项目组通过颗粒物粒径谱分析仪对室内环境中有人和无人状态下的颗粒物粒径谱分布进行了监测和比较，如图 1-2 所示。总体上两种状态下颗粒物的粒径峰值均为 0.6μm 左右，有人活动时，粒径峰值并无显著变化，发生变化的粒径段主要在 0.6～1.6μm，说明人为活动对小粒径颗粒物影响较小，但是仍然会造成可入肺粒径段（<2.5μm）颗粒物的浓度上升。

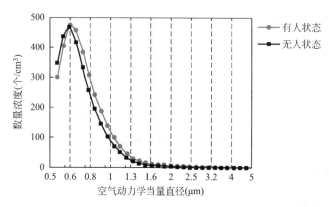

图 1-2　室内颗粒物粒径分布数谱图

1. 人体呼出气

呼吸道是人体和外界交换气体的通道，人体正常呼吸过程中呼出气流量变化为正弦函数变化，2h 呼吸过程呼出气的总体积可达到 1600L，流量峰值为 0.7L/s，健康人群在正常的呼吸过程中释放的颗粒物粒径呈正偏态分布，其中约 99% 的颗粒物粒径小于 1μm，多数大颗粒可能直接被气道内的纤毛和黏膜清除功能清除。呼出气中成分主要来源于气道内衬液体和黏液层，呼吸道内并不是无菌的，在气道内衬液体层内含有大量的微生物，这些微生物可以在呼吸过程中随着气流被呼出来。

呼出气中的真菌群落结构如图 1-3 所示，真菌门水平主要包括：子囊菌门（Ascomycota）、担子菌门（Basidiomycota）、接合菌门（Zygomycota）；在属水平主要包括：镰刀菌属（Fusarium）、明梭孢属（Monographella）、莱克特拉菌属（Lectera）、被孢霉属（Mortierella）。近 80% 的真菌相对丰度低较低。

呼出气中的细菌群落结构如图 1-4 所示，细菌属水平主要包括：厚壁菌（Firmicute）、变形菌（Proteobacteria）、拟杆菌（Bacteroidetes）、放线菌（Actinobacteria）、梭杆菌（Fusobacteria）；在属水平的优势菌包括：链球菌（Streptococcus）、奈瑟菌（Neisseria）、拟杆菌（Bacteroides）、罗氏菌（Rothia）、嗜血杆菌（Haemophilus）、链霉菌（Streptomyces）、普雷沃菌（Prevotella）、根瘤菌（Rhizobium）、Lautrophia、瘤胃菌（Ruminococcaceae）、卟啉单胞菌（Porphyromonas）、粪钙杆菌（Faecalibacterium）、梭杆菌（Fusobacterium）、Rikenells、噬二氧化碳噬细胞菌（Capnocytophaga）等。

2. 人体皮肤

人体皮肤是人体和外界接触的重要通道之一，皮肤表面聚集有各种类型的微生物，随着人员活动强度大小，会不同程度地向室内释放微生物。研究中通过拭子擦拭，收集了人体手臂皮肤样品，利用扩增子测序方法对其细菌和真菌群落组成进行了分析。

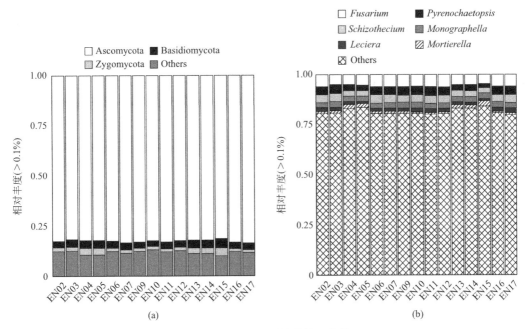

图 1-3 呼出气的群落结构（真菌）

（a）门；（b）属

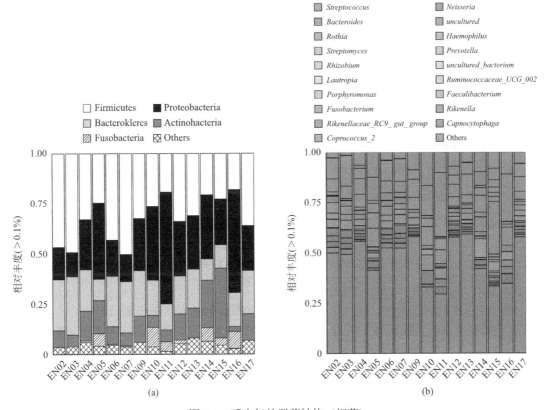

图 1-4 呼出气的群落结构（细菌）

（a）门；（b）属

　　图 1-5 以南京居民为例，描述了手臂皮肤表面的真菌组成。在真菌门水平，占比超过
0.1% 的类型主要包括子囊菌门（Ascomycota）、担子菌门（Basidiomycota）和接合菌门
（Zygomycota）。其中，占比最高的为子囊菌门（Ascomycota）。在真菌属水平，占比超过
0.1% 的类型主要包括镰刀菌属（Fusarium）、弯孢属（Curvularia）、假丝酵母属（Can-
dida）、拟棘壳孢属（Pyrenochaetopsis）、裂合菌属（Schizothecium）、明梭包属
（Monographella）、莱克特拉菌属（Lectera）、Guehomyces、被孢霉属（Mortierella）等，
值得注意的是在属水平，有较多类型的真菌在属的分类水平占比低于 0.1%。Leung 等人
在我国香港地区开展的研究中发现，在前额、手臂和手掌皮肤中，属水平的真菌马拉色氏
霉菌属（Malassezia）占比较高，从 2.3% 到 99.7% 不等，平均可超过 57%，其他主导菌
属主要包括曲霉属（Aspergillus）、青霉属（Penicillium）、假丝酵母属（Candida）和隐
球酵母属（Cryptococcus）等。通过比较南京居民和香港居民的皮肤真菌，可发现两个地
区的人体皮肤手臂有较大差异，仅有假丝酵母属（Candida）真菌属在两地人体皮肤中占
比均相对较高，而香港地区居民皮肤中的优势菌属马拉色氏霉菌属（Malassezia）在南京
居民皮肤上则较低，不超过 0.1%。

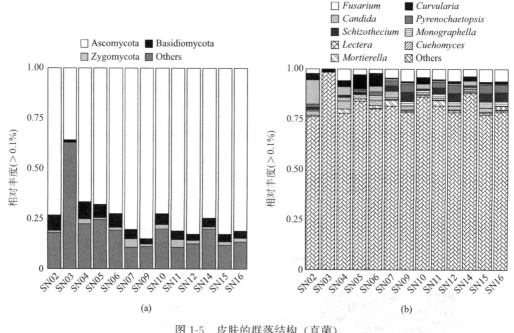

图 1-5　皮肤的群落结构（真菌）

(a) 门；(b) 属

　　图 1-6 以南京居民为例，描述了手臂皮肤表面的细菌组成。在细菌门水平，占比超过
0.1% 的类型主要包括放线菌门（Actinobacteria）、拟杆菌门（Bacteroidetes）、厚壁菌门
（Firmicutes）、变形菌门（Proteobacteria）等，各个门之间分布相比真菌较为均匀。在细
菌属水平，占比超过 0.1% 的类型主要包括链球菌属（Streptococcus）、涅斯捷连科氏菌属
（Nesterenkonia）、罗氏菌属（Rothia）、拟杆菌属（Bacteroides）、葡萄球菌属（Staphy-
lococcus）、拟诺卡氏菌属（Nocardiopsis）、卟啉单胞菌属（Porphyromonas）、根瘤菌属
（Rhizobium）等。和真菌类似，有较多类型的细菌在属的分类水平占比低于 0.1%。

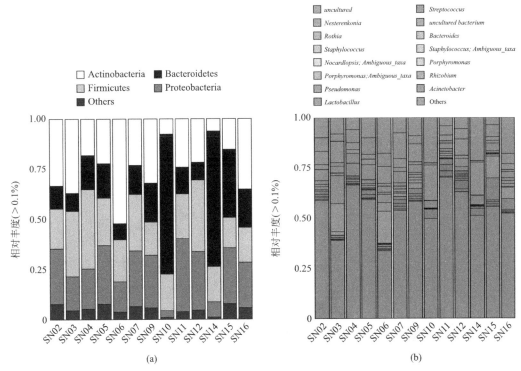

图 1-6　皮肤的群落结构（细菌）

（a）门；（b）属

3. 潮湿环境生物膜

室内潮湿环境（如卫生间、厨房等）由于其温湿度变化，是滋生生物膜的重要场所。细菌、古菌和真菌等微生物可能附着于瓷砖、地面、缝隙、下水道等表面，大量增殖，被各类生物大分子包裹聚集在一起，形成生物膜。这些生物膜中的微生物在受到扰动后，可能会向环境空气中释放一定量的微生物。

图 1-7、图 1-8 为从卫生间洗手池管道表面利用拭子采集的生物膜样品群落组成。从图 1-7 中可以看出，该菌膜中的真菌在门水平主要包括子囊菌门（Ascomycota）、担子菌门（Basidiomycota）、接合菌门（Zygomycota）等，其中子囊菌门（Ascomycota）占比最高，从 46% 到 98% 不等，平均为 77%。在真菌属水平，主要包括 *Knufia*、*Cyphyllophora*、外瓶霉（*Exophiala*）、镰刀菌素（*Fusarium*）、假丝酵母（*Candida*）、掷孢酵母属（*Sporobolomyces*）、弯孢属（*Curvularia*）、*Cystobasidium*、明梭孢属（*Monographella*）、毛壳菌属（*Chaetomium*）、被孢霉属（*Mortierella*）、*Pyrenochaetopsis*、黄叶菌属（*Xanthophyllomyces*）等。不同住户卫生间洗手池内生物膜内的真菌群落结构有一定差异。然而依然有多数样品内含有大量相对丰度较低的真菌属。

从图 1-8 中可以看出，在细菌界的门水平上，卫生间洗手池生物膜中的细菌优势菌为变形菌门（Proteobacteria）、拟杆菌门（Bacteroidetes）、厚壁菌门（Firmicutes）、放线菌（Actinobacteria），其中变形菌门（Proteobacteria）比例显著较高，从 36% 到 95% 不等，平均为 68%。在细菌属水平，主要包括不动杆菌属（*Acinetobacter*）、食酸菌属（*Acidovorax*）、莫拉克斯氏菌属（*Moraxella*）、*Chyseobacterium*、短波单胞菌属（*Brevundi-*

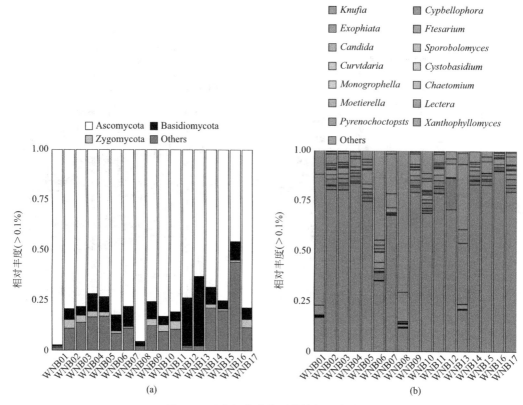

图 1-7　卫生间菌膜的群落结构（真菌）

(a) 门；(b) 属

monas)、嗜甲烷菌（Methyophilus）、链球菌属（Streptococcus）、假黄色单胞菌属（Pseudoxanthomonas）、副球菌属（Paracoccus）、纤毛菌属（Leptothrix）、Cloacibacterium、Shinella 等。

如图 1-9 所示，和洗手间生物膜类似，厨房生物膜中真菌门主要包括子囊菌门（Ascomycota）、担子菌门（Basidiomycota）、接合菌门（Zygomycota），其中子囊菌门（Ascomycota）相对丰度从 31% 到 84% 不等，平均为 63%。真菌属相对丰度较高的包括 Cutaneotrichosporon、假丝酵母（Candida）、镰刀菌属（Fusarium）、红酵母属（Rhodatorula）等。

如图 1-10 所示，厨房生物膜中的细菌门主要包括变形菌门（Proteobacteria）、拟杆菌门（Bacteroidetes）、放线菌（Actinobacteria）、厚壁菌门（Firmicutes），其中变形菌门（Proteobacteria）的相对丰度最高，从 32% 到 88% 不等，平均为 61%，其次为放线菌（Actinobacteria），相对丰度在 3% 到 44% 之间，平均为 18%。在细菌属水平，相对丰度最高的为派球菌（Parococcus）、不动杆菌（Acinetobacter）、莫拉克斯氏菌属（Moraxella）、罗思氏菌属（Rothia）、假单胞菌（Pseudomonas）、链球菌（Streptococcus）等。

比较厨房和卫生间管道处生物膜中的细菌和真菌群落，可以发现尽管这两处位置中的环境条件较为接近（湿度均较高），然而其群落结构有较大差异。这可能与两处水池中功能差异导致，卫生间一般用于人体洗漱，而厨房则主要用于蔬菜、瓜果、肉类和厨房用具

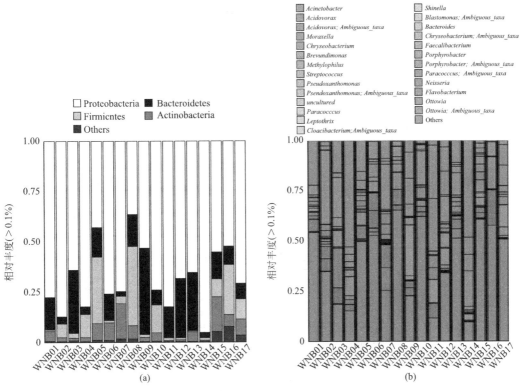

图 1-8 卫生间菌膜的群落结构（细菌）

（a）门；（b）属

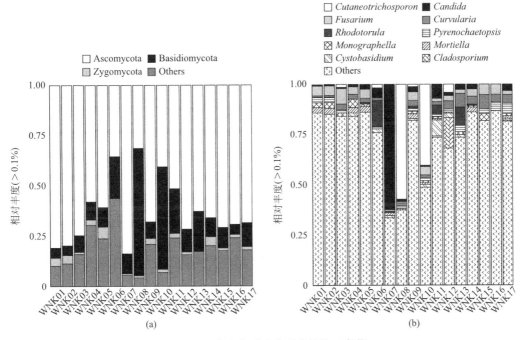

图 1-9 厨房生物膜真菌群落结构（真菌）

（a）门；（b）属

等的清洗。这些功能的差异，导致管道处微环境内的营养条件差异，最终导致生物膜内微生物群落组成差异。

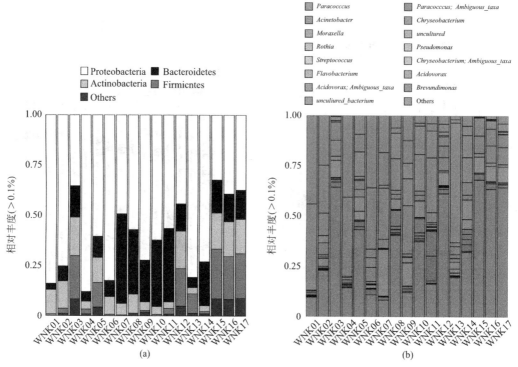

图 1-10　厨房生物膜细菌群落结构（细菌）

（a）门；（b）属

4. 卫生间冲厕产生的微生物

人体肠道中富含微生物，在调节机体健康和疾病中起到重要作用。因此，人体的粪便也成为重要的微生物源头。当前，国内卫生间包括蹲厕、蹲坑和马桶等多种形式，其使用过程均会导致一定的微生物释放。本项目中分别对蹲厕和马桶使用过程产生的生物气溶胶进行了群落结构分析，如图 1-11 所示。图中 M00、M01 代表男蹲厕使用前后的样品，S10、S11 代表马桶使用前后的样品，W10、W11 代表女蹲厕使用前后的样品。从图 1-11 中可以看出，芽孢杆菌（*Bacillus*）、水栖菌（*Enhydrobacter*）、微球菌（*Micrococcus*）、*Geothermomicrobium*、泛菌（*Pantoea*）、短杆菌（*Brachybacterium*）、葡萄球菌（*Staphylococcus*）、考克氏菌（*Kocuria*）、胸膜杆菌（*Pluralibacter*）等是卫生间内丰度较高的细菌种类。通过对比 M00/M01、S10/S11 两组样品，发现水栖菌（*Enhydrobacter*）（P1496）、微球菌（*Micrococcus*）有明显上升。而 W11/W10 这组样品中，泛菌（*Pantoea*）明显上升。上述三种明显上升的菌属均与人体排泄物有关，说明厕所冲厕过程会向空气中释放一定量的微生物。本研究暂未发现致病菌，一旦粪便含有致病菌，可能会在卫生间造成一定的人体暴露风险。

5. 地面二次扬尘

室内地面环境中包含大量积尘，这些积尘中的微生物可能在人为活动影响下二次悬浮进入环境空气中。研究中使用专用吸尘器收集了住宅内客厅地面尘，用于其中细菌和真菌

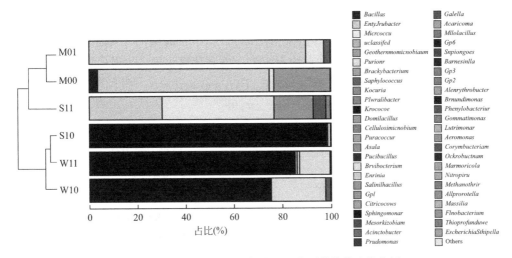

图 1-11　冲厕过程前后空气中的细菌群落结构聚类分析

群落组成研究。从图 1-12 可以看出，客厅地面尘中真菌在门水平主要包括子囊菌门（Ascomycota）、担子菌门（Basidiomycota）、接合菌门（Zygomycota），其中子囊菌门（Ascomycota）相对丰度最高，从 60% 到 89% 不等，平均为 79%。在属水平主要包括镰刀菌属（Fusarium）、Chaetoium、Pyrenochaetopsis、Schizothecium、明梭孢属（Monographella）、节菌属（Wallemia）、曲霉菌属（Aspergillus）等。

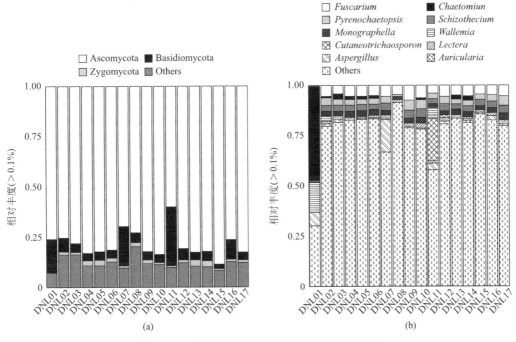

图 1-12　吸尘器客厅地面尘的群落结构（真菌）
(a) 门；(b) 属

除了客厅地面尘，研究中对卫生间地面尘中的细菌和真菌群落也进行了研究。由于卫生间经常处于较为湿润的环境，因此卫生间地面尘收集方式不同于客厅，采取拭子擦拭方法。如图 1-13 所示，卫生间地面尘中真菌门水平主要包括子囊菌门（Ascomycota）、担子菌门（Basidiomycota）、接合菌门（Zygomycota），其中子囊菌门（Ascomycota）相对丰度最高，占比从 63% 到 94% 不等，平均为 80%。在真菌属水平，主要包括 *Knufia*、镰刀菌（*Fusarium*）、裂谷菌（*Schizothecium*）、*Pyrenochaetopsis*、假丝酵母（*Candida*）、*Cyphellophora* 等。

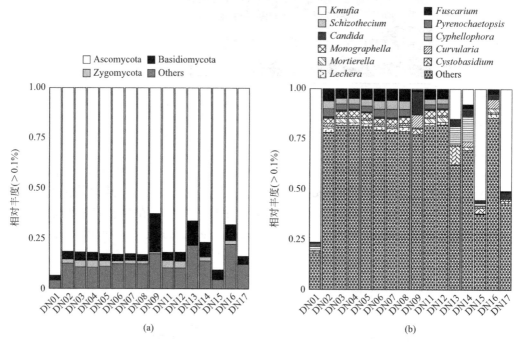

图 1-13 卫生间地面尘的群落结构（真菌）

(a) 门；(b) 属

比较卫生间和客厅的地面尘真菌群落可发现，两类样品中真菌组成在门水平较为接近，在真菌属水平则有一定差异，譬如卫生间地面尘中部分样品有较高比例的 *Knufia*。

从图 1-14 可以看出，对于客厅地面尘中的细菌群落在门水平主要包括变形菌门（Proteobacteria）、厚壁菌门（Firmicutes）、放线菌门（Actinobacteria）、拟杆菌门（Bacteroidetes）、蓝藻门（Cyanobacteria），其中相对丰度最高的为变形菌门（Proteobacteria）和厚壁菌门（Firmicutes），平均水平分别为 31% 和 25%。在细菌属水平，优势菌属主要包括链球菌（*Streptococcus*）、不动杆菌（*Acinetobacter*）、拟杆菌（*Bacteroides*）、莫拉菌（*Moraxella*）、葡萄球菌（*Staphylococcus*）等。

从图 1-15 可以看出，卫生间地面尘中细菌群落组成在细菌门水平主要包括变形菌门（Proteobacteria）、放线菌门（Actinobacteria）、厚壁菌门（Firmicutes）、拟杆菌门（Bacteroidetes）等，其中相对丰度最高的为变形菌门（Proteobacteria），从 12% 到 87% 不等，平均占比为 48%。在细菌属水平，主要包括莫拉菌（*Moraxella*）、不动杆菌属（*Acinetobacter*）、*Faecalibacerium*、拟杆菌属（*Bacteroides*）、金黄杆菌属（*Chryseobacterium*）等。相比客厅的吸尘器地面尘，多数优势菌属较为接近，但莫拉菌（*Moraxella*）的相对丰度要高于客厅地面尘。

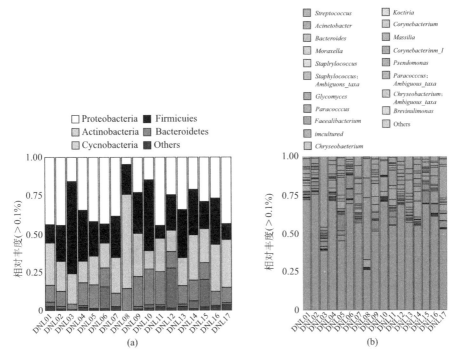

图 1-14　吸尘器客厅地面尘的群落结构（细菌）

(a) 门；(b) 属

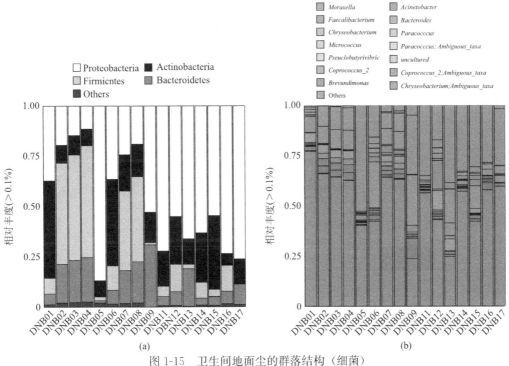

图 1-15　卫生间地面尘的群落结构（细菌）

(a) 门；(b) 属

6. 围护结构霉菌滋生

由于霉菌用肉眼可见，是室内微生物的重要来源。项目中在南京的一户住宅内有霉菌可见，利用拭子擦拭的方法对该霉点样品进行了收集。

通常认为霉点中仅有真菌，通过对项目中收集的霉点样品进行测序后发现，该霉点中包括细菌和真菌。从图 1-16 可以看出，在该点样品中，真菌门水平主要为子囊菌门（Ascomycota），比例高达 83%，而担子菌门（Basidiomycota）比例仅为 6%，在属水平主要包括 *Cyphellophora*、*Knufia*、假丝酵母（*Candida*）、*Curveluria*、拟盘多毛孢属（*Pestalotiopsis*）等。

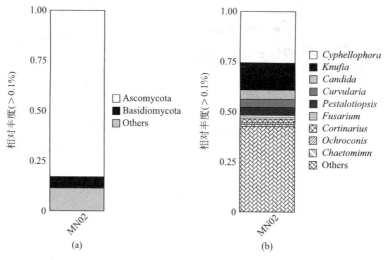

图 1-16　霉点的群落结构（真菌）
（a）门；（b）属

从图 1-17 可以看出，霉点样品中的细菌在门水平主要包括变形菌门（Proteobacteria）、放线菌（Actinobacteria）、厚壁菌门（Firmicutes）、拟杆菌门（Bacteroidetes）、绿弯菌门

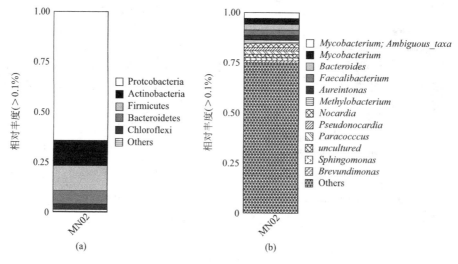

图 1-17　霉点的群落结构（细菌）
（a）门；（b）属

(Chloroflexi) 等，其中变形菌门（Proteobacteria）相对丰度为 64%，占比最高，在细菌属水平则主要包括分枝杆菌属（*Mycobacterium*）、拟杆菌属（*Bacteroides*）、粪杆菌属（*Faecalibacterium*）等。

1.3.2　室外源

室外空气通过自然通风、渗透、机械通风等方式进入室内，空气中的颗粒物随着气流进入室内空间。根据部分文献报道，室内空气中颗粒物浓度和室外颗粒物变化有较好的同步性，其变化程度可较大程度被室外变化所解释。然而室外微生物对室内微生物的贡献并不清楚。

1. 室外环境空气对室内颗粒物的影响

为了解室内环境空气中的颗粒物动态变化，研究中使用颗粒物分粒径仪对室内空气中的颗粒物浓度和粒径变化进行连续监测，获得室内空气颗粒物数浓度粒径谱，如图 1-18 所示。图中颜色区间指示颗粒物浓度，黑色阴影部分为夜间无人时间段，可以看出室内颗粒物粒径分布的峰值位于 0.7μm 左右。图中实线为室外的 $PM_{2.5}$ 质量浓度变化趋势，数据来自距离最近的观测站点。可以看出室内 1μm 以下的颗粒物变化趋势和室外 $PM_{2.5}$ 有较好的同步性，尤其是在夜间门、窗均关闭且无人源干扰时。当污染发生，即室外 $PM_{2.5}$ 浓度显著上升时（7/13），室内颗粒物计数浓度伴随明显的上升趋势，说明污染发生时，室外的亚微米颗粒物可以渗透进入室内环境，对室内环境空气质量产生直接影响。在白天有人为活动时，门开关较为频繁，室内颗粒物计数浓度反而有下降趋势，说明人员活动产生的空气流通对其颗粒物浓度有一定的稀释作用。不同于空气污染时产生的大量的亚微米颗粒物，细菌、真菌等微生物的空气动力学粒径多在 1μm 以上，且空气中的微生物可能以聚集体的形式悬浮于空气中，这些室外微生物向室内的渗透必然和亚微米的颗粒物存在一定差异。

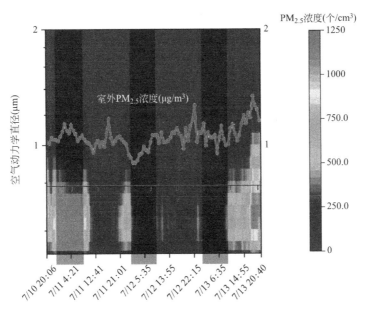

图 1-18　室内颗粒物数浓度及室外 $PM_{2.5}$ 质量浓度变化的时间序列图

第1章　室内微生物污染来源与传播机理

2. 城市和乡村环境空气中微生物特征对比

由于微生物本身特有的属性，对空气中的微生物进行在线监测一直是一大挑战，已有的室外空气微生物研究多来源于基于培养方法或者显微镜计数方法的相关研究。为了更为准确地了解室外空气中微生物的浓度动态变化，项目中对基于 UV-APS（紫外气溶胶粒径谱仪）获得的室外微生物数据进行了分析。UV-APS 通过使用 355nm 的激光波段，激发微生物中辅酶 NADPH 等释放荧光信号，通过对此荧光信号的实时检测，即可实现对含该辅酶的微生物的实时监测，所以 UV-APS 监测对象主要包括空气中有活性的微生物，包括细菌、真菌、花粉等。项目中主要对两个地点的历史数据进行了分析，一个位于北京，属于城市点，一个位于河北望都，属于乡村点，通过对这两个采样点的在线监测数据，获得室外环境空气中的微生物特征的基本信息。

从图 1-19 中可以看出，北京城市点空气中活性微生物浓度水平在每立方米空气 10^3 左右，低于望都乡村点的 10^5。具体地，北京地区空气中观测到的有活性的微生物浓度在 $83 \sim 2.1 \times 10^5$，平均水平为 $1.3 \times 10^3 \pm 1.6 \times 10^3$，望都地区空气浓度水平在 $1.3 \times 10^6 \sim 1.1 \times 10^6$，平均为 $0.79 \times 10^5 \pm 1.4 \times 10^5$。这些活菌在总颗粒物的数浓度比例分别为北京 $3.1\% \pm 2.7\%$（$0.23\% \sim 21\%$），望都 $6.4\% \pm 5\%$（$0.2\% \sim 32\%$）。北京城区的活性生物气溶胶数浓度占比要低于望都乡村地区。

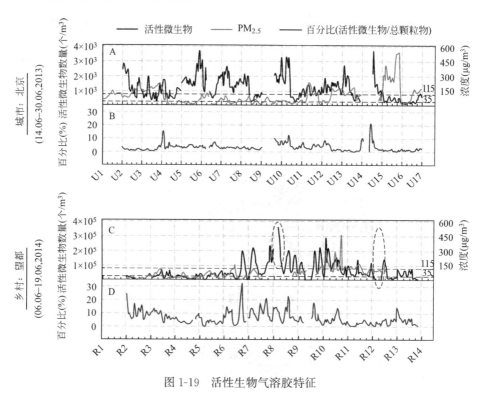

图 1-19　活性生物气溶胶特征

如图 1-20 所示，这些活性微生物气溶胶粒径主要分布在 $1 \sim 3\mu m$。城市的粒径峰值位于 $2\mu m$ 处，而乡村地区粒径略低，接近 $1\mu m$。空气污染发生时，活性生物气溶胶的粒径发生一定程度的变化。除了粒径，活性生物气溶胶属浓度也表现出了一定的昼夜变化趋势（见图 1-21），在清洁天气条件下，主要表现为夜间高、白天低。这可能与夜间的大气边界层高度变化有关。空气污染发生时，活性生物气溶胶的昼夜变化趋势削弱。

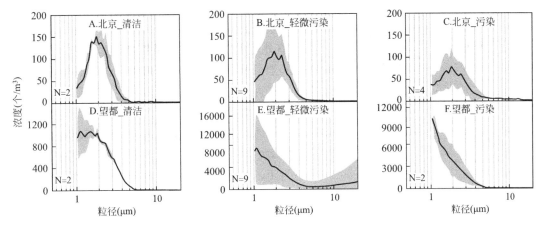

图 1-20　不同大气质量条件下微生物气溶胶粒子粒径分布特征

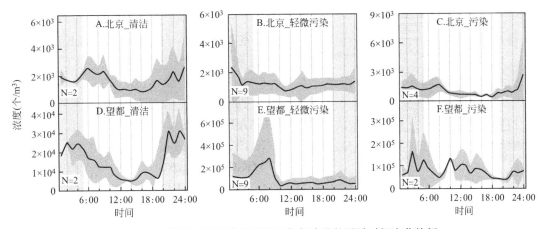

图 1-21　不同大气质量条件下微生物气溶胶粒子随时间变化特征

　　除了丰度水平，研究中还使用扩增子测序手段对室外环境空气中的细菌群落进行了分析和比较。通过 LEfSe 分析，得到图 1-22 所示的城市和乡村地区的特征群落。以城市地区为例，在细菌属水平，主要包括乳球菌（Lactococcus）、Psedomonas、红细菌（Rhodobacter）、布丘氏菌（Buttiauxella）、水栖菌（Enhydrobacter）等；而在乡村望都地区，主要包括肠球菌（Enterococcus）、Paenibaccillus、芽孢杆菌（Bacillus）等。其中乳球菌（Lactococcus）和假单胞菌（Pseudomonas）的占比在城市高达 50% 和 15%，而这两个菌属在乡村占比仅为 2% 和 1%。总体上，这些特征菌群分别占城市的 87% 和乡村的 88%，从而进一步说明城市和乡村地区环境空气中的细菌群落结构有显著差异。其中，城市点中人源微生物，包括香味菌属（Myroides）、Propionbacterium、迪茨氏菌属（Dietzia）、创伤球菌属（Helcococcus）、人费克蓝姆菌（Facklamia）等，在城市的相对丰度均比较高，高于乡村地区，表明城市的高密度人群也直接向城市环境中释放了其所携带的微生物。在乡村地区，土壤源的多粘类芽孢杆菌（Paenibacillus）的相对丰度要比城市地区高近 5000 倍，而芽孢杆菌（Bacillus）的相对丰度也要高近 100 倍，另外球形芽孢杆菌

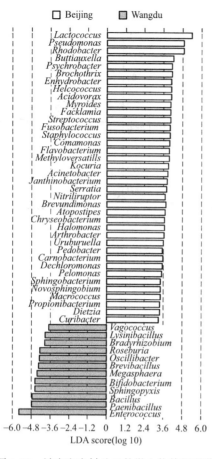

图 1-22　城市和乡村地区的微生物特征群落

（*Lysinibacillus*）的相对丰度要高近 500 倍，从而说明乡村地区土壤源对环境空气中的细菌群落贡献更为显著。

3. 室外环境空气对室内微生物贡献

上一节以城市点北京和乡村点望都为例，对两个地区环境空气中的微生物丰度和群落组成进行了比较，并对其来源进行了初步讨论，初步揭示了土壤、水体、植被、动物和人、人为活动等对环境空气中微生物的影响。不同于室外环境，室内环境相对封闭，室外环境对其影响与室内环境类型、密闭程度等密切相关。为揭示室外环境空气中的微生物对室内微生物的贡献，研究中以一个办公环境为室内点，对该室内环境和室外环境进行了同步的环境空气样品采集，利用定量基因扩增和扩增子高通量测序进行了分析。

（1）室内外环境空气中微生物浓度梯度

分别利用引物 338F（5′-ACTCCTACGG-GAGGCAGCAG-3′）和 518R（5′-120 ATTAC-CGCGGCTGCTGG-3′），ITS86F（5′-GTGAAT-CATCGAATCTTTGAA-3′）和 ITS4R（5′-TC-CTCCGCTTATTGATATGC-3′），931F（5′-AG-GAATTGGCGGGGGAGCC-3′）和 M1100R（5′-BGGGTCTCGCTCGTTRCC-3′）对环境空气中的细菌、真菌和古菌进行了定量分析，如图 1-23 所示。室内环境空气中细菌、真菌和古菌的中值浓度分别为 $9.2×10^3$，$1.4×10^3$ 和 $1.6×10^1$，要显著低于临近的室外环境（$1.0×10^5$，$3.0×10^3$ 和 $7.8×10^1$）。总体上，室内环境中细菌、古菌和真菌的比例分别为 90.40%、0.18% 和 9.40%；室外环境中细菌、古菌和真菌的比例分别为 96.73%、0.08% 和 3.19%。室内与室外环境空气中微生物的浓度比例如下：细菌 0.05～0.34（0.12±0.10），古菌，0.06～0.87（0.46±0.23），真菌 0.17～0.89（0.34±0.1）。可以看出，无论是室内环境还是室外环境，细菌的浓度最高，是真菌浓度水平的 10 倍左右，而古菌的浓度水平相比之下则非常低。根据上述室内外环境中微生物浓度和其比值，也可以看出室外环境中微生物浓度均高于室内，形成了室外高于室内的浓度梯度。在该浓度梯度、温度梯度、通风等过程影响下，使得室外环境空气成为室内环境微生物的来源之一。另外，相比室外环境，室内环境中的真菌相对比例要高于室外环境，说明室内环境的真菌有明显的室内排放源。

（2）室内外微生物群落特征

室内环境空气中鉴定出的细菌、古菌和真菌的 OTU 数量分别为 9307、129 和 2378，分别对应 46 个细菌门、7 个古菌门和 7 个真菌门，对应 1183 个细菌属、19 个古菌属和 559 个真菌属。如图 1-24（a）、（d）、（g），计算得到的微生物多样性分别为 2.29～5.12（细

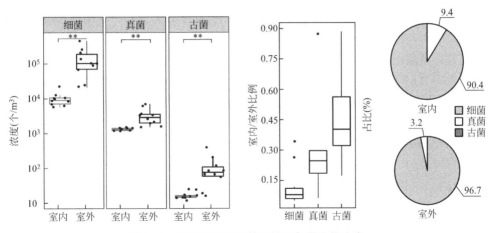

图 1-23 室内和临近室外环境空气微生物丰度

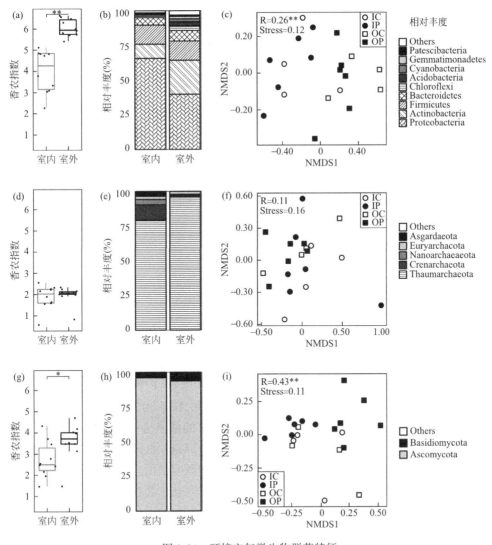

图 1-24 环境空气微生物群落特征

菌）、0.46～2.59（古菌）、1.70～4.50（真菌），平均为 4.00±1.01（细菌）、1.89±0.61（古菌）、2.86±0.86（真菌）。其中，室内细菌和真菌的多样性要低于室外环境（细菌：6.01±0.43，真菌：3.73±0.86），而古菌无显著差异。

如图 1-24（b）、（e）、（h）所示，室内环境空气中的细菌在门水平主要包括变形菌门（Proteobacteria）（52.6%）、放线菌门（Actinobacteria）（17.5%）、厚壁菌门（Firmicutes）（13.8%），古菌主要为奇古门（Thaumarchaeota）（88.0%），真菌主要为子囊菌门（Ascomycota）（94.6%）。在细菌属水平，室内环境空气细菌主要包括食酸菌（Acidovorax）（9.4%）、水杆菌（Aquabacterium）（3.6%），古菌主要为念珠菌（Candidatus Nitrocosmicus）（17.1%），真菌主要为假丝酵母（Candida）（24.4%）、链格孢菌（Alternaria）（8.5%）、线虫草属（Ophiocordyceps）（6.2%）。

图 1-24（c）、（f）、（i）为利用非度量多维尺度分析 NMDS 对室内外环境空气微生物群落结构进行的比较分析。从图中可以看出，室内的细菌、古菌和真菌的群落组成和室外有区别。同时，利用相似性分析方法 ANOSIM 对室内和室外的微生物群落差异进行比较，得到室内和室外的细菌 R 为 0.48（$p < 0.05$），真菌 R 为 0.26（$p < 0.05$），古菌 R 为 0.12（$p < 0.01$），进一步证实室内和室外的微生物群落组成差异在统计学上是显著的。

4. 基于统计学的室外源贡献研究

当特定环境中污染物释放源较为单一时，可以推定源和汇之间的特定物种具有较好的相关性。在本实验设计中，为定量分析室外环境对室内的影响，选择了室内无显著源的室内环境，选择适用基于相关性的方法，计算室外源对室内的贡献。

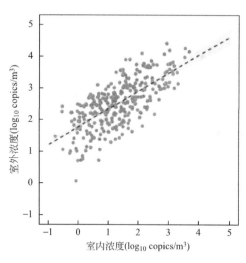

图 1-25　室内和室外环境空气中
细菌浓度散点图

首先，基于室内和室外环境中微生物的 OTU 数据，筛选出了室内和室外共有的 OTUs 信息。对于细菌来说，共计有 170 个细菌 OTUs 共有，分别占室内和室外细菌群落的 78.53% 和 56.85%。对于真菌来说，共计有 142 个真菌 OTUs 共有，分别占室内和室外真菌群落的 91.57% 和 84.09%。对于古菌来说，共计有 6 个 OTUs 共有，在室内和室外环境古菌中的比例分别为 67.22% 和 84.55%。进一步的，基于这些室内和室外共有的 OTUs 类型，利用 spearman 秩相关分析方法，筛选出了室内外有显著相关性的 OTUs。图 1-25 为室内和室外环境空气中细菌 OTUs 的散点分布图，图中点为有显著相关性的 OTUs，总体上超过 80% 的相关性系数大于 0.60，从而意味着这些类型的 OTUs 有较大的概率是由室外环境所贡献。

具体来说，共有 30 个细菌 OUT 在室内和室外环境中显著相关，可注释到 23 个细菌属，这些细菌属在室内环境细菌气溶胶中所占的比例接近 44%，在室外环境中约为 28%。相对丰度较高的 5 个细菌属包括食酸菌属（Acidovorax）、假单胞菌属（Pseudarthrobacter）、Ellin6055、水杆菌属（Aquabacterium）和脱氯单孢菌属（Dechloromonas）。这些细菌属主要来自于土壤、水体和植物。除假单胞菌属（*Pseudarthrobacter*）外，其他 4 个细菌属有一个共同点，均含有鞭毛，这个特征可能有利于这些细菌属从室外到室内环境的渗透或者进入。

相比细菌，室外真菌对室内的贡献则非常低。通过相关性分析筛选出的具有相关性的真菌在室内和室内和室外环境中所占的比例不到 1%。这可能是由于真菌粒径较大，所以导致室外环境对室内的贡献或者影响较小，主要是来自于室内不同源的贡献。此外，由于实验期间处于冬季供暖期，加热后的空气可能在一定程度上对室内的微生物群落组成产生了较大的影响。

1.4 室内微生物污染传播机理

1.4.1 空气微生物相关概念

1. 空气微生物学

空气微生物的研究起源于 19 世纪中叶，重要原因是空气微生物对人类和农作物的疾病困扰。在 20 世纪上半叶，出现了许多其他的空气生物学研究的应用，包括空气过敏学、空气微生物学和生物战剂的检测。从 1990 年以后，逐步引进了生物气溶胶的概念，这是将空气微生物学的理论研究向实际应用转化的标志。有关生物气溶胶的来源、性质、浓度和多样性的研究受到越来越多的重视，并且把环境和健康的许多问题和需求结合起来，推动生物气溶胶的研究和发展。

空气微生物学是研究大气中微生物从一个地理位置移动到另一个地理位置的过程，包括气溶胶传播疾病。传染病的气溶胶传播是通过"飞沫传播"和"空气传播"两种方式进行的。

2. 飞沫传播

飞沫传播被定义为通过呼吸道排出的粒子传播疾病，这些粒子可能很快沉降到离源约 1m 以内的表面。一般情况下，飞沫传播只有与传染源近距离接触才可能实现，而距离传染源 1m 以外是相对安全的。因为没有外部条件（如风力）的帮助，飞沫喷射到 2m 以外的可能性几乎没有。因此，要引起飞沫传播感染，易感个体必须足够靠近感染源（例如，感染个体），以使飞沫（含有感染性微生物）产生与易感人群的呼吸道、眼睛、嘴巴、鼻腔通道等接触。

3. 空气传播

空气传播被定义为呼吸道排出的颗粒传播的感染，这些颗粒的尺寸相对较小，可以长时间悬浮在空气中。20 世纪三四十年代的研究证明，气溶胶颗粒可以在空气中停留长达一周，很容易在距其源头 20m 处采集到空气中的颗粒，但这也取决于环境因素（如，室外的气象条件、室内的流体动力学效应和压差）。

室内环境中的微生物颗粒能不能实现空气传播传染病，要取决于几个关键因素的相互作用，主要因素是颗粒大小（即颗粒直径）和干燥程度，粒子的大小对于确定其是否会成为空气传播传染至关重要。大颗粒从空中掉下来，小颗粒仍在空中传播。

1.4.2　室内微生物气溶胶运动的基本受力

室内微生物来源广泛，可经由空调设备、管道等通风系统进入室内，或源于室内动物活动及潮湿环境，但在空气中主要以飞沫或微生物气溶胶的形式存在。一方面，当人们喷嚏、咳嗽、唱歌、谈话时，由口、鼻喷出飞沫，微生物附于飞沫上，粒径大的飞沫由于重力原因迅速沉降，粒径小的飞沫则在空气中蒸发，形成飞沫核，悬浮在空气中，形成飞沫气溶胶，长时间分散于室内。

由于微生物在室内环境中的特殊团聚特征，其运动与传播主要依赖于气溶胶中粒子的运动，与悬浮气体的运动和粒子本身的固有性质有关。粒子的扩散与传播是一个复杂的动力学过程，包含微生物颗粒附着、蒸发、凝并、悬浮、流动、扩散、沉降等多种运动形式，基本受力和物理变化复杂。

微生物气溶胶种类繁多，受力分析繁琐，出于简化分析的考虑，常常对其进行简化，将气溶胶颗粒视为刚性的球体粒子，再根据微生物气溶胶的特性予以适当修正。

1. 拖曳力

颗粒与周围空气之间存在相对运动时，粒子会承受气体介质所施加的阻力，抑制粒子的相对运动，即拖拽力：

$$F_d = \frac{\pi d_p^2 \rho_a |u_a - u_p| (u_a - u_p) C_d}{8 C_c} \tag{1-1}$$

式中　u_a——空气速度，m/s；

　　　u_p——粒子速度，m/s；

　　　C_d——拖曳系数；

　　　d_p——粒子直径，m；

　　　ρ_a——空气密度，kg/m^3；

　　　C_c——Cunningham 滑动常数。

拖曳系数的取值取决于气流及粒子速度：

$$\begin{cases} C_d = \dfrac{24}{Re_p}, & Re_p \leqslant 0.3 \\ C_d = \dfrac{24}{Re_p}(1 + 0.15 Re_p^{0.678}), & 0.3 < Re_p < 800 \end{cases} \tag{1-2}$$

$$Re_p = \frac{d_p |u_p - u_a|}{\gamma} \tag{1-3}$$

$$C_c = 1 + \frac{2\gamma}{d_p}(1.257 + 0.4 e^{-\frac{1.1 d_p}{2\gamma}}) \tag{1-4}$$

对于实际情况，拖曳力的理论计算公式需要进行必要的修正。

（1）惯性影响的修正

当粒子运动的雷诺数 $Re_p < 5$ 时，拖拽力可近似表示为：

$$F_d' = \frac{\pi d_p^2 \rho_a |u_a - u_p| (u_a - u_p) C_d}{8 C_c} \cdot \left(1 + \frac{3 Re_p}{10}\right) \tag{1-5}$$

（2）非球形粒子修正（形状因子修正）

实际的微生物气溶胶由微生物和颗粒团聚形成，表现为明显的非球形，因此需要采用空气动力学形状因子 k_{st} 对拖曳力理论计算公式加以修正。

空气动力学形状因子 k_{st} 定义为粒子的斯托克斯直径 d_{st} 与非球形粒子的几何直径 d_g 之比：

$$k_{st} = d_{st}/d_g \tag{1-6}$$

斯托克斯直径 d_{st} 与空气动力学直径 d_p 之间的关系为：

$$d_{st}\sqrt{\rho_p} = d_p\sqrt{\rho_0} \tag{1-7}$$

式中　ρ_p——粒子的密度；

　　　ρ_0——单位密度，$1g/cm^3$。

对于微生物颗粒而言，当知道一个密度为 ρ 的非球形粒子的几何直径 d_g，而要换算出它的空气动力学直径 d_p 时，则可用如下公式进行计算：

$$d_p = d_{st}\left(\frac{\rho}{\rho_0}\right)^{1/2} = k_{st}\left(\frac{\rho}{\rho_0}\right)^{1/2}d_g \tag{1-8}$$

对于微生物颗粒而言，其密度也基本上可以取 $1g/cm^3$。故斯托克斯直径 d_{st} 与空气动力学直径 d_p 相等。

表 1-1 给出了不同形状粒子的空气动力学形状因子 k_{st}。可以对不同形状的微生物颗粒计算出其对应的空气动力学形状因子。

不同粒子形状的空气动力学形状因子　　　　　　　　　　表 1-1

粒子形状	方位比	k_{st}
球形	—	1
正八面体	—	0.95
八面体	—	0.9
四面体	—	0.76
平行六面体	0.25	0.72
平行六面体	4	0.68
扁椭球体	2	0.94
扁椭球体	5	0.7
扁椭球体	10	0.54
长椭球体	2	0.94
长椭球体	5	0.76
长椭球体	10	0.6

（3）非刚性粒子的修正

拖曳力的理论计算公式是基于刚性球形粒子构建的，而微生物气溶胶是一种典型的非刚性粒子，其在流体中运动时，内部会发生明显的自循环运动，粒子表面的摩擦力减小，进而影响气体介质所施加的拖曳力。对于非刚性的微生物气溶胶粒子而言，所受的拖拽力可修正为：

$$F'_d = \frac{\pi d_p^2 \rho_a |u_a - u_p| (u_a - u_p) C_d}{8 C_c} \cdot \left(\frac{1 + \frac{2\mu}{3\mu_p}}{1 + \frac{\mu}{\mu_p}} \right) \tag{1-9}$$

式中　μ——空气介质的动力黏度；

　　　μ_p——微生物粒子自身物质的动力黏度。

一般来说，当微生物气溶胶液滴的 μ_p 要远大于 μ 时，非刚性粒子的影响可以忽略。

因此，微生物气溶胶拖拽力可表示为：

$$F'_d = \frac{\pi d_p^2 \rho_a |u_a - u_p| (u_a - u_p) C_d}{8 C_c} \cdot \left(1 + \frac{3Re_p}{10} \right) \cdot \left(\frac{1 + \frac{2\mu}{3\mu_p}}{1 + \frac{\mu}{\mu_p}} \right) \tag{1-10}$$

2. 重力

微生物气溶胶的密度一般为 $10^6 \, \text{g/m}^3$，远远大于空气的密度，因此会在重力场的作用下发生沉降。对于整个气溶胶颗粒而言：

$$F_g = mg = \frac{\pi}{6} d_g^3 \rho_p g \tag{1-11}$$

式中　g——重力加速度，9.8m/s^2。

需要指出的是，对于粒径尺寸小于 $0.1\mu\text{m}$ 的粒子而言，重力的影响很小，不作为气溶胶粒子的主要传播机理分析。

3. 热泳力

微生物气溶胶所在的环境温度对其运动具有重要影响。当空间内存在温度梯度时，由于暖、冷空气内分子热运动的差异，微生物气溶胶粒子将出现"高温→低温"的热迁移。Talbot 热泳力的计算公式如下：

$$F_{th} = \frac{3\pi\mu^2 d_p H_{th}}{\rho_a T} \frac{dT}{dy} \tag{1-12}$$

式中　$\dfrac{dT}{dy}$——y 方向的温度梯度；

　　　H_{th}——热泳力系数。

$$H_{th} = \frac{2.34}{1 + 3.42 K_n} \cdot \frac{k_a/k_p + 2.18 K_n}{1 + 2k_a/k_p + 4.36 K_n} \tag{1-13}$$

式中　k_a，k_b——空气与粒子的热传导系数，$k_a = 0.0242 \text{W/(m·K)}$，$k_b = 0.0454\text{W/} (\text{m·K})$。

热泳力系数可以计算得到为 0.51，热泳速度可以通过热泳力方程式获得，结果为：

$$v_{th} = \frac{-18\gamma^2 H_{th}}{d_p^2 T} \frac{dT}{dy} t \tag{1-14}$$

当室内存在温度梯度时，对于小于 $1\mu\text{m}$ 的粒子而言，其热泳力速度能够达到最大，且不依赖于粒子的大小。而对于大于 $1\mu\text{m}$ 的粒子，随着粒子尺寸的增大，热泳速度逐渐减小。在普通建筑中，由于建筑环境（温度、湿度）均在变化，热泳力需要加以考虑，如冬天使用暖气或者空调系统导致室内存在很大的温度梯度，而春秋季的温度梯度则相对很小，这就出现明显的热泳力差异。另外，人类自身也是一个热源，人体散发的微生物气溶胶的传播很有可能受到人体热源的影响。因此，热泳力在研究微生物气溶胶的运动中是十分重要的。

4. 压力梯度力

与热泳力类似，当气溶胶存在于一个压力分布不均匀的空间内时，由于颗粒相对表面的压力不同，会产生压力梯度力，表达式为：

$$F_{\mathrm{d}} = V_{\mathrm{p}} \frac{\mathrm{d}p}{\mathrm{d}i} \tag{1-15}$$

式中　V_{p}——颗粒体积；

i——颗粒所处空间的压力梯度法线方向。

在普通室内，尤其是无通风系统的室内的空气压力梯度很小，接近于 0。

5. 附加质量力

附加质量力是由于要使颗粒周围流体加速而引起的附加作用力，其表达式为：

$$F_{\mathrm{m}} = \frac{1}{12} \rho_{\mathrm{a}} \pi l_{\mathrm{p}}^{3} \left(\frac{\mathrm{d}u}{\mathrm{d}t} - \frac{\mathrm{d}u_{\mathrm{p}}}{\mathrm{d}t} \right) \tag{1-16}$$

6. Basset 力

在两相流动中，当颗粒与流体的相对速度有加速度存在时，颗粒不仅受到一个恒定的气动力，还受到非恒定的气动力作用。其中非恒定气动力主要包括两个部分：附加质量力和 Basset 力。附加质量力的产生来自于颗粒周围流体的加速过程，Basset 力是由于相对速度随时间的变化而导致颗粒表面附面层发展滞后所产生的非恒定气动力，其大小与颗粒的运动经历有直接关系。

$$F_{\mathrm{B}} = \frac{3}{2} d_{\mathrm{p}}^{2} \sqrt{\rho_{\mathrm{a}} \mu \pi} \int_{-\infty}^{t} \left(\frac{\mathrm{d}V}{\mathrm{d}t} - \frac{\mathrm{d}V_{\mathrm{p}}}{\mathrm{d}t} \right) / \sqrt{t - \tau} \, \mathrm{d}\tau \tag{1-17}$$

式中　μ——空气动力黏度，Pa·s。

7. 萨夫曼力

萨夫曼力是当粒子处于空气乱流的环境中时，由于流体与粒子间速度差而出现的一种升力，最早由 Saffman 在三维切变场中提出：

$$F_{\mathrm{S}} = \frac{1.62 \mu \mathrm{d}p^{2} (\mathrm{d}u/\mathrm{d}y)}{\sqrt{\gamma \, |\mathrm{d}u/\mathrm{d}y|}} (u - v_{\mathrm{px}}) \tag{1-18}$$

式中　$\mathrm{d}u/\mathrm{d}y$——气流在空间的速度梯度；

v_{px}——粒子在轴向运动所受的力。

上述公式的适用范围为：$\dfrac{\mathrm{d}p^{2} \, |\mathrm{d}u/\mathrm{d}y|}{\gamma} < 1$，$Re_{\mathrm{p}} < \dfrac{\mathrm{d}p^{2} \, |\mathrm{d}u/\mathrm{d}y|}{\gamma}$

由式（1-18）可以看出，萨夫曼力与环境风速有着十分重要的联系，当环境风速近似为 0 的情况下，$\mathrm{d}u/\mathrm{d}y$ 为 0，该力可以忽略不计。

鉴于微生物气溶胶运动扩散过程受力的复杂性，在对其室内运动问题进行求解时，需要综合考虑所研究室内环境的外部条件和气溶胶自身特征，如湿度、温度、压力、风速、气溶胶粒径、颗粒密度等，甚至还要考虑气溶胶带电情况。

1.4.3　室内微生物气溶胶运动的形式

1. 通风环境下微生物气溶胶的传播

前文详述了室内微生物气溶胶运动过程的基本受力，由其计算公式可知，气溶胶的受力依赖于气体的流型。气溶胶粒子周围气体流型与大物体周围的气体流型相同，粒子雷诺数为：

$$Re_p = \frac{Vd_p}{\nu} \tag{1-19}$$

Re_p 取决于气体密度 ρ_a，在标准大气压和常温情况下，

$$Re_p = 65000Vd_p \tag{1-20}$$

粒子雷诺数能够有效表征粒子周围的气流状态，当雷诺数较小时，摩擦力起主导作用，流体是平流或层流；当雷诺数较大时，惯性力起决定作用，而混乱度或紊动度较大时，流线中将出现旋涡。根据实验测试所得实验数据，三种气流场的平均风速分别为 0.39m/s、0.23m/s 和 0.19m/s，而气溶胶发生速度约为 1.5m/s，则气流相对速度在 1.11~1.31m/s 范围内。因此，这几种气流组织形式下的粒子雷诺数均小于 1，为典型的层流状态。换言之，对于换气量较小的室内环境，通风口射出的气流流型将主导气溶胶的运动轨迹，而旋涡的紊动对其影响相对较小。

2. 微生物气溶胶的布朗扩散

对于不存在气体交换的室内环境，布朗扩散是室内微生物气溶胶的主要输运形式。它是由室内环境气溶胶浓度梯度驱动的非平衡定向移动，通常用扩散系数 D 来表征该扩散过程的快慢，D 越大，粒子沿着浓度降低方向的布朗运动越明显。整个过程满足斐克第一扩散定律：

$$\vec{J} = -D \cdot \nabla c \tag{1-21}$$

式中　$\vec{J}$——单位时间内通过单位面积的粒子数；

c——气溶胶粒子浓度梯度；

D——气溶胶粒子扩散系数。

扩散系数 D 可由 Stokes-Einstein 方程确定，即

$$D = \frac{C_c kT}{3\pi\mu d_p} \tag{1-22}$$

式中　k——Boltzmann 常数；

T——热力学温度。

由扩散系数的计算公式可知，其随温度的升高而增加。对于大粒径粒子，滑移修正因子可以忽略，扩散系数与粒径呈负相关。对于小粒径粒子，具有较大的滑移修正因子，此时扩散系数与粒径平方呈负相关。

1.4.4　室内微生物气溶胶运动过程的物理变化

1. 蒸发成核现象

呼吸、咳嗽、打喷嚏产生的飞沫，蒸发后形成小粒径的飞沫核，其携带微生物，通过空气传播导致疾病的扩散。飞沫蒸发的时间受周围环境的温度、湿度和飞沫自身特性的影

响，同时又影响飞沫的传播距离与污染物的控制等方面。通常情况下，可采用 Langmuir 公式来描述飞沫的蒸发过程，即

$$I = \frac{dm}{dt} = \frac{2\pi DM d_p}{RT}(P_0 - P) \tag{1-23}$$

式中　I——飞沫每秒钟蒸发的质量，g/s；

$\quad\quad P_0$——液滴表面的饱和蒸气压，Pa；

$\quad\quad P$——离开液滴表面的空间局部饱和蒸气压，Pa；

$\quad\quad M$——蒸气分子的摩尔质量，kg/mol；

$\quad\quad R$——气体常数。

最终可得到飞沫蒸发为微生物颗粒物所需要的时间：

$$t_m = \frac{d_p^2 - d_0^2}{8} \cdot \frac{RT\rho_a}{DM(P_0 - P)} \tag{1-24}$$

因此，对室内微生物气溶胶的扩散与传播的研究需要仔细考量飞沫蒸发的影响，其中飞沫粒径的大小至关重要。有文献指出，对于 $20\sim300\mu m$ 的液滴而言，必须要考虑蒸发问题；对于 $400\sim500\mu m$ 的液滴则考虑自由蒸发的问题；而对于 $20\mu m$ 以下的粒子，可以不考虑蒸发的问题。

2. 凝并现象

飞沫在运动过程不仅会出现蒸发现象，同时还伴随一定程度的飞沫凝并。由于发生凝并而导致气溶胶数量浓度下降的变化率为：

$$\frac{dN}{dt} = -KN \tag{1-25}$$

式中　N——飞沫数量浓度，个/m³；

$\quad\quad K$——凝并系数，m³/s。

对于直径大于气体平均自由程的粒子，凝并系数为：

$$K = 4\pi d_p D \tag{1-26}$$

综上所述，室内微生物常以飞沫及附着颗粒物的形式在室内环境中悬浮、蒸发、凝并、传播，其运动过程主要受到拖曳力、重力、热泳力等作用，室内环境的湿度、温度等会对微生物气溶胶的传播具有重要影响。对于具有良好通风条件的室内环境，送风速度、气流组织形式、风口位置等对微生物气溶胶的运动及分布具有决定性作用。

本章参考文献

[1]　W. F. Wells，W. R. Stone. On air-borne infection：Study Ⅲ. Viability of droplet nuclei infection [J]. American Journal of Epidemiology，1934，20：611-618.

[2]　冯国会，蔡易霖，张亿先，等 . 飞沫气溶胶污染源特性研究现状 [J]. 暖通空调，2018，48（7）：22-30.

[3]　Tang J W，Li Y，Eames I，et al. Factors involved in the aerosol transmission of infection and control of ventilation in healthcare premises [J]. Journal of Hospital Infection，2006，64（2）：100-114.

[4]　Mao J，Gao N. The airborne transmission of infection between flats in high-rise residential buildings：A review [J]. Building and Environment，2015，94：516-531.

[5]　周晓瑜，施玮，宋伟民 . 室内生物源性污染对健康影响的研究进展 [J]. 卫生研究，2005，34

（3）：367-371.

［6］郑云昊，李菁，陈灏轩，等．生物气溶胶的昨天，今天和明天［J］．科学通报，2018，63（10）：878-894.

［7］Yongwei Gao，Ke Zhong，Yanming Kang. Aerosol transportation in horizontal channels with gravitational effects［J］. Particuology，2019，44：159-168.

［8］Fang Yang，Yanming Kang，Yongwei Gao，Ke Zhong. Numerical simulations of the effect of outdoor pollutants on indoor airquality of buildings next to a street canyon［J］. Building and Environment，2015，87：10-22.

［9］Talbot L，Cheng R K，Schefer R W，et al. Thermophoresis of particles in a heated boundary layer［J］. Journal of Fluid Mechanics，2006，101（4）：737-758.

［10］Saffman P G. The lift on a small sphere in a slow shear flow［J］. Journal of Fluid Mechanics，2006，22（2）：385-400.

［11］Paul A. Baron，Klaus Willeke. Aerosol Measurement：principles，techniques，and applications［M］. New York：John Wiley & Sons. 2006.

［12］Einstein A. On the movement of small particles suspended in a stationary liquid demanded by the molecular kinetic theory of heat［J］. Annalen der Physik，1905，17：549-560.

［13］于玺华. 现代空气微生物学［M］. 北京：人民军医出版社，2002.

［14］刘树森. 口腔散发微生物气溶胶在室内传播和运动规律的研究［D］. 天津：天津大学，2007.

［15］Douwes，J.；Thorne，P.；Pearce，N.；Heederik，D.，Bioaerosol health effects and exposure assessment：progress and prospects［J］. Annals of Occupational Hygiene，2003，47，（3），187-200.

［16］Nazaroff，W. W.，Embracing microbes in exposure science［J］. Journal of Exposure Science & Environmental Epidemiology，2019，29，（1），1-10.

［17］申芳霞，朱天乐，牛牧童，大气颗粒物生物化学组分的促炎症效应研究进展［J］. 科学通报 2018，63，（10），968-978.

［18］Kelley，S. T.；Gilbert，J. A.，Studying the microbiology of the indoor environment［J］. Genome biology，2013，14，（2），202.

［19］Kelley，S. T.；Gilbert，J. A.，Studying the microbiology of the indoor environment［J］. Genome biology，2013，14，（2），202.

［20］Gilbert，J. A.；Stephens，B.，Microbiology of the built environment［J］. Nature Reviews Microbiology，2018，1.

［21］祝学礼，刘颖，尚琪，等. 空调对室内环境质量与健康的影响［J］. 卫生研究，2001，30（01）：62-63.

［22］Rosario K，Fierer N，Miller S，et al. Diversity of DNA and RNA viruses in indoor air as assessed via metagenomic sequencing［J］. Environmental Science & Technology，2018，52（3）：1014-1027.

［23］Jing L，Li M，Shen F，et al. Characterization of biological aerosol exposure risks from automobile air conditioning system［J］. Environmental Science & Technology，2013，47（18）：10660-10666.

［24］程刚. 室内空气微生物污染调查及采用数值模拟法控制的研究［D］：衡阳：南华大学，2006.

［25］Yongwei Gao，Ke Zhong，Yanming Kang. Aerosol transportation in horizontal channels with gravitational effects［J］. Particuology，2019，44：159-168.

［26］Fang Yang，Yanming Kang，Yongwei Gao，Ke Zhong. Numerical simulations of the effect of outdoor pollutants on indoor airquality of buildings next to a street canyon［J］. Building and Environment，2015，87：10-22.

[27] Faridi S, Naddafi K, Kashani H, et al. Bioaerosol exposure and circulating biomarkers in a panel of elderly subjects and healthy young adults [J]. Science of the Total Environment, 2017, 593: 380-389.

[28] Shang Y, Fan L L, Zhang L. The combined effects of endotoxin and $PM_{2.5}$ on cytotoxity and reactive oxygen species generation in A549 cells [J]. Advanced Materials Research, 2013, 610-613: 794-797.

[29] Ege M J, Mayer M, Normand A C, et al. Exposure to environmental microorganisms and childhood asthma [J]. New England Journal of Medicine, 2011, 364: 701-709.

[30] Park JW, Kim HR, Hwang J. Continuous and real-time bioaerosol monitoring by combined aerosol-to-hydrosol sampling and ATP bioluminescence assay [J]. Analytica Chimica Acta, 2016, 941: 101-107.

[31] Adams, R. I.; Bateman, A. C. Bik, H. M.; Meadow, J. F., Microbiota of the indoor environment: a meta-analysis [J]. Microbiome, 2015, 3, (1), 49.

[32] Nazaroff, W. W., Indoor Bioaerosol Dynamics [J]. Indoor Air, 2016, 26, (1), 61-78.

[33] Biswas, P., Flagan, R. C. The particle trap impactor [J]. J. Aerosol Sci, 1988, 19 (1): P113.

[34] Chen, B. T., Yeh, H. C., Cheng, Y. S. Performance of a modified virtual impactor [J]. Aerosol Sci. Tech, 1986, 5: 369.

[35] Loo, B. W., Cork, C. C. Development of high efficiency virtual impactors [J]. Aerosol Sci. Tech, 1988, 9: 167.

[36] Novick, V. J., Alvarez, J. L. Design of a multistage virtual impactor [J]. Aerosol Sci. Tech, 1987, 6: 63.

[37] Ravenhall, D. G., Forney, L. J., Hubbard, A. L. Thory and observation of a two-dimensional virtual impactor [J]. J. Colloid. Interface Sci, 1982, 85 (2): 509.

[38] Solomon, P. A., Moyers, J. L., Fletcher, R. A. High-volume dichotomous virtual impactor for the fraction and collection of particles according to aerodynamic size [J]. Aerosol Sci. Tech, 1983, 2: 455.

[39] Wu, J. J., Cooper, D. W., Miller, R. J. Virtual impactor aerosol concentrator for clean-room monitoring [J]. J. Environ. Sci, 1989, 8: 52.

[40] Pistelok F, Pohl A, Stuczynski T, et al. Using ATP tests for assessment of hygiene risks [J]. Ecol Chem Eng S., 2016, 23 (2): 259-270.

[41] Lee J S, Park, et al. A Microfluidic ATP-bioluminescence Sensor for the Detection of Airborne Microbes [J]. Sensors&Actuators B Chemical, 2008, 132 (2): 443-448.

[42] Park CW, Park JW, Lee SH, et al. Real-time monitoring of bioaerosols via cell-lysis by air ion and ATP bioluminescence detection [J]. Biosensors and Bioelectronics, 2014, 52: 370-383.

[43] Nguyen DT, Kim HR, Jung JH, et al. The development of paper discs immobilized with luciferase/D-luciferin for the detection of ATP from airborne bacteria [J]. Sensors and Actuators B, 2018, 260: 274-281.

[44] Park JW, Park CW, Lee SH, et al. Fast Monitoring of Indoor Bioaerosol Concentrations with ATP Bioluminescence Assay Using an Electrostatic Rod-Type Sampler [J]. PLOS ONE, 2015, 10 (5): e0125251. doi: 10.1371/journal. pone. 0125251.

[45] Huang S, Heikal A A, Webb W W. Two-photon fluorescence spectroscopy and microscopy of NAD (P) H and flavoprotein [J]. Biophys J, 2002, 82 (5): 2811-2825. DOI: 10.1016/S0006-3495 (02) 75621-X.

[46]　Eitenmiller R R，Landen W O. Vitamin Analysis for the Health and Food Sciences [J]. Vitamin Analysis for the Health & Food Sciences，2008 (4A)：2041.

[47]　Patrik V，Petr T，Markéta R，et al. Sensitive detection and separation of fluorescent derivatives using capillary electrophoresis with laser-induced fluorescence detection with 532＜ce：hsp sp＝"0. 16" />nm Nd：YAG laser [J]. Journal of Luminescence，2005，118 (2) .

[48]　Sebastian G，Uwe K. Recent developments in optical detection methods for microchip separations [J]. Analytical and Bioanalytical Chemistry，2007，387 (1) .

[49]　Lax，S.；Nagler，C. R.；Gilbert，J. A.，Our interface with the built environment：immunity and the indoor microbiota [J]. Trends in Immunology，2015，36，(3)，121-3.

[50]　Meadow，J. F.，Altrichter，A. E.，Kembel，S. W.，Kline，J.，Mhuireach，G.，Moriyama，M.，Northcutt，D.，O'Connor，T. K.，Womack，A. M.，Brown，G. Z.，Green，J. L.，Bohannan，B. J.. Indoor airborne bacterial communities are influenced by ventilation，occupancy，and outdoor air source [J]. Indoor Air 2014，24，(1)：41-8.

[51]　Prussin，A. J.，Marr，L. C.. Sources of airborne microorganisms in the built environment [J]. Microbiome，2015，3，(1)：78-78.

[52]　Mensah-Attipoe，J.，Tubel，M.，Hernandez，M.，Pitkranta，M.，Reponen，T.. An emerging paradox：Toward a better understanding of the potential benefits and adversity of microbe exposures in the indoor environment [J]. Indoor Air 2017，27，(1)：3.

[53]　Knights，D.，Kuczynski，J.，Charlson，E. S.，Zaneveld，J.，Mozer，M. C.，Collman，R. G.，Bushman，F. D.，Knight，R.，Kelley，S. T.. Bayesian community-wide culture-independent microbial source tracking [J]. Nat Methods，2011，8，(9)：761-763.

[54]　Shenhav，L.，Thompson，M.，Joseph，T. A.，Briscoe，L.，Furman，O.，Bogumil，D.，Mizrahi，I.，Pe'er，I.，Halperin，E.. FEAST：fast expectation-maximization for microbial source tracking [J]. Nat Methods，2019，16，(7)：627-632.

[55]　Xu HQ，Liang JS，Wang YM，et al. Evaluation of different detector types in measurement of ATP bioluminescence compared to colony counting method for measuring bacterial burden of hospital surfaces [J]. Plos one，2019，14 (9)：e0221665.

[56]　Lin CJ，Wang YT，Hsien KJ，et al. In Situ Rapid Evaluation of Indoor Bioaerosols Using an ATP Bioluminescence Assay [J]. Aerosol and Air Quality Research，2013，13：922-931.

[57]　Venkateswaran K，Hattori N，Duc MTL，et al. ATP as a biomarker of viable microorganisms in clean-room facilities [J]. Journal of Microbiological Methods，2003，52：367-377.

第 2 章　室内空气微生物监测技术

2.1　概述

　　室内空气微生物包括真菌、细菌、病毒，室内人员咳嗽和打喷嚏期间可能会产生含有细菌和病毒的液滴。在室内环境中监测室内空气微生物是公共卫生学家在评估室内空气质量、传染病暴发、农业暴露和工业健康时使用的众多工具之一。对空气微生物的监测方法已成为一门活跃的技术研究领域，它利用当代技术，包括计算流体动力学、生物发光技术和生物粒子识别技术来研究各种室内环境中的生物颗粒浓度，以及流行病学来追踪疾病的传播。这些监测和分析方法包括离线监测方法和技术、现场快速监测方法和技术、实时监测方法和技术。

2.2　空气微生物离线监测方法和技术

　　空气微生物离线监测方法主要是采用生物气溶胶采样器采集空气样本，再使用微生物培养方法、核酸分析来分析采集样本中的微生物浓度和种类。这种监测方法的关键是生物气溶胶采样器的采集效率和采集微生物的存活率。到目前为止，已经研制出七大类采样原理的各种类型生物气溶胶采样器近 300 种。ASTM 国际组织颁布了广泛的室内空气质量标准，包括真菌生长评估和生物气溶胶收集，以及制定空气采样策略指南（ASTM 2009，ASTM 2014a，ASTM 2014b，ASTM 2014c）。欧洲标准化委员会还发布了生物气溶胶采样标准和相关主题（CEN 2000，CEN 2003，CEN 2004）。中国标准化管理委员会也发布了生物气溶胶采样和分析通用要求。

　　美国政府工业卫生学家会议（ACGIH）、国际标准化组织（ISO）和欧洲标准化委员会（CEN）已经确定了用于进行粒径选择性气溶胶采样的气溶胶采样器的三种颗粒收集效率曲线（图 2-1）。其思路是，符合三个标准之一的气溶胶采样器，以近似于气溶胶颗粒到达呼吸道不同部位比例的方式收集气溶胶颗粒。这些标准特定用于生物气溶胶采样，也适用于其他类型的气溶胶颗粒采样。

　　空气中可吸入气溶胶颗粒，在正常呼吸期间可以被吸入鼻子或嘴中，包括沉降在鼻腔或口腔中的较大颗粒以及可以吸入到下呼吸道的较小颗粒。这就意味着由于较大颗粒的运动惯性，在人呼吸过程中，绝大多数将滞留在上呼吸道，即鼻子或嘴中，不太可能被吸入到小呼吸道。对于气溶胶而言，真正对人构成健康威胁的是能够到达最深呼吸道的气溶胶颗粒，即能够到达下呼吸道的呼吸性细支气管和肺泡，由于呼吸性细支气管和肺泡没有纤毛，沉积在肺泡和呼吸性细支气管中的颗粒可以在肺部保留更长的时间，除非它们可以通过迁移的肺巨噬细胞分解或去除，否则这小颗粒通过肺泡壁的气血交换，进入到血液中，随着血液到达身体的各个部位，对组织或器官造成损害。落在鼻咽区域或上呼吸道中的非可溶性颗粒聚集在气道黏液中，通过纤毛运动快速地从呼吸道清除。

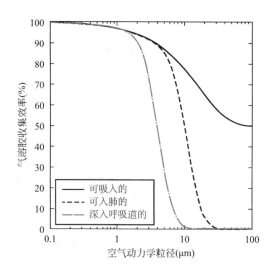

图 2-1　气溶胶粒子在呼吸道不同部位的 ACGIH/ISO 取样标准

　　世界卫生组织使用 $5\mu m$ 的粒径来描述空气传播（$\leqslant 5\mu m$）和飞沫（$>5\mu m$）的传播。一些研究表明，$6\mu m$ 以上的颗粒主要沉积在上呼吸道，而 $2\mu m$ 以下的颗粒主要沉积在肺泡区域。其他研究得出的结论是，$10\mu m$ 以下的颗粒可以更深地扩散到呼吸道，大于 $10\mu m$ 的颗粒更可能沉积在上呼吸道表面，不太可能扩散到肺区域。符合可吸入颗粒采样标准的气溶胶采样器对环境气溶胶中的 $4\mu m$ 颗粒采集效率为 50%，$1\mu m$ 颗粒为 97% 和 $0.3\mu m$ 颗粒为 99%。符合可以进入呼吸道气管和支气管的颗粒采样标准的气溶胶采样器对环境气溶胶中的 $10\mu m$ 颗粒采集效率为 50%，对 $1\mu m$ 颗粒采集效率为 97%。这些环境气溶胶采集标准都是理想的，实际中，一个采样器的实际采样效率受到多种因素影响，很难达到这样的采样效率，越接近越好。

　　应该注意的是，即使较大的生物气溶胶颗粒易于沉积在上呼吸道中并且更快地清除，它们仍然可以在易感个体中引发上呼吸道过敏或炎症反应，如果含有活病原微生物的颗粒沉积在上呼吸道后也常常引起感染。因此，生物气溶胶采样器合适的颗粒粒径采集范围是 $0.1\sim10\mu m$，50% 的切割粒径为 $5\mu m$。

　　大多数生物气溶胶采样装置涉及将颗粒与空气流分离并将它们收集在预选介质中或预选介质上的技术。撞击、冲击、气旋离心和过滤是用于分离和收集生物气溶胶的四种常用采样技术。还有大流量采样系统、虚拟撞击采样系统、静电沉淀或基于冷凝收集系统等新采样技术装置。以下是环境卫生学、传染病学、流行病学和工业卫生学常用的生物气溶胶采样装置。下面主要介绍撞击、冲击、气旋离心和大流量采样四种生物气溶胶采样器。

2.2.1　撞击式生物气溶胶采样器

　　撞击式生物气溶胶采样器通过喷嘴、喷口或裂隙的加速作用把生物气溶胶粒子采集到固体或半固体介质表面的采样器。通常分为筛孔式、狭缝式撞击式采样器。测量生物气溶胶粒径分布宜选择六级撞击式采样器等。

　　撞击式生物气溶胶采样器由一系列喷嘴（圆形、槽形或线形）和撞击面组成。使用真空泵将空气吸入冲击器，空气流流过喷嘴并朝向冲击表面，其中颗粒通过其惯性与气流分离（图 2-2）。较大的颗粒聚集在撞击表面上，而不影响的小颗粒跟随空气流动。撞击表面通常由培养皿中生长培养基（琼脂）或明胶滤膜组成，表面有时涂有油脂。

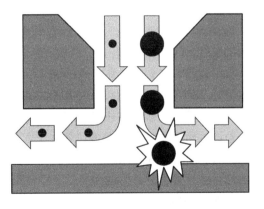

用于对空气中可培养的细菌和真菌进行采样最常用的撞击式采样器是 Andersen 采样器，它使用包含培养皿的 1～6 个撞击器阶，如图 2-3 所示，每级包含填充有营养琼脂的培养皿。每级具有逐渐变小的喷嘴，其在琼脂上产生更高的颗粒撞击速度。气溶胶颗粒从顶部流入第一级，其中空气动力学直径大于 $7\mu m$ 的颗粒撞击琼脂。剩余的颗粒流到第二级，其中收集空气动力学直径在 $7\sim$

图 2-2 撞击式生物气溶胶采样器

注：当气流离开冲击器喷嘴时，它迅速改变方向，如图中箭头所示。较小的颗粒随着气流流动而不会被收集。较大的颗粒由于其较高的惯性而不能快速改变方向，并且与收集表面碰撞，它们在那里积聚。

$4.7\mu m$ 的颗粒，对于其余级依此类推。由于生长培养基直接影响生物气溶胶颗粒中的微生物生长，可以将采样器中培养皿直接转移到培养箱中并观察微生物的生长。该方法取决于能否收集到在特定营养培养基上生长的活的微生物。

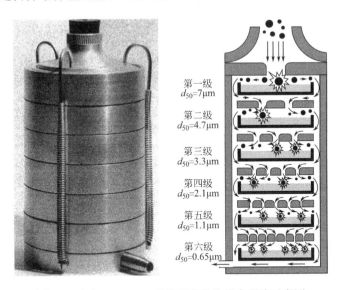

第一级 $d_{50}=7\mu m$

第二级 $d_{50}=4.7\mu m$

第三级 $d_{50}=3.3\mu m$

第四级 $d_{50}=2.1\mu m$

第五级 $d_{50}=1.1\mu m$

第六级 $d_{50}=0.65\mu m$

图 2-3 六级 Andersen 采样器实物和撞击器阶示意图

六级 Andersen 采样器的采样流量为 28.3L/min，它的一个显著优点是样品可以直接收集到培养皿上并转移到培养箱中，这简化了处理并消除了加工过程中可能发生的一些损失，而且可以测量采集到的生物气溶胶颗粒大小，可以用于判断好几种生物气溶胶对人体健康的影响。使用六级 Andersen 采样器时，在低浓度环境中，采样时间限制在 20min 以内以避免琼脂干燥。六级 Andersen 采样器的高流速（28.3L/min）使得采样器不适合在高浓度环境中使用，例如一些农业场所（即动物设施），即使 1min 的采样量，也可能造成采集颗粒的高度叠加。为了对各种采样器的采样效率有一个相对的评价标准，1963 年在美国加利福尼亚召开的第一届国际空气微生物大会上，六级 Andersen 撞击式采样器被推荐为国际标准参考采样器。

目前基于粒子惯性撞击采样原理的采样器已有几十种，包括单级、二级、多级的撞击式采样器。在这些采样器中，使用较多的主要有狭缝—琼脂撞击器和 Merk-100 单级撞击式采样器。狭缝—琼脂撞击器是通过一条狭缝形成的高速气流和一个旋转的平台，将气溶胶颗粒撞击沉积在缓慢旋转的培养皿上。平皿旋转意味着在不同时间收集的颗粒沉积在不同的位置，可提供生物气溶胶浓度随时间变化的指示。此外，Merk 公司研制的 Merk-100 单级撞击式采样器，采样流量为 100L/min，被广泛应用于医药和食品工业室内环境空气中浮游菌的采集分析。

2.2.2　冲击式生物气溶胶采样器

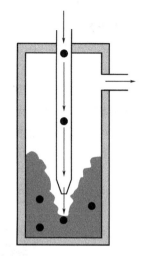

冲击式生物气溶胶采样器是基于用气流对液体的冲击、清洗或雾化等原理，经空气中的生物气溶胶粒子捕获在液体介质中的采样器（图 2-4）。通常可以选择全玻璃液体冲击式采样器、气旋冲击式采样器等。这类采样器采样流量小，适用于高浓度的生物气溶胶采样；对浓度特别低的生物气溶胶还可以选择大流量采样器。

两种常见的冲击式生物气溶胶采样器是 Greenburg-Smith 冲击式采样器和全玻璃冲击式采样器（AGI），其喷嘴位于收集容器底部上方 30mm 处，称为 AGI-30。Greenberg-Smith 撞击器和 AGI-30 采样器通过入口管分别以 28.3L/min 和 12.5L/min 的标称流速吸入气溶胶进行采样，AGI-30 入口管是弯曲的，以模拟鼻腔中的颗粒收集。为了对各种采样器的采样效率有一个相对的评价标准，1963 年在美国加利福

图 2-4　生物气溶胶粒子在液体介质中被捕获过程示意

利亚召开的第一届国际空气微生物大会上，AGI-30 采样器被推荐为国际标准参考采样器。

冲击式采样器的主体充满液体采样介质，气溶胶流向下流过喷嘴并以高速进入液体。当气溶胶颗粒与收集容器的底部碰撞或分散到液体中时，收集气溶胶颗粒。在收集之前，冲击器通常具有弯曲的入口以从气流中去除较大的颗粒。引入液体的高速气流也产生相当大的搅动，可产生气泡。收集介质中的添加剂，如蛋白质、消泡剂或抗冻剂，有助于微生物的存活和复苏，防止发泡和收集液的损失。随着时间的延长，水分流失会降低冲击器中的液位并增加非挥发性组分浓度，从而限制了采样时间。

目前，这类采样器使用较广泛的是 AGI-30 采样器，以及美国 SKC 研制的 Biosampler。

2.2.3　气旋离心生物气溶胶采样器

气旋离心生物气溶胶采样器是指通过气体高速旋转所产生的离心力将生物气溶胶粒子与气流分开并撞击到固体介质表面上或富集到液体介质里的采集装置（图 2-5），即当气溶胶流通过入口进入旋风分离器时，气流沿着弯曲的内壁流动并以螺旋形式流动。如果气溶

胶颗粒大于切割直径,则颗粒的惯性导致它们与旋风分离器壁碰撞并积聚。向下螺旋后,气流通过旋风分离器的中心上升,并通过顶部的出口离开。

这种原理的采样器有不同名称,有的称之为离心式采样器,有的称之为气旋式采样器,使用较为广泛的是气旋离心式采样器。

与撞击式采样器一样,气旋式采样器取决于颗粒的惯性,使其在空气流在腔室内部弯曲时沉积在采样器壁上。与冲击器一样,气旋式采样器具有如图 2-6 所示的收集效率曲线,并且收集效率曲线取决于流速。对于空气动力学直径大的颗粒收集效率高,对于空气动力学直径小的颗粒收集效率低。在该示例中,该装置的 50% 切割直径(d_{50})为 1m。

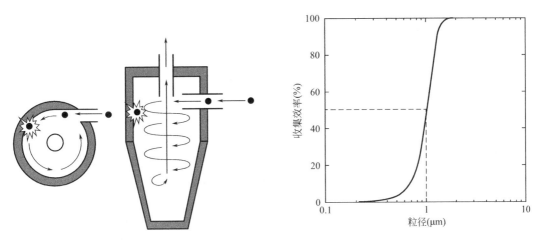

图 2-5　气旋离心采集示意图　　　　图 2-6　基于惯性的气溶胶采样器的收集效率曲线示例

气旋式采样器比撞击式采样器更不容易发生粒子反弹,并且可以收集更多的材料。它们还可以提供比冲击器更温和的收集,其可以改善活微生物的回收。

气旋式生物气溶胶采样器可以从气溶胶中去除不可吸入的部分,可吸入的颗粒既可以采集到液体介质中,也可以用过滤器收集。NIOSH 开发的气旋离心生物气溶胶采样器使用两个气旋离心器,最后一级是过滤器,第一个气旋离心器收集颗粒的不可吸入部分,第二个气旋离心器收集大于 $1\mu m$ 的可吸入颗粒,过滤器收集小于 $1\mu m$ 的颗粒。气旋式气溶胶采样器已用于医疗保健环境中空气传播病毒的测量、住宅中的空气真菌和真菌碎片,以及农业生产中的生物气溶胶采集。

2.2.4　大流量生物气溶胶采样器

大流量生物气溶胶采样器是指用较大采样流量将目标粒子分离、浓缩到采样介质中的采样装置。这种采样器适用于环境空气中低浓度目标生物气溶胶的采集。

1. 大流量生物气溶胶采样器的现状

在气溶胶技术中,对大气中粗糙粒子采集和分类的常用仪器是惯性撞击(Inertial impaction)采样器,这种采样器的设计原理是基于粒子的惯性分离原理。已有的分离和收集粒子的惯性撞击采样器,气溶胶粒子采集是通过携带粒子的气流直接喷射在撞击平皿或收集平板上完成的。具有足够惯性的大粒子很难发生 90°的转弯,直接撞击在收集平板上;而惯性较小的小粒子随着流动气流流出，不会撞击在收集平板上，仍保持着悬浮和在气流中传播。

有关传统惯性撞击器的问题是粒子与撞击（收集）平板表面之间的相互作用：（1）固体粒子从平板表面反弹起来；（2）粒子撞击在平板表面后破碎；（3）撞击（收集）平板表面的负载；（4）由于气流带来的外力造成平板表面上的粒子再分散，进入气流中。

在研究和寻找一种使用惯性冲击原理，但又可以避免粒子与平板表面相互作用问题的过程中，虚拟冲击（Virtual Impaction）的概念被提出和发展起来。虚拟冲击概念由美国的 Hounam 和 Sherwood 于 1965 年在一台多级瀑布式离心分离器上进行采集空气粒子实验中发现并首次提出。

目前，国外使用比较多的大流量采样器由洛克希德·马丁综合技术公司制造的 DFU-1000 和 Dycor Technologies 公司制造的 XMX/2L-MIL。DFU-1000 采样流量约为 800L/min，额定连续工作时间为 40000h。DFU-1000 使用标准的 47mm 直径的聚酯毡过滤器，孔径为 $1.0\mu m$。该过滤器对粒径小至 100nm 颗粒进行了评价，发现 100nm 颗粒的收集效率为 75％，DFU-1000 仅供室内使用。XMX/2L-MIL 采用虚拟碰撞颗粒流分离和液体碰撞收集方法来收集气溶胶样品。虚拟撞击与气溶胶惯性撞击不同，因为吸入仪器的主要采样流在物理上分为两个流，主流包含小于特定切点大小的粒子，次流包含大于切点大小的粒子。XMX 吸入约 700L/min 的采样大流量，在设备入口处去除大于 $10\mu m$ 的颗粒，然后在虚拟撞击器的第一级将其分离为包含小于 $1.0\mu m$ 的颗粒的主流和次级包含大于 $1.0\mu m$ 的颗粒的流。次级流约为 12L/min，因此，在次级流中高度浓缩了 $1.0\sim10\mu m$ 之间所有颗粒，次级流通过虚拟撞击器的第三级冲击到液体冲击器中。当采样以检测周围空气中的低浓度生物因子时，虚拟撞击器提供的主要优势在于，它们会以较小的流量浓缩颗粒，从而大大增加了有效样本的数量，同时仍然允许使用传统的生物因子分析方法。Romay 开发了一种三级浓缩虚拟撞击器（Concentrating Virtual Impactor，CVI），将 $2.3\sim8.4\mu m$ 粒径范围内 50％～90％的颗粒从总流量 300L/min 浓缩到次要流量 1L/min。

在实际使用中，大流量采样器显示出其高效采集和保存微生物活性的优势。在禽流感（H7N3）暴发后，Schofield 使用由 Dycor 制造的 XMX/2A 和狭缝采样器阵列在家庭禽场中收集了空气样本。除了次级流量为 1L/min 而不是 12L/min 之外，XMX/2A 与 XMX 几乎相同，XMX/2A 没有液体冲击器。在谷仓内外的各种位置、条件、谷仓的上风和下风的位置收集样品。使用狭缝采样器阵列共收集了 240 个样品，使用 XMX/2A 共收集了 16 个样品。对 PCR 检测禽流感病毒 H7N3 呈阳性的样品，再进行病毒细胞培养分离活性病毒。通过狭缝采样器阵列收集的所有样品通过 PCR 均为阴性，XMX/2A 收集的样本中有 7 份通过 PCR 呈阳性，这 7 份样本中的 2 份也通过细胞培养分离到了禽流感病毒 H7N3。

2. 大流量高效率采样技术的研究

"十三五"国家重点研发计划项目"室内微生物污染源头识别监测和综合控制技术"（2017YFC0702800）研发了流量大于 200L/min，采集粒子集中在 $1\sim10\mu m$ 的浓缩分离器。

（1）生物气溶胶浓缩分离器设计原理

气溶胶浓缩分离采样器采用虚拟冲击的原理，如图 2-7 所示。传统的惯性冲击器中使用的固体冲击平板被一个接收管所取代，该接收管有一个含有相对不流动空气的区域。带有低惯性小粒子的主要气流从接收管的侧线被分流，这一点类似于传统的惯性冲击器；带有高惯性大粒子的少量气流穿过接收管，通过相对低速度气流（次流）被转移。因此，气溶胶粒子通过单级的虚冲击器分成两个粒径的区间。如果还需要分级，可以通过第二级虚冲击器的分离达到目的。

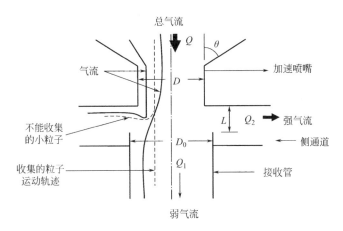

图 2-7 虚拟冲击原理示意图

气溶胶浓缩分离采样器的总气流 Q 经喷口喷出分为两部分气流，一部分为强气流 Q_2 载着小于切割点粒径的小粒子转向进入采集腔外的两通道，另一部分为弱气流 Q_1 进入采集腔，同时大于切割点粒径的大粒子由于惯性作用也进入采集腔。气流中粒子是否被采集由斯托克斯数（St）决定，St 是粒子的截止距离与喷口半径之比的无量纲数，即：

$$St = \frac{\rho_p C d_p^2 U}{9\mu D_0} = \frac{4\rho_p C d_p^2 Q_0}{9\mu\pi D_0^3} \tag{2-1}$$

式中 ρ_p——粒子密度；

d_p——粒子空气动力学直径；

C——滑动修正系数；

U——喷孔内气流的平均速度；

μ——空气黏滞系数；

D_0——喷孔直径。

气流流量、粒径、喷口直径和气体性质 C、ρ_p、μ 决定了气溶胶浓缩分离采样器的结构。由采集效率 50% 处的斯托克斯数 St_{50} 可得到粒子切割粒径 d_{50}。

滑动修正系数 C 的计算方法可表达为：

$$C = 1 + \frac{2}{Pd_p} \times [6.32 + 2.01\exp(-0.1095Pd_p)] \tag{2-2}$$

式中 P——绝对压强，（cmHg），标准大气压为 76cmHg（1cmHg=1333.224Pa）。

气溶胶浓缩分离采样器的采集特性由采集效率与粒径或 $\sqrt{St}$ 的关系曲线确定，理论特性曲线是一条在切割点处的竖直线，说明大于切割粒径的粒子均能穿过采集腔被采集，但实际特性曲线是 S 形曲线。影响这条曲线的主要因素是：

1）L/D 的比值；

2）雷诺数 $Re = \rho_g UD/\mu = 4\rho_g Q/\pi\mu D$（$\rho_g$ 为空气密度）；

3）弱流比 Q_1/Q。

（2）生物气溶胶浓缩分离器的性能和参数

欲研制的浓缩分离器是为了满足采集环境空气中低浓度病原微生物的需要，因此，设计浓缩分离器的流量为 200L/min，采集粒子集中在 1～10μm 的浓缩分离器。

气溶胶浓缩分离采样器总流量为 200L/min，浓缩比为 200∶7，即上方进气口的总气流为 200L/min，下方出气口目标气流为 7L/min，浓缩后除去的粒子随着 193L/min 的气流排出。采样粒径范围为 1～104μm。因此，大的粒子中值切割径（d_{pa} 大 50）就是 10μm，小的粒子中值切割径（d_{pa} 小 50）就是 1μm。

该气溶胶浓缩分离器从结构上分为 2 级，第一级经过粒子的虚拟撞击，分离出大于 10μm 的粒子，小于 10μm 的粒子随气流进入下一级；第二级分离小于 1μm 的粒子，1～10μm 的粒子经过撞击采样孔的虚拟撞击后进入锥形采集腔内，在下方 7L/min 的气流作用下得到 1～10μm 之间的粒子。

该气溶胶浓缩分离器体积较小，直径约为 114mm，高度约为 150mm，便于使用安装（图 2-8、图 2-9）。

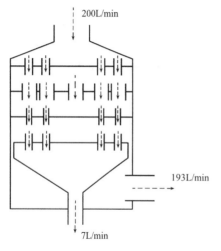

图 2-8　气溶胶浓缩分离器对
粒子分离、浓缩示意图

图 2-9　生物气溶胶浓缩分离器
三维示意图

（3）生物气溶胶浓缩分离器的性能测试实验

生物气溶胶浓缩分离器的喷孔-采集腔组理论计算获得的喷孔直径、采集腔直径、喷孔-采集腔之间的距离等直接关系到对粒子的捕捉效率和捕捉粒子的大小，即 1～10μm 的粒子。因此，按照理论计算、设计出的虚拟冲击喷孔-采集腔组必须进行单分散粒子捕捉效率和捕捉粒子中值直径的测试标定。

对设计的空气微生物采样器采样粒子粒径范围的评价，国际上有两种方法：一种是使用标准的固体单分散粒子，如聚苯乙烯橡胶球、荧光铵单分散粒子等；另一种是使用液体单分散粒子。荧光素难溶于水，但用荧光素和氨水反应生成的荧光胺是可以溶解在氨水中的。用荧光胺发生气溶胶，其粒子为均匀、光滑的密实圆球，因为不溶于水，在潮湿的环境下不致因吸湿而涨大，能够保持所形成颗粒的稳定性。它具有发生稳定、粒子浓度易测定、快速、成本低等特点。

我们在实验室建立了荧光胺单分散 $1\sim10\mu m$ 的粒子的发生参数和荧光胺浓度的测定方法，并用该方法测定生物气溶胶浓缩分离器对不同粒径粒子的捕捉效率。在实验中，用 APS 3450 振动孔单分散气溶胶发生器（美国 TSI 公司）发生单分散荧光胺粒子，用 APS 3310 粒子计数器（美国 TSI 公司）测量荧光胺单分散粒子的粒径，用 RF-5000 型荧光分光光度计（日本岛津）测量采集到的荧光胺粒子的荧光值。

根据对荧光胺单分散气溶胶粒子发生条件的实验结果、低浓度荧光胺溶液浓度与荧光强度之间的直线对应关系，用 6 种荧光胺单分散气溶胶粒子（数量中值直径分别为 $1.59\mu m$、$1.98\mu m$、$2.13\mu m$、$2.64\mu m$、$3.05\mu m$、$9.64\mu m$），对生物气溶胶浓缩分离器进行测试评价。

小粒子主要是指直径在 $5\mu m$ 以下的粒子，根据工作参数 C、f、Q，摸索了几个粒径的单分散粒子发生条件（表 2-1），$1.98\mu m$ 的单分散粒子图谱见图 2-10。大粒子主要是指直径在 $9\sim13\mu m$ 的粒子，根据工作参数 C、f、Q，摸索了几个粒径的单分散粒子发生条件（表 2-2），$8.98\mu m$ 的单分散粒子图谱见图 2-11。

小粒子发生条件　　　　　　　　　　　　　　　　　　表 2-1

发生参数　粒子大小	发生液浓度 C	振动频率 f(kHz)	振动孔直径(μm)	单分散性(百分比)
$1.59\mu m$	0.0079%	28.66	$20\mu m$	94.45%
$1.98\mu m$	0.0085%	45.22	$20\mu m$	90.17%
$2.64\mu m$	0.1690%	174.5	$10\mu m$	65.26%
$3.05\mu m$	0.0637%	49.55	$20\mu m$	81.40%

大粒子发生条件　　　　　　　　　　　　　　　　　　表 2-2

发生参数　粒子大小	发生液浓度 C	振动频率 f(kHz)	振动孔直径(μm)	单分散性(百分比)
$8.35\mu m$	2.00%	65.19	$20\mu m$	67.5%
$8.98\mu m$	1.00%	24.46	$20\mu m$	63.20%
$9.72\mu m$	2.00%	42.25	$20\mu m$	80.70%
$11.10\mu m$	2.00%	41.92	$20\mu m$	64.40%

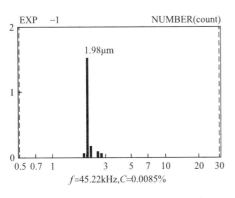

图 2-10　$1.98\mu m$ 单分散粒子图谱
（取自 APS 3310）

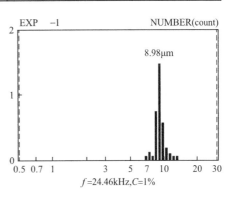

图 2-11　$8.98\mu m$ 单分散粒子图谱
（取自 APS 3310）

从表 2-1 和图 2-10 中可以看出，设计虚拟浓缩分离器中值切割粒径（$d_{pa小50}$）＝$1\mu m$，测试得到的 $1.59\mu m$ 大于预设的 $d_{pa小50}$，捕获率为 52.37%。该结果表明，第三级单孔虚冲击采样级的喷孔-采集腔组的喷孔直径、采集腔的直径、喷孔与采集腔之间的距离是合理的，能够满足虚冲击器的对采集气溶胶粒子范围的要求。

从表 2-2 和图 2-11 中可以看出，设计虚拟浓缩分离器中值切割粒径（$d_{pa大50}$）＝$10\mu m$，测试得到的 $8.98\mu m$ 小于预设的 $d_{pa大50}$，捕获率为 99.60%。该结果表明，第二级单孔虚冲击采样级的喷孔-采集腔组的喷孔直径、采集腔的直径、喷孔与采集腔之间的距离是合理的，能够满足虚冲击器的对采集气溶胶粒子范围的要求。

从以上获得的测试数据看，项目设计的大流量高效率采样技术——生物气溶胶浓缩分离器达到了预期设置的目标，满足低浓度生物气溶胶采样需求。下一步将设计大流量高效率采样器的整体结构，并进行相应的实验室测试，为 ATP 发光检测提供配套的室内环境空气微生物高效采样装置。

2.3　空气微生物现场快速监测方法和技术

在调查室内环境空气质量时，必须准确地表示出环境空气中微生物载量。室内空气处理系统和建筑材料对室内微生物种群的生长和传播的作用，甚至生物消毒剂在缓解室内空气质量问题方面的效果，都存在不确定性。而在一些环境污染评估中，需要了解现场空气生物气溶胶污染的实时情况，更好地描述现场环境空气中活微生物的载量时，传统的生物气溶胶活空气微生物采样、培养和分析的方法不能满足需要。因为，生物气溶胶的传统培养技术是耗力、耗材和耗时的，尤其是耗时，按其要求在受控环境下进行样本采集和培养，且微生物培养所需要的时间一般需要 48～72h，使现场环境空气微生物污染载量的信息成为在采样时的过去时了，这种方法永远无法表明现场实时的生物气溶胶污染载量，对于一些特殊情况下空气质量太差而造成不利影响时，对在该室内环境中人员健康造成的风险将很难弥补。如何解决这一实时环境空气微生物污染载量监测评价的技术问题呢？

室内环境空气中微生物载量的测量涉及几种生物气溶胶采样方法，包括撞击、过滤、冲击和沉积取样。同时，也开发了一种快速评估方法，ATP 生物发光技术测量样本中的活微生物数量，该技术由查佩尔和莱文于 1968 年提出。

2.3.1　ATP 生物发光原理

ATP 是一种发挥能量载体作用的有机分子，所有的活细胞（原核和真核）都含有这种多功能辅酶。用生物发光法测定不同基质样品中 ATP 的含量。测量是基于荧光素酶催化的荧光素酶在 ATP 和镁离子存在下的氧化脱羧反应。生物发光反应的发生方式如下：

$$ATP + O_2 + 荧光素 + 荧光素酶 + Mg^{2+} \rightarrow 氧化荧光素 + AMP + 产物 + 光$$

在这一过程中，荧光素酶催化荧光素到氧荧光素的转化，其中过渡到基本状态，因为光的发射强度与样品中 ATP 的量成正比。在发光反应中形成的光脉冲强度在 $562nm$ 处测量，并以相对光单位（Relative Light Units，RLUs）表示。反应应在适当的 pH（最佳

7.8～7.9）和温度（最佳 25℃）条件下进行。

腺苷-5′-三磷酸（ATP）作为一种能量来源存在于所有活细胞中，在细胞活动需要时可以很容易地储存和使用。萤火虫发光是 ATP 能量转化的一个著名例子。微生物细胞释放的 ATP 在发光酶作用下发光，其强度可以用发光仪器测量，并量化为相对光单位（Relative Light Units，RLUs）。样品中的总 ATP 是细胞 ATP 的总和，它发生在活细胞中，溶解的 ATP（dATP）来自分解的细胞。活微生物在此定义为活性微生物负载样品，以 RLU 测量。测得的 RLUs 的强弱，可以直接反映出 ATP 的浓度或数量，RLUs 越强，则 ATP 浓度或数量就越多。而一个活微生物细胞中 ATP 的含量是相对固定的，因此，测得的 ATP 反映了微生物的活性，也间接地反映出微生物的数量。

微生物生物量可以通过生物发光测量 ATP 来量化，因此，ATP 生物发光技术已广泛应用于活的微生物检测等非常重要的领域，包括环境空气监测。ATP 生物发光技术简单、测量快速并具有成本效益，允许监测生物气溶胶浓度和评价室内环境生物气溶胶中活微生物的时空变化。

2.3.2　ATP 生物发光技术原位检测室内空气微生物的研究

在"十三五"国家重点研发计划项目资助的"室内微生物污染源头识别监测和综合控制技术"（2017YFC0702800）中，研究人员开展了 ATP 生物发光技术原位检测室内空气中活微生物的技术研究，通过实验比较了 ATP 生物发光结果与传统的空气微生物采样、培养计数方法之间的相关性，并根据实验获得的结果设计了空气微生物 ATP 检测一体化技术。

实验室中以黏质沙雷氏菌、金黄色葡萄球菌、大肠杆菌及其混合菌液用 PBS 缓冲液重悬后梯度稀释，取不同浓度菌液 $100\mu L$ 涂平板进行菌落计数，另取适量分别加入等体积的 BacTiter-GloTM 试剂混匀静置 5min 后取 $100\mu L$ 加入测定管中检测发光值（图 2-12）。图 2-12 中菌落浓度的范围为 $10^3 \sim 10^9$ CFU/mL，10^9 CFU/mL 为各菌株培养后所得的最大菌落浓度。由图 2-12 可见，随着各菌液菌落浓度的增大，相应的 ATP 发光值基本呈上升趋势，只有金黄色葡萄球菌在菌落浓度为

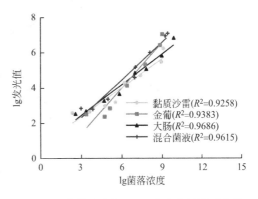

图 2-12　菌落浓度与 ATP 发光值的关系曲线

10^4 CFU/mL 时的 ATP 发光值低于 10^3 CFU/mL 的 ATP 发光值。其他菌株在低于 10^3 CFU/mL 时发光值不再下降而基本接近背景值，菌落浓度为 $10^3 \sim 10^4$ CFU/mL 时发光值上升较缓，之后则上升较快，不同菌株在同一菌落浓度时对应的发光值不一定相同。图中由回归分析得出各关系曲线线性方程的 R^2 值均大于 0.9，即菌落浓度在 $10^3 \sim 10^9$ CFU/mL 范围内 ATP 生物发光法与平板计数法有较明显的正相关性。

此外，还在实验室气溶胶微环境密闭舱内进行了混合菌液气溶胶 ATP 发光法和平板计数法检测浓度的相关性研究。气溶胶密闭舱内气溶胶浓度用 RLU/m³ 和 CFU/m³ 表示的关系曲线见图 2-13，包含第一组异常值时回归分析得到关系曲线的 R^2 值为 0.7539，去

掉异常值时 R^2 值为 0.8452，即对气溶胶不同浓度样品的检测 ATP 生物发光法和平板计数法依然呈正相关性。

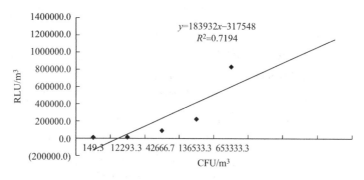

图 2-13　混合菌气溶胶的 RLU/m^3 和 CFU/m^3 的关系曲线

为了测试 ATP 方法原位检测空气中活微生物浓度，在 BSL-2 实验室和室外同时用 Coriolis 采样器和 SASS 2300 采样器对环境空气采样（图 2-14）。Coriolis 采样器采样流量为 200L/min，采样 10min；SASS2300 采样器采样流量为 325L/min，采样 10min。

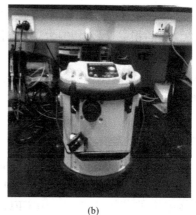

(a)　　　　　　　　　　　　　(b)

图 2-14　不同采样器环境空气采样

(a) Coriolis 采样器；(b) SASS 2300 采样器

Coriolis 和 SASS2300 采样器室内外采样参数及检测结果　　　　表 2-3

采样器	样本	采样后采样液体积(mL)	采集空气体积(m³)	气液比(m³/mL)	ATP 生物发光法(RLU/m³)	平板计数法(CFU/m³)	结果
Coriolis	室内	8.5	2	0.24	5086	213	23.93
	室外	8.4	2	0.24	21826	434	50.29
SASS2300	室内	4.6	3.25	0.71	8686	231	37.57
	室外	4.5	3.25	0.72	44285	591	74.96

从表 2-3 中可以看出，由所采集空气体积和采样后采样液体积计算的气液比值，Cori-

olis 比 SASS2300 采样器要低，两种采样器所测的 RLU/CFU 均比在实验室气溶胶密闭舱中模拟实验所测的比值要高一个数量级，室外的 RLU/CFU 均高于室内，不同采样器得到的 RLU/CFU 也有所不同。这个结果可能与所用生物气溶胶采样器的采样效率和采样微生物存活率关，需要进一步研究。

综上，项目组认为，ATP 发光法在原位检测室内空气微生物中是可以作为一种方法使用，该方法具有省时、省力、实时原位等优点，但也存在着一些共性问题，即不同采样器的采样性能存在差异，可能导致检测结果差异较大。因此，研究人员根据实验室实验结果和室内外空气微生物原位检测结果，设计了一种解决仪器、操作人员产生的误差问题的思路，将采样、微生物裂解释放 ATP 和发光检测整合为一体，即一种快速评估空气细菌污染状态的装置。

2.4 空气微生物实时监测方法和技术

长期以来，对空气微生物的监测的主要手段是利用采样器采集到各种介质中（如吸收液、培养基表面），然后进行培养，培养时间往往需要 48h，也就是两天后才能知道当时空气中微生物的情况，严重滞后，尤其对于突发事件，无法做到及时响应。因此，研发空气微生物浓度在线监测设备，可有效填补实时监测空气微生物的技术空白，做到实时监测空气中微生物气溶胶浓度。设备在公共场所、医疗机构、制药企业净化车间等多个领域，都有重要的应用价值，可通过实时数据，及时采取有效措施，降低空气微生物浓度，避免对人员、环境或产品造成危害。

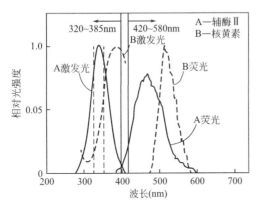

图 2-15　NADH 和核黄素的激发和发射波长

激光诱发荧光光谱识别技术是生物气溶胶实时监测领域中最先进的技术，生物粒子中的某些特征物质在特定波长激发下吸收能量会从基态到激发态跃迁，发射出一定波长的特定荧光光子。在微生物细胞中含有色氨酸、酪氨酸、苯基丙氨酸、烟酰胺腺嘌呤二核苷酸 [NADH]、烟酰胺腺嘌呤二核苷酸磷酸 [NAD（P）H] 等荧光发光基团，在紫外光的激发下能够发射荧光，从而识别生物气溶胶粒子，实现对生物气溶胶粒子和非生物气溶胶粒子的光谱识别（图 2-15）。微生物细胞内有许多生物分子具有自发荧光基团，这种现象已被用作连续实时生物气溶胶检测系统的基础。

2.4.1 生物气溶胶实时监测技术和产品

根据不同的特征物质研制的生物气溶胶空气动力学粒谱仪所采用的激发波长也各不相同，有的装备还同时带有气溶胶粒子的物理特征检测系统。1997 年美国 TSI 公司开发了首款可商用的基于荧光的实时生物气溶胶检测器，即紫外空气动力学粒度仪（Ultraviolet Aerodynamic Particle Sizer，UV-APS），在 355nm 紫外光束前面通过一束 580nm 双峰红光检测气溶胶粒子的数量和飞行时间，进而计算气溶胶粒子空气动力学直径，并用于脉冲紫外激光的触发。UV-APS 可以区分生物颗粒和非生物颗粒，并且通常可以提供关于颗粒尺寸和生物气溶胶的一些特征的信息。

自从 1997 年美国 TSI 公司研制出世界上第一台可商用的基于单粒子荧光的实时生物气溶胶传感器紫外光-空气动力学粒径仪以来，截至 2019 年，国外还研发出 4 种同类的光学仪器（图 2-16），即宽带集成生物气溶胶传感器（WIBS）、LIF 实时生物气溶胶系统（BioScout）、光谱强度生物气溶胶传感器（SIBS）和瞬时生物气溶胶分析和收集（IBAC）。这些仪器都在进行实验室、现场和环境的测试和应用中，有的已经拿到商业化使用许可证。它们的测试评价方法基本一致。

国内在紫外激光诱导激发微生物细胞内在荧光技术的基础研究方面，远落后与美国和欧洲，几乎没有开展这方面的基础研究。

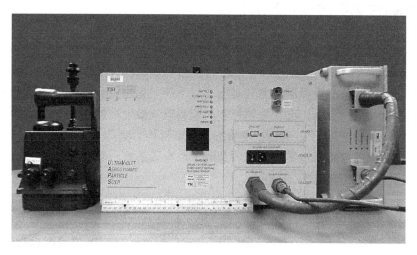

图 2-16　TSI 3314 型 UV-APS 和 TACBIO Ⅱ生物气溶胶检测器

2.4.2　便携式室内空气微生物实时监测装置的研究

空气微生物浓度在线监测设备包括实时监测系统和便携式监测仪两大类，其工作过程包括采集—激发—检测—分析，最终实现实时数据的反馈及预警功能。

BF1000 型生物气溶胶监测仪（以下简称"仪器"）是在"十三五"国家重点研发计划项目"室内微生物污染源头识别监测和综合控制技术"（2017YFC0702800）资助下，由青岛众瑞智能仪器有限公司与北京华泰诺安探测技术有限公司合作研发的室内空气微生物实时监测装置（也称之为"生物气溶胶监测仪"），基于紫外激光诱导微生物激发荧光技术的原理，当采样头发现空气中疑似生物气溶胶粒子含量迅速升高，超过预设本底值时，该仪器即发出声、光报警，同时执行经触发的采样操作，采样结果可被用于后续的分析和鉴定。

仪器工作原理：

（1）空气中的悬浮微生物因含有色氨酸、还原型辅酶Ⅰ（即 NADH）、核黄素等有机代谢物，在短波长激发光的激发下，会产生本征荧光。根据本征荧光特性即可判别悬浮颗粒物的生物属性。但在实际空气环境中，仍然存在一定数量的非生物荧光粒子（香烟颗粒、纸屑、花粉、高岭土等），这些粒子的浓度相对稳定，会对测试结果产生影响。当荧光粒子浓度明显增加时，则说明疑似生物气溶胶粒子含量也增加，因此本产品便是根据荧光粒子的增加量计算生物粒子浓度。

（2）检测仪气路分两部分，其中一部分采样气路负责将空气吸入光学部件内部，通过光学部件对空气中 $0.5\mu m$ 和 $1\mu m$ 气溶胶进行计数，微生物用荧光法计数；另一部分气路负责将环境中气溶胶采集到聚酯纤维滤膜上，两条气路互不干涉独立控制。

气路 1：实时监测气路，气路流量 $2000\sim2100mL/min$。

气路 2：收集样本气路，气路流量 $3000\sim3100mL/min$。

（3）气溶胶粒子通过光照射区，受到照明光路中激发光的照射，被测粒子会发出弹性散射光，如果是活性粒子，同时还会受激发射出荧光，散射光和荧光通过分色镜被分离后分别被聚焦到荧光探测器和散射光探测器。散射光探测器将信号传输到散射光前置放大器上，得到与散射光强度成一定比例的模拟电压脉冲信号；荧光探测器将信号传输到荧光前置放大器上，得到与荧光强度成一定比例的模拟电压脉冲信号。A/D 模块至少含有两路 A/D 转换通道，可同时将所述的两路模拟电压脉冲信号转换为数字信号。转换后的数字信号被送入 FPGA 处理器提取脉冲幅值，之后脉冲幅值传送到上位机。由此，上位机同时获得被测粒子的散射光和荧光强度信息。其工作原理如图 2-17 所示。

生物气溶胶监测仪实物图如图 2-18 所示。仪器既可以独立工作，也可以多个单元联网使用，能够对空气中的生物威胁粒子实时监测和早期预警，可为救援人员采取隔离、处置和治疗措施赢得宝贵时间。

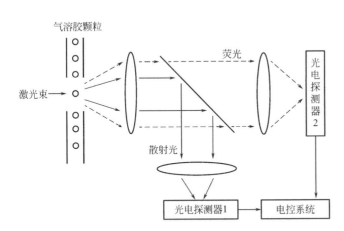

图 2-17　荧光监测原理示意图

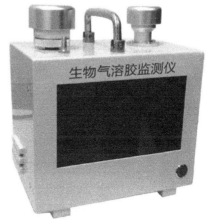

图 2-18　生物气溶胶监测仪

仪器可广泛应用于室内外环境监测领域，如医院、写字楼、实验室、药厂、食品加工厂、洁净场所、疾控中心及卫生防疫站、车载、机载、船载、地铁、机场、口岸、重点公共场所环境、垃圾处理站环境、休闲度假区、康养环境等。

生物气溶胶监测仪由主机、航空接口线及加长杆三部分组成。主机结构如图 2-19 所示。表 2-4 给出了生物气溶胶监测仪主要技术指标。

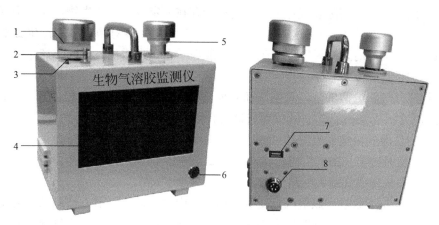

图 2-19　生物气溶胶监测仪结构示意图

1—聚酯纤维滤膜采样头；2—出气口；3—报警灯；4—显示屏；

5—实时监测进气口；6—电源开关；7—USB 数据接口；8—电源/通信接口

生物气溶胶监测仪主要技术指标　　　　　　表 2-4

主要参数	参数范围	分辨率	最大允许误差
采样流量	2L/min	0.1L/min	±2.5％
自净时间	≤10min		
测试对象	空气中细菌、真菌及孢子等微生物粒子		
粒径范围	0.5～10μm		
灵敏度	≤1×10CFU/L		
响应时间	<60s		
工作环境	温度 5～40℃，湿度≤85％(不结露)		
贮存环境	温度−15～60℃，湿度 0～98％(不结露)		
通信接口	RS232		
显示	7 英寸触摸屏		
供电	锂电池(通过航空接头转接适配器充电,充满后续航 2h)		
主体尺寸	200mm×130mm×174mm(不含把手、进气口等附件)		
质量	≤4kg		

为了验证生物气溶胶监测仪检测空气中微生物的灵敏度，在实验室进行了微生物气溶胶测试实验。实验选择了黏质沙雷氏菌［标准物质：GBW（E）090824］和 ΦX174 噬菌体［标准物质：GBW（E）090823］两种微生物。把黏质沙雷氏菌稀释制备成 $2.5×10^4$ CFU/L 的喷雾液，ΦX174 噬菌体稀释制备成 $3.8×10^4$ CFU/L 的喷雾液，在 $2m^3$ 的气雾柜中用 Collison 气溶胶发生器发生微生物气溶胶，用 Andersen 6 级采样器采样测定本底浓度。

从测试结果可以看出，生物气溶胶监测仪检测的测试微生物浓度和 Andersen 6 级采样器采样培养的结果基本一致，呈正相关，具体测试结果见表 2-5。

生物气溶胶监测仪实验室的微生物气溶胶测试结果　　表 2-5

测试用微生物	菌液浓度(CFU/L)	试验数据				
		测试次数(3min/次)	培养法浓度(CFU/L)	扣除环境本底后生物粒子浓度(个/L)	环境本底荧光粒子浓度(个/L)	测试荧光粒子浓度(个/L)
黏质沙雷氏菌	$2.5×10^4$	1	39	38	66	104
		2	40	24	52	76
ΦX174噬菌体	$3.8×10^4$	1	18	18	50	68
		2	21	18	39	57

生物气溶胶监测仪的开发，填补了实时监测空气微生物的技术空白，可以做到实时监测空气中微生物气溶胶浓度，在公共场所、医疗机构、制药企业净化车间等多个领域，都有重要的应用价值，可通过实时数据，及时采取有效措施，降低空气微生物浓度，避免对人员、环境或产品造成危害。

2.5 室内环境空气微生物监测技术和设备的选择策略

选择室内空气微生物监测技术和设备的第一步是确定监测的目的。一旦确定了空气微生物监测的目标，就可以选择适当的监测方法。所选择的空气微生物监测技术和设备必须能够在待监测的室内环境空气微生物所需的物理和生物条件下对微生物进行有效的监测。《颗粒　生物气溶胶采样和分析　通则》GB/T 38517—2020 对采样和分析给出明确的原则。

2.5.1 室内空气质量监测

室内空气质量的检测和评价，按照《室内空气质量标准》GB/T 18883—2002、《公共场所卫生指标及限值要求》GB 37488—2019、《洁净室施工及验收规范》GB 50591—2010、《医药工业洁净室（区）浮游菌的测试方法》GB/T 16293—2010 和《公共场所卫生检验方法　第3部分：空气微生物》GB/T 18204.3—2013 的要求，重要是检测这些场所室内空气中细菌浓度，个别的也检测真菌浓度，特别是要检测活的细菌和真菌。这些标准中明确指定使用撞击式采样器采集室内空气，并按照要求进行实验室培养和计数，得出这些室内空气中细菌或真菌的浓度。

2.5.2 室内环境空气中微生物生态学研究

如前所述，取决于对室内空气微生物研究的具体内容，生态学研究主要获取微生物的种类、生物气溶胶的粒度分布等信息。如果需要粒度信息，例如，确定在可吸入的生物气溶胶中不同粒径大小的颗粒各有多少，则可以使用 Andersen 6 级采样器来确定每个采样位置的粒度分布，如果还需要了解微生物的种类，可以在粒度分析的基础上进一步用生化实验或其他分析方法进行分析。如果仅仅需要了解室内空气中的微生物种类，如果不培养样品，则通常可以使用膜过滤器、旋风分离器、撞击器或这些设备组合收集样品。用聚合酶链反应（PCR）进行核酸检测或者基因测序方法进行分析，这些方法具有迅速和特异性的优点。PCR已被用于快速检测分枝杆菌。如果要研究空气微生物存活能力，那么采集样品通常需要用装载有琼脂平板的Andersen采样器。

2.5.3　室内空气传播的病毒采样检测

由于病毒的生物学特性的原因，研究或检测空气传播病毒比研究生物气溶胶中的细菌和真菌更难。病毒更难培养，因为它们必需利用细胞来生长繁殖，需要宿主细胞才能繁殖。已经发现致病病毒的生物气溶胶在许多环境中以低浓度存在，难以检测。虽然它们对收集方法敏感性随着病毒种类的不同而不同，但病毒通常在气溶胶收集过程中比细菌或真菌更容易受到损害。

基于聚合酶链反应（PCR）的方法通常用于研究病毒生物气溶胶。PCR具有非常灵敏和特异高的优点，并且比病毒培养测定更容易进行，且不考虑采集样本中病毒是死是活，这就解决了室内空气采集期间和采集后保持病毒活性的技术难题，可以选用多种生物气溶胶采样器进行采样，例如旋风式采样器、冲击式采样器和过滤采样器，其更简单且更容易操作。室内环境空气中病毒采样和PCR分析的例子越来越多，例如，在医疗机构空气中病毒研究、家禽和养猪场的流感、污水处理厂空气传播病毒，以及人类咳嗽和呼出气中的呼吸道病毒。如果需要进一步分析空气传播的病毒是否具有传染性，培养分离生物气溶胶样品中的病毒，在选择采样器时，最好优先考虑选择冲击器或湿润的表面气溶胶采样器和大流量空气微生物采样器将样品采集到液体介质中，这有利于采集样本中病毒的存活和后续实验室病毒分离的需要。

2.5.4　室内空气微生物的实时监测

室内环境空气微生物的实时监测，现在主要是用于一些特殊环境和一些人流频繁且流量大的室内环境，如机场、地铁和车站的候车室、医院门诊大厅等，一些高档写字楼也需要进行室内环境空气质量监测，包括空气微生物浓度的实时监测。近年来，在一些欧美国家医药和食品工业生产环境的空气微生物监测中，也在探索和推进实时监测的技术和设备。

本章参考文献

[1]　Blatny JM, Reif BAP, Skogan G, et al. Tracking airborne Legionella and Legionella pneumophila at a biological treatment plant [J]. Environmental Science & Technology, 2008, 42 (19): 7360-7367.

[2]　Park JW, Kim HR, Hwang J. Continuous and real-time bioaerosol monitoring by combined aerosol-to-hydrosol sampling and ATP bioluminescence assay [J]. Analytica Chimica Acta, 2016, 941: 101-107.

[3]　Hounam, R. F., Sherwood, R. J. The Cascade Centripeter: A device for determining the concentration and size distribution of aerosols, Am. Ind [J]. Hyg. Assoc, 1965, 26: 122.

[4]　Marple, V. A., Chen, C. M. Virtual Impactors: A theoretical study [J]. Envir. Sci. Tech, 1980, 14 (8): 976.

[5]　Biswas, P., Flagan, R. C. The particle trap impactor [J]. J. Aerosol Sci, 1988, 19 (1): 113.

[6]　Chen, B. T., Yeh, H. C., Cheng, Y. S. Performance of a modified virtual impactor [J]. Aerosol

Sci. Tech，1986，5：369.

[7] Loo，B. W.，Cork，C. C. Development of high efficiency virtual impactors [J]. Aerosol Sci. Tech，1988，9：167.

[8] Novick，V. J.，Alvarez，J. L. Design of a multistage virtual impactor [J]. Aerosol Sci. Tech，1987，6：63.

[9] Ravenhall，D. G.，Forney，L. J.，Hubbard，A. L. Thory and observation of a two-dimensional virtual impactor [J]. J. Colloid. Interface Sci，1982，85（2）：509.

[10] Solomon，P. A.，Moyers，J. L.，Fletcher，R. A. High-volume dichotomous virtual impactor for the fraction and collection of particles according to aerodynamic size [J]. Aerosol Sci. Tech，1983，2：455.

[11] Wu，J. J.，Cooper，D. W.，Miller，R. J. Virtual impactor aerosol concentrator for clean-room monitoring [J]. J. Environ. Sci，1989，7/8：52.

[12] Romay，F. J.，D. L. Roberts，V. A. Marple，B. Y. Liu，and B. A. Olson. A High-Performance Aerosol Concentrator for Biological Agent Detection [J]. Aerosol Science and Technology，2002：217-226.

[13] Schofield，L.，J. Ho，B. Kournikakis，and T. Booth. Avian Influenza Aerosol Sampling Campaign in the British Columbia Fraser Valley [J]. Defense Research and Development Canada，2004，4：9-19.

[14] Pistelok F，Pohl A，Stuczynski T，et al. Using ATP tests for assessment of hygiene risks [J]. Ecol Chem Eng S.，2016，23（2）：259-270.

[15] Lee J S，Park，et al. A Microfluidic ATP-bioluminescence Sensor for the Detection of Airborne Microbes [J]. Sensors&Actuators B Chemical，2008，132（2）：443-448.

[16] 薛亮. ATP 检测系统在微生物检验中的应用研究 [J]. 食品工业，2014，35（5）：218-220.

[17] 李海月，黄继红，张新武，等. ATP 生物发光法快速检测食源性致病菌的研究 [J]. 河南工业大学学报，2016，37（1）：67-71.

[18] 毛映丹. ATP 生物发光法检测水中细菌数的研究 [D]. 上海：华东师范大学，2009.

[19] Yoon KY，Park CW，Byeon JH，et al. Design and application of an inertial impactor in combination with an ATP bioluminescence detector for in situ rapid estimation of the efficacies of air controlling devices on removal of bioaerosols [J]. Environmental Science & Technology，2010，44：1742-1746.

[20] Park CW，Park JW，Lee SH，et al. Real-time monitoring of bioaerosols via cell-lysis by air ion and ATP bioluminescence detection [J]. Biosensors and Bioelectronics，2014，52：370-383.

[21] Nguyen DT，Kim HR，Jung JH，et al. The development of paper discs immobilized with luciferase/D-luciferin for the detection of ATP from airborne bacteria [J]. Sensors and Actuators B，2018，260：274-281.

[22] Park JW，Park CW，Lee SH，et al. Fast Monitoring of Indoor Bioaerosol Concentrations with ATP Bioluminescence Assay Using an Electrostatic Rod-Type Sampler [J]. PLOS ONE，2015，10（5）.

[23] Xu HQ，Liang JS，Wang YM，et al. Evaluation of different detector types in measurement of ATP bioluminescence compared to colony counting method for measuring bacterial burden of hospital surfaces [J]. Plos one，2019，14（9）：e0221665.

[24] Lin CJ，Wang YT，Hsien KJ，et al. In Situ Rapid Evaluation of Indoor Bioaerosols Using an ATP Bioluminescence Assay [J]. Aerosol and Air Quality Research，2013，13：922-931.

[25] Venkateswaran K，Hattori N，Duc MTL，et al. ATP as a biomarker of viable microorganisms in clean-room facilities [J]. Journal of Microbiological Methods，2003，52：367-377.

[26] Gabey，A，et al. The fluorescence properties of aerosol larger than 0. 8m in urban and tropical rainforest locations [J]. Atmos. Chem. Phys. 2011，11，5491-5504.

[27] O'Connor，D，et al. A 1-month online monitoring campaign of ambient fungal spore concentrations in the harbour region of Cork，Ireland [J]. Aerobiologia，2015，31：295-314.

[28] Huffman，J，et al. Fluorescent biological aerosol particle concentrations and size distributions measured with an Ultraviolet Aerodynamic Particle Sizer (UV-APS) in Central Europe [J]. Atmos. Chem. Phys，2010，10：3215-3233.

[29] Pöhlker，C，et al. Autofluorescence of atmospheric bioaerosols-fluorescent biomolecules and potential interferences [J]. Atmos. Meas. Tech，2012，5：37-71.

[30] Pöhlker，C，et al. Autofluorescence of atmospheric bioaerosols：Spectral fingerprints and taxonomic trends of pollen [J]. Atmos. Meas. Tech，2013，6：3369-3392.

[31] Roshchina，V. V. Fluorescing World of Plant Secreting Cells [M]. New York：NY，2008.

[32] Weber，G，et al. Determination of the absolute quantum yield of fluorescent solutions [J]. Trans. Faraday Soc，1957，53：646-655.

[33] Kunit，M，et al. Enzymatic determination of the cellulose content of atmospheric aerosols [J]. Atmos. Environ，1996，30：1233-1236.

[34] Winiwarter，W，et al. Quantifying emissions of primary biological aerosol particle mass in Europe [J]. Atmos. Environ，2009，43：1403-1409.

[35] Mel'nikova，Y. V，et al. Microspectrofluorimetry of intact plant pollen [J]. Biophysics，1997，1：243-251.

[36] O'Connor，D. J，et al. The intrinsic fluorescence spectra of selected pollen and fungal spores [J]. Atmos. Environ，2011，45：6451-6458.

[37] O'Connor，D. J，et al. Using the WIBS-4 (Waveband Integrated Bioaerosol Sensor) Technique for the On-Line Detection of Pollen Grains [J]. Aerosol Sci. Technol，2014，48：341-349.

[38] Jabaji-Hare，S，et al. Autofluorescence of vesicles，arbuscules，and intercellular hyphae of a vesicular-arbuscular fungus in leek (Allium porrum) roots [J]. Can. J. Bot，1984，62：2665-2669.

[39] Albinsson，B，et al. The origin of lignin fluorescence [J]. J. Mol. Struct，1999，508：19-27.

[40] O'Connor，D. J，et al. Using spectral analysis and fluorescence lifetimes to discriminate between grass and tree pollen for aerobiological applications [J]. Anal. Methods，2014，6：1633-1639.

[41] Zou，Z，et al. Airflow resistance and bio-filtering performance of carbon nanotube filters and current facepiece respirators [J]. J. Aerosol Sci，2015，79：61-71.

[42] Brosseau，L. M，et al. Differences in detected fluorescence among several bacterial species measured with a direct-reading particle sizer and fluorescence detector [J]. Aerosol Sci. Technol，2000，32：545-558.

[43] Kulkarni，P，et al. Aerosol Measurement：Principles，Techniques，and Applications [M]. Wiley：Hoboken，2011.

[44] Kaye，P. H，et al. Fluid-Borne Particle Detector. Google Patents US8711353 B2，29 April 2014.

[45] Saari，S，et al. Performance of two fluorescence-based real-time bioaerosol detectors：BioScout vs. UVAPS [J]. Aerosol Sci. Technol，2013，48：371-378.

[46] Hernandez，M，et al. Chamber catalogues of optical and fluorescent signatures distinguish bioaerosol classes [J]. Atmos. Meas. Tech，2016，9：3283-3292.

[47] Agranovski，V，et al. Real-time measurement of bacterial aerosols with the UVAPS：Performance evaluation [J]. J. Aerosol Sci，2003，34：301-317.

[48] O'Connor，D. J，et al. The on-line detection of biological particle emissions from selected agricultural materials using the WIBS-4（Waveband Integrated Bioaerosol Sensor）technique [J]. Atmos. Environ，2013，80：415-425.

[49] Kanaani，H，et al. Performance assessment of UVAPS：Influence of fungal spore age and air exposure [J]. J. Aerosol Sci，2007，38：83-96.

[50] Kanaani，H，et al. Performance of UVAPS with respect to detection of airborne fungi [J]. J. Aerosol Sci，2008，39：175-189.

[51] Saari，S，et al. Effects of fungal species，cultivation time，growth substrate，and air exposure velocity on the fluorescence properties of airborne fungal spores [J]. Indoor Air，2015，25：653-661.

[52] Kiselev，D，et al. Individual bioaerosol particle discrimination by multi-photon excited fluorescence [J]. Opt. Express，2011，19：24516-24521.

[53] Kiselev，D，et al. A flash-lamp based device for fluorescence detection and identification of individual pollen grains [J]. Rev. Sci. Instrum，2013，84：33302.

[54] Ruske，S，et al. Evaluation of machine learning algorithms for classification of primary biological aerosol using a new UV-LIF spectrometer [J]. Atmos. Meas. Tech，2017，10：695-708.

第3章 室内微生物污染健康危害及标准限值

3.1 概述

近年来，流行病学研究显示，日益加剧的大气污染与疾病发病率、死亡率的上升有关，其中空气微生物污染可带来呼吸道疾病、哮喘气喘、过敏性病症、伤口感染、慢性肺部疾病和心血管疾病等的发病几率。大气中的微生物遇到适宜的生存条件还可大量繁殖，造成其在一定的空间范围内数量骤增，处于该区域的免疫低下人群因接触、呼吸、吸食而感染，进而造成疾病大面积传播，对人们的生命财产产生极大的威胁。

空气微生物可依附在空气中的尘埃、颗粒物上进行传播，还可能通过飞沫传播，如说话、咳嗽、打喷嚏等将口腔、咽喉、气管、肺部的病原微生物通过飞沫喷入空气，传播给别人。空气微生物污染会以不同的方式影响人的感觉器官，直接或间接地作用于神经系统和人类的内分泌系统，使各个系统和器官的功能在人体内发生改变。空气微生物污染对人类健康的危害程度与其种类、性质、浓度、依附的颗粒物粒径、暴露环境条件和机体的免疫反应都有很大的关系。

空气微生物可随吸附的颗粒物大小不同而表现出不同的粒径，生物气溶胶粒径主要在 $0.25\sim30\mu m$ 间变化。粒子粒径大小不同，沉降在人体呼吸道的位置也不同，如 $10\sim30\mu m$ 的粒子可进入鼻腔和上呼吸道，$6\sim10\mu m$ 的粒子能沉着在小支气管内，$1\sim5\mu m$ 的粒子可进入肺深处。由于人体呼吸道的生理结构特殊，表面积大，以成年人为例，肺泡约有 3 亿个，总面积 $70m^2$（是人体体表面积的 40 倍），呼吸系统的这些生理结构特征导致人体易受空气中病原微生物的感染。

室内空气品质的好坏直接影响着人们的生活、工作质量和身体健康。室内空气污染除了颗粒物污染，空气微生物也占到一定比例。空气微生物不仅具有重要的生态功能，同时与空气污染、环境质量和人体健康密切相关。空气中微生物质量的好坏往往以细菌总数指标来衡量，一般情况下空气中的细菌总数越高，存在致病性微生物（细菌、真菌、病毒）的可能性越高。本章对室内微生物污染健康危害、健康效应进行了简介，探讨了我国室内微生物污染控制标准限值要求。

3.2 室内微生物污染健康危害

空气中的微生物包括病毒、细菌、真菌、放线菌、立克次体等有生命的活体及其碎片和分泌物、各种菌类毒素等，它们大多依附灰尘等粒子以气溶胶的形式存在于空气中，因此可以较长时间停留在空中，并可借风力四处扩散和传播。空气微生物还常与环境中其他污染物协同作用，致使环境进一步恶化，对人们的生产、生活造成不良影响。有研究采用空气沉降法采样，每立方米空气可培养出的活性微生物最高可达 $1.14 \times 10^5 CFU/m^3$，空气中可培养出的细菌浓度可高达 $4.63 \times 10^4 CFU/m^3$，另一项以 Anderson 采样器采样的研究表明，夏季真菌气溶胶浓度可达 $4.66 \times 10^5 CFU/m^3$ 以上。

3.2.1 病毒健康危害

病毒的种类很多，已发现对人致病的病毒有 150 多种。病毒通常小于 $0.2 \mu m$，无细胞结构，通常在细胞内复制，易变异，通过宿主转移和基因交换，新的病毒不断出现。人类呼吸道传染病大半都是由病毒引起的。如传染性较强的流感病毒 H1N1、急性呼吸综合征（SARS）、禽流感（H7N9），以及最近暴发且迅速蔓延的新型冠状病毒（2019-nCoV），这些病原微生物依存在固体或液体颗粒上并在空气中进行传播，迅速扩散到各类公共场所，造成人群集体性感染。

3.2.2 细菌健康危害

正常情况下凡是有人类活动的地方（水、土、气）都有细菌存在，大部分细菌是非致病或条件致病菌，在人体免疫力较低时容易引起呼吸道类疾病，例如莫拉克氏菌属，能够引起健康儿童和老年人的上呼吸道感染，引起成年人的下呼吸道感染如肺炎、心内膜炎、败血症和脑膜炎。室内空气中细菌以革兰氏阳性菌为主，尤其在有空调的室内环境中，空气湿度较低，很多细菌无法存活，而革兰氏阳性菌细胞壁含有一层较厚的肽聚糖，可以使其抵御干燥，因而易于存活。内毒素是革兰氏阴性细菌细胞壁中的一种成分，又叫脂多糖，当细菌死亡溶解后会被释放出来。内毒素进入机体后可以引起发热、内毒素休克及播散性血管内凝血等。低浓度内毒素可引起干咳，吸入量增加可引起支气管炎和慢性呼吸系统障碍。多个研究发现细菌通常附着在颗粒物表面，所以通常粒径较大。

3.2.3 真菌健康危害

真菌孢子大多单独浮游在空气中，可以通过呼吸道进入人体，尤其是真菌小粒子能够进入呼吸系统深部，引起真菌性疾病，对身体造成危害。空气中很多真菌和放线菌孢子是非传染性的病原体，它们可引起呼吸道感染、过敏反应、毒性反应等。引起外源过敏性肺泡炎或过敏性肺炎的微生物气溶胶常常含有真菌和放线菌孢子。由真菌和放线菌所致疾病主要是对高浓度孢子气溶胶暴露的结果。空气中的丝状真菌会引起呼吸道感染，并可加重哮喘的症状，而链格孢属、曲霉属和枝孢属菌等是最常见的能够引起人们皮肤过敏性反应的真菌。

在室内空气中，真菌是主要的空气污染因素。人体呼吸道黏膜受到真菌刺激可引发有害建筑综合征（SBS），其主要表现为疲劳、头疼、眩晕、注意力不集中、记忆力减退、工作能力下降、皮肤病、呼吸系统疾病，甚至诱发癌症。尤其在湿热的、带有通风和空调的房间，真菌对健康的不良影响更加显著。有些真菌如镰刀菌、青霉菌和曲霉菌属还可以分泌一些对身体有害的毒素物质，如霉菌毒素、黄曲霉菌毒素。人和动物食入后可致癌、致畸和突变，对器官常有靶性攻击，霉菌毒素慢性气溶胶暴露也是免疫抑制剂，是致癌的重要因子。另外，真菌外壁的葡聚糖（有少数细菌也可能分泌），具有主要通过巨噬细胞的各种生物作用，刺激网状内皮系统，诱发细胞的敏感性。

3.2.4 立克次体和衣原体健康危害

立克次体和衣原体是介于细菌与病毒之间，专性细胞内寄生的，非完整细胞的一类微生物，可形成气溶胶引起人体呼吸道传染病，如吸入具有一定传染性和稳定性的贝氏柯克斯体气溶胶可以引起 Q 热感染。吸入来源于鸭、鸡、火鸡、鹅、鸽、鹦鹉等的鹦鹉热衣原体（ChlaniydiaIpsittaci）的气溶胶颗粒也可造成人员感染。

3.3 室内微生物污染健康风险评估

3.3.1 发展历程

空气中含有大量的微生物，它们广泛地来源于土壤、水等环境，呼吸道暴露是主要途径，这些微生物伴随着呼吸过程进入到人体，与人体细胞相互作用，其与人类健康密切相关。因此，对于微生物的风险评估至关重要。健康风险评估在环境领域的应用，始于美国 EPA 于 1976 年出版的《致癌风险评估指南》（Guidelines for Carcinogenic Risk Assessment），评价颗粒物和化学物质的工业排放与癌症发生风险之间的关系，用以保护工人和相关人群的健康。而微生物风险评估则始于 20 世纪 90 年代，源于化学风险评估框架。随着微生物风险评估领域的发展，目前已逐渐形成了一套用于微生物风险评估的方案。1999 年国际食品标准委员会制定了《微生物风险评估准则和导则》（CAC/GL30-1999），规定食品微生物风险评估包括危害识别、危害表征、剂量-反应评价和风险表征 4 步。

3.3.2 食品微生物风险评估

危害识别和危害表征是对病原因子（细菌、病毒、酵母、霉菌、藻类、寄生性原虫和蠕虫，及其毒素或代谢产物）进行危害识别。剂量-反应评价是确定病原及其毒素的暴露水平（剂量）与相应健康不良效果的严重程度和发生频度（反应）之间的关系。暴露评价是指测量或估计暴露（接触）微生物危害因子的强度（数量）、频率和持续时间的整个过程，同时也涉及暴露人群（个体）的数量和特性。风险表征是在整合危害识别、危害表征、剂量-反应评价和暴露评价的基础上，获得风险计算中的所有参数和数据后定量估计在特定暴露条件下相关人群发生不良影响的可能性和严重程度。

3.3.3 病原微生物风险评估

风险评估者利用危害识别、危害表征、剂量-反应评价和暴露评价过程所获得的定量信息，包括相关数据，进行综合分析后为决策者和相关人员提供条理的、可理解的结论。这一评价框架被应用于病原微生物的风险评价。丁峰等研究了 SARS 冠状病毒、高致病性禽流感病毒、结核分枝杆菌、炭疽芽孢杆菌、鼠疫耶尔森菌、土拉热弗朗西丝菌、流行性出血热病毒 7 种常见病原微生物的最小感染剂量，表明不同的病原微生物的致病浓度不同。

3.3.4 空气微生物常规风险评估及存在问题

目前，对于空气微生物健康风险的评价中普遍忽略了空气微生物组成的复杂性，而把微生物看作均一的暴露因子。基于背景生物气溶胶浓度来设定限值，各国的标准也主要根据实际调研数据而非依据人类暴露微生物环境的生理反应来确定的。

有研究者研究了不同大小的微生物进入人体呼吸系统的位置有差异，$4.7\mu m$ 以上的粒子可进入鼻腔和上呼吸道，$1.1\sim4.7\mu m$ 的粒子能沉积在支气管各部，小于 $1.1\mu m$ 的粒子则能附着于肺泡，认为粒径越小其可导致的人群不良健康效应越强。基于此来比较不同暴露环境中的颗粒物浓度差异。但是，并没有建立成熟的剂量-效应关系。

这些评价方法多是基于培养法，一种是利用标准培养基进行可培养微生物浓度的测定，主要用来评估环境微生物的浓度，可反映环境的洁净水平；另一种可以利用特殊培养基，如血琼脂培养基，分离潜在的致病溶血菌株，可用于评价环境微生物的致病风险。但据估计，环境中的不可培养微生物可达 90% 以上，常规培养法只能分离很小一部分微生物。多项研究报道气溶胶中的可培养微生物仅可代表其中的千分之一。有证据表明，非传染性微生物可能会导致农民和锯木厂工人的呼吸道症状和疾病。许多不可培养的微生物也可能引起疾病。随着医学领域的快速发展，分离了大量的病原微生物，利用分子生物学技术也可以特异地鉴定病原体，如嗜肺军团菌。

新的潜在病原菌会被发现，先前鉴定的非致病菌也可能会被证明为新的病原菌。所以利用已有知识去评价复杂的包含大量不可培养微生物的微生物群落的健康风险有很大的局限性。目前的风险评估方法主要是针对单一污染物，如特定化合物、病原菌。空气微生物组成非常复杂，其中包含的微生物种类可以达到数百种以上，评价其风险非常困难。

3.3.5 空气微生物健康风险评估方法探讨

1. 将群落结构作为暴露因素

首先需要确定不同的微生物群落可以导致不同的健康影响。一项连续时间中室内外空气细菌群落结构及其暴露环境下人群的不同疾病日病例数的研究表明：在无通风净化设备的室内环境中的空气细菌群落结构主要随室外环境细菌群落结构的变化而变化（图 3-1），而且发现两种主要的细菌群落类型（图 3-1），在不同的细菌群落类型的暴露情况下，肺炎和扁桃体炎的日发病病例有显著性差异（图 3-2）。这一研究结果表明细菌群落类型同样可以作为一种暴露因素考虑其对人体健康的影响。

2. 不同群落结构的健康风险评价

已证明细菌菌群整体可以作为暴露因素考虑其对人体健康的影响。如何评价不同菌群对人体的健康风险是面临的另一个问题。由于微生物群落的复杂性，需要一种可以覆盖全部微生物特性和组成的参数才能更好地反映其风险。环境微生物生态中表征微生物多样性的指数如 Chao1 和 Shannon 指数，虽能包含了足够的信息但计算过程中并不包含健康风险相关的因素，所以没有针对性；针对微生物群落内微生物进化关系评价的指数，如 PD 指数，虽然考虑了物种内在的进化关系，同样是针对整个菌群进行分析的，没有特别考虑到潜在的致病风险。如何同时考虑样品中微生物的致病风险和丰度来建立一个风险预测指数很关键。

人类与传染病的斗争已有数百年历史。现在，人们对某些病原微生物有非常深刻的了解，并且对于某些代表性菌株积累了宝贵的知识，如遗传信息和进化地位。在评价空气微生物群落健康风险的过程中，将人群作为对象，不考虑宿主免疫力差异、菌群失调和定位

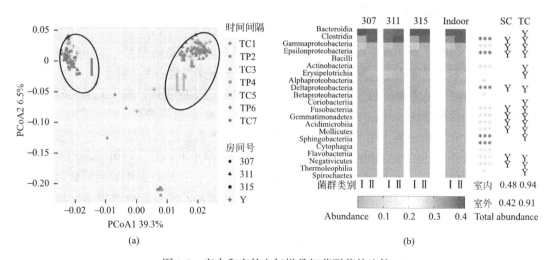

图 3-1 室内和室外空气样品细菌群落的比较

(a) 2016 年 12 月 9 日至 27 日收集的样本基于 Bray-Curtis 距离的主坐标分析（PCoA）；

(b) 室内每个房间的主要纲水平微生物的丰度（307、311、315）

注：图（a）中不同的颜色代表不同的时间间隔。TC1、TC3、TC5、TC7 为 PM$_{2.5}$＜75μg/m^3 的时间段；TP2、TP4、TP6 为 PM$_{2.5}$＞75μg/m^3 的时间段。数字按时间顺序编码。不同的形状代表了样本位置：307、311 和 315 为室内三个独立的房间，Y 位于室外。

图（b）中，在室内，第 I 类菌群和第 II 类菌群之间存在显著差异的纲水平微生物以星号表示。＊P＜0.05；＊＊P＜0.01；＊＊＊P＜0.001（Mann-Whitney U 检验）。浅色星号表示，第 I 类菌群丰度显著高于第 II 类菌群；深色星号表示第 II 类菌群丰度显著高于第 I 类菌群。比较室内和室外的菌群的变化趋势。SC：差异显著且室内外纲水平丰度变化趋势一致的微生物；TC：室内外纲水平丰度变化趋势一致的微生物。图（b）下方分别显示了室内和室外 SC 和 TC 中的微生物的总丰度。

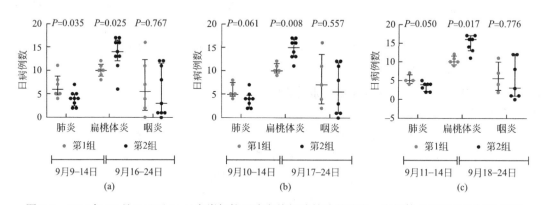

图 3-2 2016 年 12 月 9 日至 24 日在崔杨柳医院发热门诊就诊的肺炎、扁桃体炎和咽炎的每日病例

注：特定细菌群落类型暴露下不到 1 天（a），至少 1 天（b）和至少 2 天

(c) 内不同疾病日病例数。采用了 Mann-Whitney U 检验。

转移的影响，将空气微生物作为过路菌群。病原微生物入侵机体需要粘附定植和侵袭两个过程。在粘附定植过程中，微生物的表面结构如粘附素、荚膜和鞭毛很重要，而在侵袭过程中，侵袭素和侵袭性酶很重要。目前已知的传染性病原微生物均有较强的粘附定植和侵袭能力。基因组信息越相似的微生物，生物学特性也越相近。

3.3.6 室内空气微生物健康风险预测指数

1. 健康风险预测指数 R_p 的提出

项目组认为空气样品中的微生物与空气传播的呼吸道病原菌进化关系越近，其粘附定植和侵袭能力越相近，其危害越相近。参照《人间传染的病原微生物名录》（卫科教发〔2006〕15 号）中的传染性细菌病原，筛选出其中空气传播的可以导致呼吸系统疾病的病原菌 16 种作为基准，并获得代表菌株的 16S rDNA 序列信息。

利用进化距离越近，其粘附定植和侵袭能力越相近的原则，建立了一种包含环境样品中所有 OTU 进化信息和丰度的评估空气细菌群落健康风险的方法。随着样品中微生物与已知病原体的进化距离的缩小，这种微生物的致病性急剧增加。因此，本研究使用指数函数评价其致病性。先计算样品中所有 OTU 与病原菌的遗传距离，然后结合各 OTU 的相对丰度计算潜在健康风险，见式（3-1）：

$$R_p = \sum_{i=0}^{m}\left[A_m \cdot \sum_{i=0}^{n}\log_2(D_{mn}+0.001)^{-1}\right] \tag{3-1}$$

式中　R_p——健康风险预测指数；

　　　D_{mn}——第 m 个 OTU 与第 n 个传染性病原菌的遗传距离（采用 Kimura's 3-parameters distance）；

　　　A_m——第 m 个 OTU 的相对丰度。

R_p 是一个综合性的指数，整合了细菌群落结构的数据并在其计算过程中考虑到了潜在的致病风险。

2. 健康风险预测指数 R_p 有效性验证

为了验证该指数的有效性，项目组选择了一个位于地面约 10m 处的学生宿舍作为采样位置（116°26′35.86″E，39°52′22.30″N）。在 2016 年 11 月 23 日至 12 月 27 日利用自然沉降法进行了室内外样品的采集，每天采集两次（8：00 和 20：00）。

采集流程：在 1.5m 处开盖放置 4 个直径为 90mm 的无菌培养皿，放置 12h 后，利用无菌棉签蘸 100μL 无菌生理盐水涂拭平皿，两个平皿合并为一个样品，每个位点每次采集两个样品，采集完毕后，放置 4 个新的无菌培养皿。每次采集样品过程中，全程佩戴口罩、手套避免污染，并记录室内温度、湿度和室外环境参数。采样结束后，每个位点每个时间点送一个样品进行高通量测序，其中室外样品共计 70 个。

采样期经常发生霾，室外平均温度和相对湿度为 1℃ 和 54%，室内平均温度和相对湿度为 21.5℃ 和 29.3%。风速的平均值为 0.3～1.5km/h，表明气象条件相对稳定。本研究选择了距离采样点 1.6km 的北京垂杨柳医院发热门诊收集患者就诊数据，该医院的医疗资源充足，不涉及就诊延迟的现象，更能反映实际情况。

本研究共收集了 2899 份病例，包括性别、年龄、就诊日期和诊断信息。该医院主要为周边地区的居民服务，登记记录显示患者居住在医院 3km 范围内。因此，认为采样中收集到的室外细菌菌群数据可以代表医院周围居民的暴露菌群。患者数据根据诊断结果分为肺炎、扁桃体炎、咽炎，排除了病毒感染的病例。本研究以这些病例数据来验证模型。

空气中细菌种类丰富，随着测序量的增加，稀有 OTUs 的数目增加，这些随着测序量增加的 OTUs 可能是真实的 OTUs，也可能是测序量产生的测序偏差。为降低这部分

OTUs 的影响，也方便不同批次样品和不同研究样品间的比较，本研究滤过极低丰度 OTUs。分析了采集的空气样品中大于不同特定丰度值的 OTUs 总丰度的变化，发现丰度大于 0.1 的 OTU 数目较少，随着选定丰度阈值的降低，总的丰度值增加，当阈值在 0.005 和 0.001 时，总丰度值分布在 0.8 左右（图 3-3）。所以，本研究认为总丰度值为 0.8 的主要 OTUs 可以包含主要微生物的信息，可以用于计算 R_p 值，标为 R_{p80}。

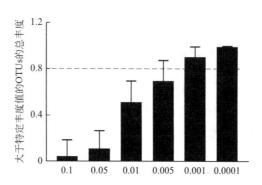

图 3-3 空气样品大于不同丰度值的 OTUs 的总丰度趋势分析

3. 健康风险预测指数 R_{p80} 适用性验证

利用研究中的室外空气菌群的 R_{p80} 值与暴露人群的呼吸系统疾病的日发病人数进行相关性分析。结果表明：R_{p80} 与扁桃体炎、咽炎无显著相关性，但与肺炎病例呈显著正相关（$p = 0.005$）（图 3-4）。R_{p80} 可以预测肺炎的日发病病例。

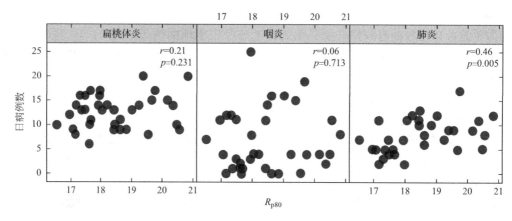

图 3-4 R_{p80} 与扁桃体炎、咽炎、肺炎日病例数的相关性分析

考虑到社区性肺炎发病有延迟效应，分析了延迟 1 天、2 天和 3 天肺炎病例与 R_{p80} 的相关性，发现在延迟 1 天和 2 天均呈显著正相关，延迟第三天相关性不显著（图 3-5）。这提示利用室外空气菌群的 R_{p80} 值可以预测三天内的肺炎风险。

环境中大部分微生物是不可培养分离的，高通量测序技术的出现极大地增强了人们对环境微生物多样性和微生物群落复杂性的理解，使研究者在实际健康风险评估过程中，更全面地考虑微生物的多样性和均匀性。R_{p80} 可以用于空气细菌群落健康风险的评估，特别是肺炎的发生。

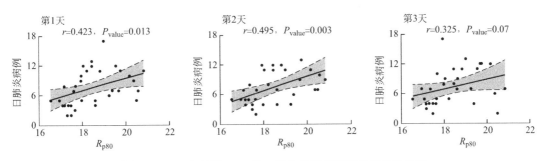

图 3-5　R_{p80} 与延迟 1、2 和 3 天的日肺炎病例的相关性分析

4. 指数 R_{p80} 数值风险分级探讨

本研究分析了 2016 年 11 月 23 日至 12 月 27 日每日肺炎病例的分布情况，发现在日肺炎病例数小于 8 例的有 20 天，占总天数的 57%［图 3-6（a）］。所以，本研究以日肺炎病例小于 8 例的天数归为背景暴露组，其他时间为风险暴露组。风险暴露组的 R_{p80} 显著高于背景暴露组（$p = 0.0007$）［图 3-6（b）］。因此，推荐 R_{p80} 高于 18.92 为高风险细菌菌群暴露，低于 17.63 为安全暴露，17.63～18.92 为低风险暴露［图 3-6（c）］。

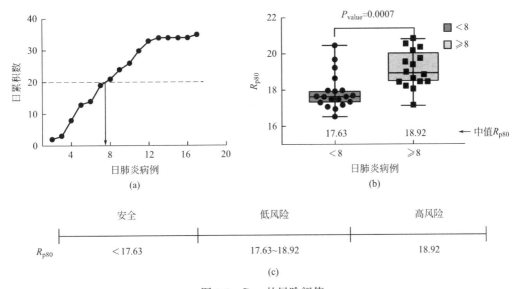

图 3-6　R_{p80} 的风险阈值

（a）日肺炎病例的累计曲线；（b）日肺炎病例数小于 8 和大于或等于 8 的组别的 R_{p80} 比较；（c）R_{p80} 的风险阈值

空气微生物与人类健康密切相关。目前，仍没有评估复杂空气细菌群落健康风险的有效方法。本研究利用空气传播的病原菌的 16SrDNA 序列，提出了健康风险预测指数 R_p。结合高通量测序数据可以计算空气样品的 R_{p80} 用于评估空气细菌群落的暴露风险。本研究通过一项研究验证了 R_{p80} 的有效性。建议 R_{p80} 大于 18.92 的情况下，应注意对周围空气微生物的防护和自身免疫力的提高。肺炎影响着全世界约 7% 的人口，每年导致约 400 万人死亡。《2010 年全球疾病负担研究》报告包括肺炎在内的下呼吸道感染是全球第四大最常见的死亡原因，也是寿命减少的第二大常见原因。细菌是引起肺炎的重要感染因子。但是，仅在大约 50% 的社区获得性肺炎病例和仅在大约 36% 的医院内肺炎病例中发现了该

病的病因。这种无法确定的病因可能与无法通过临床诊断实验室常规使用的传统培养方法分离出的导致肺炎的微生物有关。

5. 肺炎感染风险预测指数 R_{br} 的建立

（1）肺炎感染风险预测指数 R_{br} 的提出

从三项用于治疗社区获得性细菌性肺炎的临床试验中确定了十种常见的与肺炎相关的细菌性病原体，通过计算环境样本中细菌与这些病原体之间的进化关系，使用常见病原细菌的 16SrDNA 序列来评估菌群引起肺炎的风险，见式（3-2）。

$$R_{br} = \sum_{i=0}^{m} \left[A_m \cdot \sum_{i=0}^{n} \log_2 (D_n + 0.001)^{-1} \right] \tag{3-2}$$

（2）肺炎感染风险预测指数 R_{br} 有效性验证

该方法的有效性通过模拟菌群和医院登记的社区获得性肺炎（CAP）数据进行了验证。益生菌有益于人类健康，选择了 7 种常见的益生菌来模拟人工细菌群落。模拟了 50 个益生菌群落，10 个符合高斯分布，10 个符合均匀分布，10 个符合指数分布，10 个符合泊松分布，10 个符合二项式分布。另外，根据选择的 10 个肺炎相关病原菌，模拟了 50 个病原菌群落，10 个符合高斯分布，10 个符合均匀分布，10 个符合指数分布，10 个符合泊松分布，10 个符合二项式分布。系统进化树分析表明，选择的病原菌和益生菌是散在分布的 [图 3-7（a）]，病原菌群的 R_{br} 值显著高于益生菌群 [图 3-7（b）]。

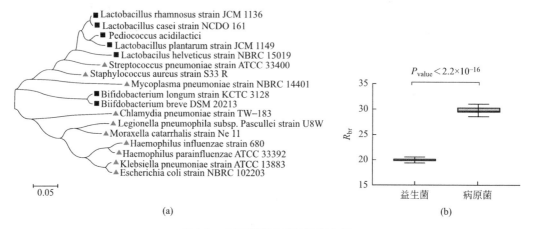

图 3-7　人工菌群的系统发育分析

（3）肺炎感染风险预测指数 R_{br80} 适用性验证

利用医院登记的社区获得性肺炎（CAP）数据进行了验证。仍采用 80% 主要 OTUs 用于 R_{br} 的计算，结果表明：空气细菌群落的 R_{br80} 与日肺炎病例呈显著正相关（$p < 0.05$）[图 3-8（a）]。动物模型实验表明，暴露与急性肺炎的发展之间存在延迟。此外，入院 48h 内发生的肺炎可能是 CAP。因此，对延迟的日肺炎病例进行相关分析。发现在 1 天和 2 天的延迟，R_{br80} 与日肺炎病例数呈显著正正相关 [图 3-8（b）和（c）]。延迟 3 天未观察到显著相关性 [图 3-8（d）]。这些发现表明 R_{br80} 可以评估约 3 天内空气菌群引发肺炎的风险。

（4）指数 R_{br80} 数值风险分级探讨

同样地，根据日肺炎病例的分布情况，分为背景组和风险组 [图 3-9（a）]，风险组

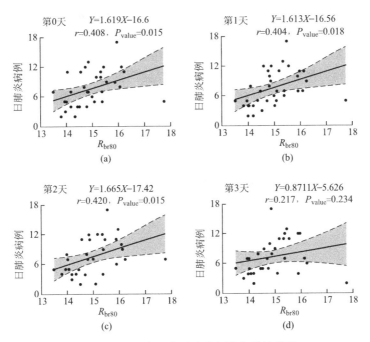

图 3-8 R_{br80} 与日常肺炎病例的相关性分析

中的 R_{br80} 显著高于背景组［图 3-9（b）］，推荐 R_{br80} 的风险阈值为 14.44 和 15.40。R_{br80} 小于 14.44 的空气菌群可被认为是安全的，R_{br80} 大于 15.40 的空气菌群是高风险暴露［图 3-9（c）］。风险组中 93.8% 的样本（15/16）中的 R_{br80} 大于 14.44，这表明大多数空气细菌群落的预测准确。

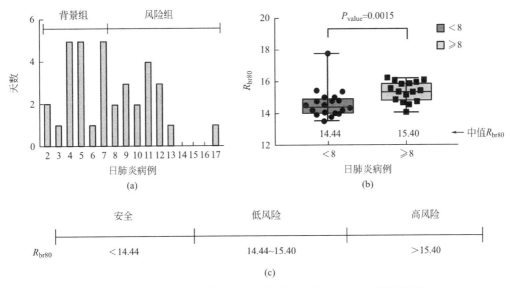

图 3-9 建议的 R_{br80} 阈值用于预测与肺炎有关的空气细菌群落风险

（a）日肺炎病例数的天数分布；（b）背景组和风险组的 R_{br80} 值比较；（c）建议 R_{br80} 值阈值

注：采用 Mann-Whitney U 检验。

6. 健康风险预测指数 R_{p80} 和肺炎感染风险预测指数 R_{br80} 的对比分析

R_{p80} 主要针对空气细菌菌群的健康风险评估，R_{br80} 主要用于评估空气细菌菌群导致肺炎的风险。依据暴露风险评价法在室内微生物污染的评价，R_{p80} 和 R_{br80} 的危险识别可以归为空气细菌群落，暴露途径是呼吸道暴露，暴露剂量是针对整个人群的，所以并未考虑，暴露风险目前只有肺炎日发病人数这一个表征。空气菌群高风险预警值 R_{p80} 为18.92，R_{br80} 为 15.40。R_p 和 R_{br} 指数目前并未考虑真菌、古细菌和病毒，也无法评估耐药基因和毒力基因的水平转移情况。对于微生物代谢产物、死亡微生物碎片相关的参数也并未包含在计算过程中。随着空气微生物群落代谢组学数据、基因组学数据、多基因技术的发展，会使 R_p 和 R_{br} 指数得到进一步优化。

3.4　室内微生物污染控制标准限值

生物气溶胶一般指的是悬浮在气体介质的空气动力学直径小于 $100\mu m$ 的生物性颗粒，包括病毒、细菌、真菌、花粉、植物碎片和其衍生物，如内毒素、葡聚糖、过敏原和霉菌毒素。其中可能包含呼吸道病原体、灰尘螨碎、真菌孢子、菌丝等生物物质。它们中作为病原体的是感冒、肝炎和结合等疾病的元凶。因此人类处在室内环境中，可能会因为生物气溶胶的污染，面临更高的传染和感染风险。但另外一些研究表明，儿童早期暴露于内毒素对湿疹和哮喘的预防有促进作用。因此室内微生物对人的影响还不能一概而论，应考虑微生物浓度和种类的共同作用，其中的机理目前还没有定论。

反映到各国的标准上，主要通过实际调研数据给出浓度限值或比值，或两者的结合，而不是通过人类暴露在微生物环境作出的生理反应来确定阈值标准。俄罗斯则通过实验动物的过敏原性来确定微生物浓度限值。各国浓度限值标准由政府组织颁布或者学者研究得出结论，Rao 等于 1996 年对此进行了介绍和对比，但只涉及真菌的浓度限制标准，且缺少我国的数据。再者 1996 年后，有些国家已经对标准进行了修改更新。Mandal 等简单地罗列了一些国家的阈值标准，但并未进行详述和对比。

综上所述，本节将详细地介绍各国的细菌和真菌浓度阈值标准，并对这些阈值标准进行对比；总结出各国建立标准的技术路线、研究框架，为我国标准的更新提供参考。

3.4.1　国外室内微生物阈值标准

1. 美国

美国政府工业卫生委员会（ACGIH）指出，可培养或可计数的生物气溶胶浓度的普适 TLV（阈值），没有科学支持。首先，缺乏描述暴露-反应关系的数据；其次，人居环境下的生物气溶胶一般都是许多不同的微生物、动物和植物的粒子的混合物，造成对人体健康效应难以以单一阈值衡量；此外，采集和分析细菌和真菌气溶胶的统一的标准化方法的缺乏，使得暴露限值很难建立。

美国职业安全与健康管理局在（OSHA）2008 年发布了技术指南，引用了 Richard 等人的结论，给出了空气真菌的污染指标，即应在 $1000CFU/m^3$ 以下。但超过了该水平并不一定意味着不安全，需要考虑空气微生物的种类和浓度两个因素的共同影响。

纽约市卫生部是第一个公布评估霉菌感染建筑指南的政府机构，其最初于 1993 年发布，并分别在 2002 年和 2008 年进行了更新。该指南最初针对特定的生物，如葡萄状穗霉属，它被认为是一种病原体。指南对空气真菌样本的分析思路是：室内外的真菌浓度和种类应该相近，若具有差异则说明室内环境可能存在污染源。

2. 加拿大

加拿大卫生部基于对联邦建筑物的 3 年调查，在 1987 年发布了《住宅室内空气质量暴露指南》，并在 1995 年作出修订，同年发布的《办公建筑室内空气质量技术指南》引用了前者关于微生物标准的内容。

如表 3-1 所示，当单一物种 [枝孢（*Cladosporium*）或链格孢（*Alternaria*）除外] 大于 50CFU/m³ 时可能需要进一步调查；如果真菌为混合种类并和室外种类组成一样，夏季可接受浓度为小于 150CFU/m³，超过该值表明室内较脏、过滤器低效或者其他问题；如果种类主要为枝孢菌或其他树木叶片真菌，夏季可接受浓度为小于 500CFU/m³，超过该值表明过滤器失效或建筑物受污染。

加拿大真菌浓度限值标准　　　　　　表 3-1

浓度限值（CFU/m³）	条件
<50	单一种类[枝孢(*Cladosporium*)或链格孢(*Alternaria*)除外]
<150	混合种类的夏天可接受浓度
<500	主要为枝孢菌或其他树木叶片真菌的夏天可接受浓度

WHO 在 1988 年发布的报告《室内空气质量：生物污染》引用了加拿大的数据。

3. 欧盟及其成员国

1996 年，欧盟同样是根据实际的调查情况，发布了关于室内微生物浓度范围的报告。报告中表示，目前还不能设定非工业室内环境真菌的浓度阈值，仅列出了不同污染程度的浓度范围。这些范围分类与采样仪器相关，也与实际环境参数有关，结果还需要考虑室外采样数据。如表 3-2 所示，报告中规定了 5 个等级，非工业室内环境的浓度范围规定得比住宅严格。

住宅和非工业室内环境的微生物（多种类）浓度范围分类　　表 3-2

分类	住宅（CFU/m³）		非工业室内环境（CFU/m³）	
	细菌	真菌	细菌	真菌
极低	<100	<50	<50	<25
低	<500	<200 *	<100	<100
中等	<2500	<1000	<500	<500
高	<10000	<10000	<2000	<2000
极高	>10000	>10000	>2000	>2000

注：＊使用氯硝胺 18％甘油（DG18）琼脂培养的真菌为 500CFU/m³。这些分类根据室内环境实际调查数据，而非依据健康风险水平。

荷兰官方还没有公布职业的暴露微生物的指导方针，不过已经有研究学者提出，细菌或真菌浓度总计不应超过 10^4 CFU/m³，或者一些特殊的潜在致病原微生物不应超过 500CFU/m³。因为革兰氏阴性菌许多种类可以释放致病性的内毒素，其阈值为

$1000CFU/m^3$。

德国也在两份文件中提到 $10^4CFU/m^3$ 以下为低浓度，以上为高浓度。

1989 年，Nevälainen A 在芬兰地区的住宅进行了空气细菌气溶胶的调研，其结果显示，住宅室内的细菌浓度正常水平最高为 $4500CFU/m^3$。调研使用了 6 级撞击器，TGY 琼脂培养基，并在室温下培养。

葡萄牙 2006 年颁布了法令：Decree-Law No. 79/2006，April 4th，该法令规定室内细菌真菌浓度可接受最大值（AMV）为 $500CFU/m^3$。

4. 俄罗斯

俄罗斯是唯一对微生物采用官方职业暴露限值（Official Occupational Exposure Limits，OELs）的国家。根据实验动物的过敏原性，对不同种类的真菌和放线菌进行了浓度限值，并根据危害程度和过敏原性进行了分类。如表 3-3 所示，限值范围为 $10^3 \sim 10^4CFU/m^3$，但没有提供如何对危害程度进行分类的信息。

俄罗斯真菌和放线菌的最大允许浓度　　　　表 3-3

微生物		最大允许浓度（CFU/m³）	危害等级	过敏原性
真菌	顶头孢霉（Acremoniumchrysogenum）	$5×10^3$	Ⅲ	+
	白粉寄生孢（Ampelomycesquisqualis）	10^4	Ⅲ	
	三孢布拉霉（Blakesleatrispora）	10^4	Ⅲ	+
	念珠菌属（Candidascotti）	10^3	Ⅱ	
	假丝酵母（Candidatropicalis）	10^3	Ⅱ	
	产朊假丝酵母（Candidautilis）	10^3	Ⅱ	
	粗状假丝酵母（Candidavalida）	10^3	Ⅱ	
	劳氏隐球菌（Cryptococcus laurentii var. magnus）	$0.5mg/m^3$	Ⅱ	+
	梭链孢酸脂球菌（Fusidium coccineum）	$5×10^3$	Ⅲ	
	变灰青霉菌（Penicillium canescens）	$2×10^3$	Ⅲ	
	啤酒酵母（Saccharomy cescerevisae）	$0.5mg/m^3$	Ⅱ	+

续表

微生物		最大允许浓度 (CFU/m³)	危害等级	过敏原性
放线菌	蔷薇放线菌 (*Actinomyces roseolus*)	10^3	Ⅱ	
	金霉素链霉菌 (*Streptomyces aureofaciens*)	5×10^3	Ⅲ	+
	红霉素链霉菌 (*Streptomyces erythreus*)	3×10^3	Ⅲ	+
	链球菌乳杆菌 (*Streptomyces lactis*)	10^4	Ⅲ	
	乳酸链霉菌 (*Streptomyces kanemyceticus*)	5×10^3	Ⅲ	+
	龟裂链霉菌 (*Streptomyces rimosus*)	3×10^3	Ⅲ	+

5. 巴西

Francisco 等通过文献数据和现有的标准,推算出巴西室内真菌浓度的可接受最大值为 750CFU/m³,并认为室内外的真菌浓度比小于等于 1.5 为优秀,1.5～2 之间为合格,大于 2 为差。

Mandal 等在 2011 年发表的论文中,简单列出了各国的微生物浓度标准值。本节尝试逐一对各国的标准内容进行了介绍,并扩充和更正了一些内容,汇总为表 3-4,我国的标准内容则在下节介绍。

从表中可以看到,国外大部分国家规定了细菌、真菌菌落数的浓度,只有韩国规定了总菌落数。美国 FDA 不提供具体限制数值,欧盟则只根据浓度大小来对污染程度进行分类。

不同国家/地区细菌和真菌生物气溶胶的标准值 表 3-4

国家/地区	菌落数(CFU/m³)			参考文献
	细菌	真菌	总菌落数	
巴西		750		[18]
加拿大		50 150ᵃ 500		[19]
芬兰	4500			[15]
德国	10000	10000		[13,14]
韩国			800	[20]
葡萄牙		500		[16]
荷兰	500 1000 10000	500 10000		[21]

67

国家/地区	菌落数(CFU/m³)			参考文献
	细菌	真菌	总菌落数	
挪威		NS[b]		[22]
俄罗斯		2000~10000[c]		[23]
瑞士	10000[d] 1000[e]	1000		[24]
美国	—[f]	—[f] 1000	—[f]	[25]
WHO		同加拿大		[10]
欧盟	10000[g] 2500[h]	10000[g] 2000[h]		[11]

注：a 混合种类；b 没有指明，但应无明显损坏或者产生异味；c 根据特定真菌种类；d 空气嗜温菌；e 革兰氏阴性菌；f 无科学的阈值参考；g 住宅；h 非工业室内地方

3.4.2　我国室内微生物阈值标准

1. 内地（大陆）

我国内地（大陆）于 1996 年针对不同的公共场所［旅店客房、文化娱乐场所、公共浴室、理发店、美容店、游泳馆、体育馆、图书馆、博物馆、美术馆、展览馆、商场（店）、书店、公共交通等候室、公共交通工具、饭馆（餐厅）］发布了公共卫生标准（GB9663~GB9673、GB16153）。如表 3-5 所示，系列标准中关于微生物的部分对不同的采样方法规定了不同的标准值，撞击法细菌标准值范围在 1000~7000CFU/m³ 之间，沉降法细菌标准值范围在 10~75 个/皿之间，而真菌的标准值没有给出。

我国内地（大陆）公共场所细菌和真菌生物气溶胶的标准值　　表 3-5

场所		细菌数		真菌数	标准号
		撞击法 (CFU/m³)	沉降法 (个/皿)	撞击法 (CFU/m³)	
旅店客房	普通旅店、招待所	2500	30	—	GB 9663-1996
	1~2 星级饭店、宾馆和非星级 带空调的饭店、宾馆	1500	10	—	
	3~5 星级饭店、宾馆	1000	10	—	
文化娱乐场所	影剧院、音乐厅录像厅(室)	4000	40	—	GB 9664-1996
	游艺厅、舞厅	4000	40	—	
	酒吧、茶座、咖啡厅	2500	30	—	
公共浴室	更衣、浴室(淋、池、盆浴)、桑拿浴室	—	—	—	GB 9665-1996
理发店、美容店		4000	40	—	GB 9666-1996
游泳馆		4000	40	—	GB 9667-1996

续表

场所		细菌数		真菌数	标准号
		撞击法 (CFU/m³)	沉降法 (个/皿)	撞击法 (CFU/m³)	
体育馆		4000	40	—	GB 9668-1996
图书馆、博物馆、美术馆		2500	30	—	GB 9669-1996
展览馆		7000	75	—	
商场(店)、书店		7000	75	—	GB 9670-1996
医院候诊室		4000	40	—	GB 9671-1996
公共交通等候室	候车室和候船室	7000	75	—	GB 9672-1996
	候机室	4000	40	—	
公共交通工具	旅客列车车厢	4000	40	—	GB 9673-1996
	轮船客舱	4000	40	—	
	飞机客舱	2500	30	—	
饭馆(餐厅)		4000	40	—	GB 16153-1996
公共场所集中空调通风系统	送风	500	—	500	WS 394-2012

《室内空气中细菌总数卫生标准》GB/T 17093—1997规定，室内空气中细菌总数：撞击法小于等于4000CFU/m³，沉降法小于等于45CFU/皿。张进等在2001年根据调查结果，并参考国内外资料，将清洁程度所对应的细菌数量，试划分成四级水平，见表3-6。

室内空气细菌总数卫生标准建议值 表3-6

空气清洁程度	CFU/皿	CFU/m³
清洁空气	<16.0	<2500
普通空气	16.0～31.8	2500～5000
轻污染空气	31.8～63.5	5000～10000
重污染空气	>63.5	>10000

《室内空气质量标准》GB/T 18883—2002生物性部分规定室内空气总菌落数标准值为2500CFU/m³，采样方法为撞击法，没有区分细菌和真菌。其适用于住宅和办公建筑物，其他室内环境标准可以参考该标准。

集中空调通风系统作为室内污染源，已经引发了数起公共卫生安全事件，其送风的质量品质引起了人们的关注。《公共场所集中空调通风系统卫生规范》WS 394-2012其规定了以撞击法为采样方法的情况下，送风中细菌和真菌的标准值均为500CFU/m³；风管内表面卫生指标为积尘量小于等于20g/m²，细菌和真菌总数均小于等于100CFU/cm²，微生物采样方法为刮拭法或擦拭法；不得检出β-溶血性链球菌和嗜肺军团菌。

2. 台湾室内微生物标准

我国台湾于2012年发布了《室内空气品质标准》，其微生物浓度标准参考了其他国家和地区的标准值或规范值，并指出目前还没有明确能引起不良健康效应的微生物浓度。对于细菌，考虑到消毒的成本，规定了浓度上限是 1500CFU/m³；真菌的浓度上限是 1000CFU/m³，同时因为室内真菌受室外影响较大，当室内外真菌浓度比值小于 1.3 时，可以不受 1000CFU/m³ 的限制，以此降低室外污染源对检查室内真菌浓度的干扰。

3. 香港室内微生物标准

香港于 2003 年 9 月公布了《办公室及公共场所室内空气质素检定计划指南》（下面简称"检定计划"）和《办公室及公共场所室内空气质素管理指引》。前者关于微生物的部分，只对细菌进行了限定，8h 平均细菌浓度小于 500CFU/m³ 为卓越级，小于 1000CFU/m³ 为良好级，如表 3-7 所示；后者又指出会将空气中真菌的参数（"良好级"或"卓越级"的建议指标水平为 500CFU/m³）纳入到下一次对"检定计划"的修订。2018 年 6 月 25 日，参考 WTO 在 2009 年发布的《WHO Guidelines for Indoor Air Quality: Dampness and Mould》以及本地实际情况，增加关于室内霉菌的参数。

办公楼宇及公共场所的室内空气质素指标　　　　　　　　　　　表 3-7

参数	单位	8h 平均	
		卓越级	良好级
空气中细菌	CFU/m³	<500	<1000

3.4.3　国内外室内微生物阈值标准对比分析

阈值标准确定的方法一般分为两种：一是室内微生物阈值标准基于本国的实际调研情况确定限值（简称调研法）；二是通过实验动物的过敏原性对特定的微生物确定浓度限制（简称实验法）。

通过查阅相关国家和地区的标准和文献，将其阈值标准确定方法列成表 3-8。在表 3-8 中可以看到，部分国家和地区采用的是调研法，而俄罗斯则采用了实验法。还有一些国家和地区则是参考了其他国家制定的标准而确定本地的微生物浓度控制值，如我国的香港和台湾。WHO 引用的是加拿大的数值。巴西是通过现有的文献资料推算出建议值。美国 FDA 认为由于缺乏科学根据和采样方法非标准化，而没有给出具体的微生物浓度阈值。不过为了提供科学依据，美国在科学院、工程院和医学院及斯隆基金会的支持下正在研究"microbes in built environment"。挪威也未给出具体的数值。其他国家由于相关资料的缺乏，其阈值标准的确定方法依据不明。

对于我国内地（大陆），1996 年发布的公共卫生标准 GB 9663～GB 9673 和 GB 16153 是在对各类公共场所统一调查、监测的基础上，并经过大量文献调研和反复论证之后修订的。1998 年发布的标准《室内空气质量标准》GB/T 18883—2002 的前言中提到，该标准以国内多年科研和现存调查结果为基础，并结合国情制定出室内空气中细菌总数标准值和检验方法。之后 2002 年发布的《室内空气质量标准》GB/T 18883—2002 中细菌浓度限值与前者又不同，其采用了苏联及我国内地（大陆）公共场所中普通旅店、招待所空气菌落总数卫生标准。现存的标准中数值并没有统一，但阈值的确定方法总的来说是以调研法为基础，辅以对外国标准的参考。

不同国家和地区阈值标准确定方法的对比　　表 3-8

国家/地区		阈值标准确定方法		
		调研法	实验法	其他
中国	内地（大陆）			✓
	香港			✓
	台湾			✓
巴西				✓
加拿大		✓		
芬兰		✓		
德国		✓		
韩国		依据不明		
葡萄牙		依据不明		
荷兰		依据不明		
挪威		未指明		
俄罗斯			✓	
瑞士		✓		
美国		未指明		
WHO				✓
欧盟		✓		

3.4.4 对我国室内微生物污染控制标准建议

大部分国家和地区对细菌和真菌分别进行了浓度限定。从数值上来看，细菌阈值标准在 $500 \sim 10000 CFU/m^3$ 之间（图 3-10），我国内地（大陆）的标准与欧洲国家的浓度标准

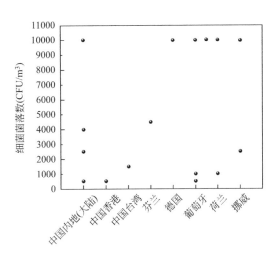

图 3-10　不同国家和地区细菌浓度阈值分布图

相近，但我国内地（大陆）现有的标准对公共建筑的标准更为细致。对于真菌浓度，大部分分布在 50～2500CFU/m³ 之间（图3-11），有些国家最高上限能达到 10000CFU/m³，而我国对空气中真菌浓度没有明确的限制。然而各地的环境条件不同，又因采样仪器的不同，因此室内微生物阈值差别也较大，不同国家和地区之间仅对数值进行对比参考意义不大。但是制定标准的技术路线大致相同，倾向于通过实际调研数据而非从病原学的角度来确定下标准值。

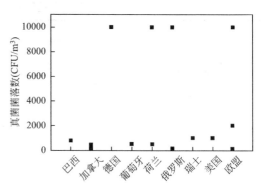

图 3-11 不同国家和地区真菌浓度阈值分布图

在"十三五"国家重点研发计划项目资助的"室内微生物污染源头识别监测和综合控制技术"（2017YFC0702800）推进下，研究团队对我国不同气候区、不同功能建筑开展了大规模室内微生物污染现状调研工作，根据调研结果，以及汇总国内外相关标准规范制定室内空气微生物污染控制限值的技术路线、研究框架及阈值制定依据，给出了与我国经济相适应的室内空气微生物分级阈值标准，并被中国工程建设标准化协会标准《室内空气微生物污染控制技术规程》T/CECS 873—2021 采纳，引述如下：

（1）室内空气微生物污染控制措施应结合所在地区的环境空气质量、建筑空调通风系统形式、室内空气微生物污染控制限值等条件，选择合理的技术措施与检测方法，并制定相应的运行维护方案。

（2）采用撞击法检测的室内空气细菌浓度限值应符合表 3-9 的规定。

室内空气细菌浓度限值 表 3-9

等级	推荐值（CFU/m³）	引导值（CFU/m³）
Ⅰ级	≤1000	≤500
Ⅱ级	≤1500	≤1000

注：1. Ⅰ级标准适用于目标人群对空气细菌敏感性强的建筑或对室内空气细菌浓度控制有较高要求的建筑。
  2. Ⅱ级标准适用于目标人群对空气细菌敏感性不强的建筑或一般性建筑。
  3. 采用撞击法检测的室内空气真菌浓度限值不应大于1000CFU/m³。
  4. 室内空气中不应检出嗜肺军团菌与β-溶血性链球菌。

本章参考文献

[1] 孙平勇，刘雄伦，刘金灵等．空气微生物的研究进展［J］．中国农学通报，2010，26（11）：336-340.

[2] 雷长红．空气微生物污染及其控制的研究进展［J］．职业与健康，2013，24（29）：3348-3350.

[3] Song LH，Song W M，Shi W，et al. Health effects of atmosphere microbiological pollution on respiratory system among children in Shanghai［J］．Journal of Environment and Health，2000，17（3）：135-138.

[4] 车凤翔．生物气溶胶与人体疾病［J］．中国卫生检验杂志，1977，7（4）：252-256.

[5] 傅本重，赵洪波，永保聪等．公共场所空气微生物污染研究进展［J］．中国公共卫生，2012，28

（6）：857-858.

［6］ 巨天珍，索安宁，田玉军，等．兰州市空气微生物分析［J］．工业安全与环保，2003，（3）：17-19.

［7］ 杜睿，周宇光．北京及周边地区大气近地面层真菌气溶胶的变化特征［J］．中国环境科学，2010，（3）：296-301.

［8］ 方治国，欧阳志云，胡利锋等．北京市夏季空气微生物粒度分布特征［J］．环境科学，2004，25（6）：1-5.

［9］ Haleem KAA，Mohan KS. Fungal pollution of indoor environments and its management［J］．Saudi J Biol Sci，2012，19：405-426.

［10］ Gutarowska B，JAKU BA. The estimation of moulds air pollution in university settings［J］．Problems of indoor air quality in Poland，2001，103-112.

［11］ Flanningan B. Mycotoxins in the air［J］．International Biodeterioration，1987，23（2）：73.

［12］ 张海英，王莹．空气微生物污染对呼吸疾病的影响与改善策略研究［J］．环境科学与管理，2019，5（44）：189-194.

［13］ 于玺华．现代空气微生物学［M］．北京：人民军医出版社，2002.

［14］ 陈锷，万东，褚可成，许淑青，张宁．空气微生物污染的监测及研究进展［J］．中国环境监测，2014，30（4）：171-178.

［15］ 肖国生，王兆丹，陈林，邱志群，舒为群．微生物定量风险评价［J］．环境科学与技术，2013，36（8）：59-64.

［16］ 张宝莹，刘凡，白雪涛．病原微生物气溶胶对人群健康风险评价研究进展［J］．环境卫生学杂志，2015，5（3）：287-292.

［17］ 丁峰，李时蓓，温占波，胡翠娟．常见高致病性病原微生物环境安全临界值研究［J］．军事医学，2014，38（7）：514-517，522.

［18］ 张铭健，曹国庆．国内外室内空气微生物限值标准简介及对比分析［J］．暖通空调，2019，49（05）：40-45，33.

［19］ Rao CY，Burge HA，Chang JCS. Review of quantitative standards and guidelines for fungi in indoor air［J］．Journal of the Air & Waste Management Association，1996，46（9）：899-908.

［20］ Kim KH，Kabir E，Jahan SA. Airborne bioaerosols and their impact on human health［J］．Journal of Environmental Sciences-China，2018，67：23-35.

［21］ 薛林贵，姜金融．城市空气微生物的监测及研究进展［J］．环境工程，2017，35（3）：152-157，162.

［22］ 房文艳．医院空气环境微生物污染检测方法建立及其应用研究［D］．哈尔滨：哈尔滨工业大学，2015.

［23］ D'Arcy N，Canales M，Spratt DA，Lai KM. Healthy schools：standardisation of culturing methods for seeking airborne pathogens in bioaerosols emitted from human sources［J］．Aerobiologia，2012，28（4）：413-422.

［24］ Chang CW，Chou FC. Methodologies for quantifying culturable，viable，and total Legionella pneumophila in indoor air［J］．Indoor Air，2011，21（4）：291-299.

［25］ Locey KJ，Lennon JT. Scaling laws predict global microbial diversity［J］．Proc Natl Acad Sci U S A，2016，113（21）：5970-5975.

［26］ Bodor A，Bounedjoum N，Vincze GE，et al. Challenges of unculturable bacteria：environmental perspectives［J］．Reviews in Environmental Science and Bio-Technology，2020，19（1）：1-22.

［27］ Duquenne P. On the Identification of Culturable Microorganisms for the Assessment of Biodiversity in

Bioaerosols [J]. Annals of work exposures and health，2018，62（2）：139-146.

[28] Eduard W，Heederik D. Methods for quantitative assessment of airborne levels of noninfectious microorganisms in highly contaminated work environments [J]. American Industrial Hygiene Association Journal，1998，59（2）：113-127.

[29] Suwantarat N，Romagnoli M，Carroll KC. Isolation of an Unusual Gram-Positive Coccus from a Positive Blood Culture in a Patient with Pneumonia Actinomyces radicidentis Bacteremia [J]. Journal of Clinical Microbiology，2016，54（1）：1-247.

[30] Ortega N，Caro MR，Gallego MC，et al. Isolation of Chlamydia abortus from a laboratory worker diagnosed with atypical pneumonia [J]. Irish Veterinary Journal，2016，69.

[31] Guo J，Xiong Y，Shi C，et al. Characteristics of airborne bacterial communities in indoor and outdoor environments during continuous haze events in Beijing：Implications for health care [J]. Environ Int，2020，139：105721.

[32] Howard-Jones N. Robert Koch and the cholera vibrio：a centenary [J]. British medical journal，1984，288（6414）：379-381.

[33] Prentice MB，Rahalison L. Plague [J]. Lancet，2007，369（9568）：1196-1207.

[34] Drancourt M，Raoult D. Molecular history of plague [J]. Clinical Microbiology and Infection，2016，22（11）：911-915.

[35] Jin Q，Yuan Z，Xu J，et al. Genome sequence of Shigella flexneri 2a：insights into pathogenicity through comparison with genomes of Escherichia coli K12 and O157 [J]. Nucleic acids research，2002，30（20）：4432-4441.

[36] Lodha R，Kabra SK，Pandey RM. Antibiotics for community-acquired pneumonia in children [J]. The Cochrane database of systematic reviews，2013（6）：CD004874.

[37] Ruuskanen O，Lahti E，Jennings LC，Murdoch DR. Viral pneumonia [J]. Lancet，2011，377（9773）：1264-1275.

[38] Lozano R，Naghavi M，Foreman K，et al. Global and regional mortality from 235 causes of death for 20 age groups in 1990 and 2010：a systematic analysis for the Global Burden of Disease Study 2010 [J]. Lancet，2012，380（9859）：2095-2128.

[39] Arancibia F，Bauer TT，Ewig S，et al. Community-acquired pneumonia due to gram-negative bacteria and Pseudomonas aeruginosa - Incidence，risk，and prognosis [J]. Archives of Internal Medicine，2002，162（16）：1849-1858.

[40] Jones RN. Microbial Etiologies of Hospital-Acquired Bacterial Pneumonia and Ventilator-Associated Bacterial Pneumonia [J]. Clinical Infectious Diseases，2010，51：S81-S87.

[41] Niederman MS，Mandell LA，Anzueto A，et al. Guidelines for the management of adults with community-acquired pneumonia. Diagnosis，assessment of severity，antimicrobial therapy，and prevention [J]. Am J Respir Crit Care Med，2001，163（7）：1730-1754.

[42] Sopena N，Sabria M. Neunos Study G. Multicenter study of hospital-acquired pneumonia in non-ICU patients [J]. Chest，2005，127（1）：213-219.

[43] Thomas V，Herrera-Rimann K，Blanc DS，Greub G. Biodiversity of amoebae and amoeba-resisting bacteria in a hospital water network [J]. Applied and environmental microbiology，2006，72（4）：2428-2438.

[44] Matsuoka K，Uemura Y，Kanai T，et al. Efficacy of Bifidobacterium breve Fermented Milk in Maintaining Remission of Ulcerative Colitis [J]. Digestive diseases and sciences，2018，63（7）：1910-1919.

［45］ Ren J, Zhao Y, Huang S, et al. Immunomodulatory effect of Bifidobacterium breve on experimental allergic rhinitis in BALB/c mice ［J］. Experimental and therapeutic medicine, 2018, 16（5）: 3996-4004.

［46］ Al-Sheraji SH, Amin I, Azlan A, Manap MY, Hassan FA. Effects of Bifidobacterium longum BB536 on lipid profile and histopathological changes in hypercholesterolaemic rats ［J］. Beneficial microbes, 2015, 6（5）: 661-668.

［47］ Borsa N, Pasquale MD, Restrepo MI. Animal Models of Pneumococcal pneumonia ［J］. International journal of molecular sciences, 2019, 20（17）: 4220.

［48］ Anand N, Kollef MH. The alphabet soup of pneumonia: CAP, HAP, HCAP, NHAP, and VAP ［J］. Seminars in respiratory and critical care medicine, 2009, 30（1）: 3-9.

［49］ 王文静. 暴露风险评价法在室内微生物污染中的应用 ［J］. 应用能源技术, 2018,（12）: 9-11.

［50］ Cox C S, Wathes C M. Bioaerosols handbook ［M］. Bioaerosols Handbook, 1995.

［51］ Gehring U, Bolte G, Borte M, et al. Exposure to endotoxin decreases the risk of atopic eczema in infancy: a cohort study ［J］. Journal of Allergy & Clinical Immunology, 2001, 108（5）: 847.

［52］ Tischer C, Gehring U, Chen C M, et al. Respiratory health in children, and indoor exposure to （1, 3）-β-D-glucan, EPS mould components and endotoxin ［J］. European Respiratory Journal, 2011, 37（5）: 1050-1059.

［53］ Rao C Y, Burge H A, Chang J C S. Review of Quantitative Standards and Guidelines for Fungi in Indoor Air ［J］. Journal of the Air & Waste Management Association, 1996, 46（9）: 899-908.

［54］ Mandal J, Brandl H. Bioaerosols in Indoor Environment - A Review with Special Reference to Residential and Occupational Locations ［J］. Open Environmental & Biological Monitoring Journal, 2011, 4（1）: 83-96.

［55］ Acgih. Threshold limit values （TLVs） for chemical substances and physical agents and biological exposure indices （BEIs）［S］. USA, 2009.

［56］ Brief R S, Bernath T. Indoor Pollution: Guidelines for Prevention and Control of Microbiological Respiratory Hazards Associated with Air Conditioning and Ventilation Systems ［J］. Appl Indoor Hygienes, 1988, 3（3）: 5-10.

［57］ Canada H. Exposure guidelines for residential indoor air quality ［J］. Qualidade Do Ar, 1995.

［58］ Canada H. Indoor air quality in office buildings: a technical guide ［S］, 1995.

［59］ Organization W H. Indoor air quality: biological contaminants ［J］. Who Regional Publications European, 1990, 31: 1-67.

［60］ Wanner H U, Gravesen S. Biological particles in indoor environments: European Collaborative Action ［R］. Indoor Air Quality & Its Impact on Man, 1993.

［61］ Heida H, Bartman F, Van Der Zee S C. Occupational exposure and indoor air quality monitoring in a composting facility ［J］. American Industrial Hygiene Association Journal, 1995, 56（1）: 39-43.

［62］ (Ifa) I F a D D G U. Verfahren zur Bestimmung der Schimmelpilzkonzentration in der Luft am Arbeitsplatz （♯9420）［M］. Berlin: Erich Schmidt Verlag, 2001.

［63］ (Ifa) I F a D D G U. Verfahren zur Bestimmung der Bakterienkonzentration in der Luft am Arbeitsplatz （♯9430）［M］. Berlin: Erich Schmidt Verlag, 2004.

［64］ Nevalainen A. Bacterial aerosols in indoor air ［S］, 1989.

［65］ Pegas P N, Evtyugina M G, Alves C A, et al. Outdoor/indoor air quality in primary schools in Lisbon: a preliminary study ［J］. Química Nova, 2010, 33（5）: 1145-1149.

［66］ Eduard W. Fungal spores: a critical review of the toxicological and epidemiological evidence as a basis for occupational exposure limit setting [J]. Critical reviews in toxicology, 2009, 39 (10): 799-864.

[67] De Aquino Neto F R, De Góes Siqueira L F. Guidelines for indoor air quality in offices in Brazil [C] //Proceedings of Healthy Buildings, 2000: 549-554.

[68] Bartlett K H, Lee K S, Stephens G, et al. Evaluating indoor air quality: test standards for bioaerosols [S], 2002.

[69] Wankuen J, Youngjun S. Indoor and outdoor bioaerosol levels at recreation facilities, elementary schools, and homes [J]. Chemosphere, 2005, 61 (11): 1570-1579.

[70] Heida H, Bartman F, Sc V D Z. Occupational exposure and indoor air quality monitoring in a composting facility [J]. American Industrial Hygiene Association Journal, 1995, 56 (1): 39.

[71] Becher R, Hongslo J K, Dybing E. Guidelines for Indoor Air in Norway-A Practical Approach [J]. Pollution Atmospherique, 2000, 166: 245-246.

[72] Eduard W. Fungal spores: a critical review of the toxicological and epidemiological evidence as a basis for occupational exposure limit setting [J]. Critical Reviews in Toxicology, 2009, 39 (10): 799.

[73] Oppliger A, Rusca S, Charrière N, et al. Assessment of bioaerosols and inhalable dust exposure in Swiss sawmills [J]. Annals of Occupational Hygiene, 2005, 49 (5): 385.

[74] Maynard R L. 1999 TLVs and BEIs: Threshold Limit Values for Chemical Substances and Physical Agents and Biological Exposure Indices [J]. Occupational & Environmental Medicine, 2000, (11): 791.

[75] 张进. 室内空气微生物污染与卫生标准建议值 [J]. 环境与健康杂志, 2001, 18 (4): 247-249.

[76] 尹先仁. 公共场所卫生标准——GB 9663～9673—1996 和 GB 16153—1996 简介 [J]. 中国标准导报, 1996, (5): 28.

[77] 卫生部卫生法制与监督司.《室内空气质量标准》GB/T 18883—2002 实施指南 [M]. 北京: 中国标准出版社, 2003.

[78] 中国建筑科学研究院有限公司.《室内空气微生物污染控制技术规程》T/CECS 873—2021 [S]. 北京: 中国建筑工业出版社, 2021.

第4章　室内外微生物污染现状调研及影响因素分析

4.1　大气微生物污染现状

生物气溶胶作为大气气溶胶的重要组成部分，占大气颗粒物的 $30\%\sim80\%$，主要包括细菌、真菌、病毒、花粉、细胞碎片和生物膜等。空气中的微生物可以作为载体，传播引起各种呼吸道疾病和过敏症状的病原体。除此之外，微生物在大气化学和成核过程中也扮演着重要角色，比如有机质的生物转化、碳循环、光化学反应、云的形成等可以影响全球气候的一系列活动。之前对生物气溶胶的研究主要集中在其浓度水平、大小分布、群落结构和组成等方面，但对于生物气溶胶在不同地区和不同季节的变化情况却知之甚少。

4.1.1　大气微生物污染来源

一般将环境大气污染分为物理化学污染和微生物污染。大气微生物污染与大气物理化学污染相似，都可在空气中传播较远的距离，也可通过土壤和水体传播。不同的是空气中的化学污染物质，如，二氧化硫中的硫元素自身可以转变成其他成价态的硫，不生长或繁殖。而空气中的微生物在强烈的阳光下很快就会失去活性或者死亡，在条件适宜时部分微生物又很快恢复活性，接触到它的有机体将会携带它，促使其生长、发育、繁殖。如果这个有机体是人或者其他动物，当自身的免疫系统降低时或者不足以控制微生物的数量时，就会发病。此外，空气中的微生物还可能随着生存环境的变化，随时发生变异。空气中高浓度化学污染物质常常伴有刺激性气味，有的还有颜色，而大气中的微生物肉眼常常看不见，也没有刺激性的味道。大气物理化学污染严重，如，粉尘污染，可以为微生物提供载体，扩大其传播的范围，同时降低生活在其中人群和其他动植物的免疫力，提高发病率。

"大气生物气溶胶"指的是空气中各种来源不同的微生物所组成的混合体，这些微生物种类与采样地点、季节、气象因素 [气温（TEM）、相对湿度（RH）、风速（WS）和风向（WD）] 以及人为影响（$PM_{2.5}$、PM_{10}、SO_2、NO_2、CO 和 O_3）密切相关。在没有足够的可直接利用的营养物质情况下，微生物在空气中的生长和聚集均会受到影响。微生物群落结构由物种组成和丰富度（例如微生物群落结构和生物多样性）决定，因此，空气中的微生物种类并不是稳定不变的。如图 4-1 所示，微生物的来源多种多样，如土壤、灰尘、地表水、植物和动物等。在无风状态下，微生物附着在上述物体表面；当上述物体的表面暴露在空气中时，微生物便以雾化的方式进入空气中。农业生产、污水处理和垃圾处理等也会产生大量微生物。

空气中的自然微生物主要是非病原性腐生菌，据 Wright 报道，各种球菌占 66%、芽孢菌占 25%，还有霉菌、放线菌、病毒、蕨类孢子、花粉、微球藻类、原虫及少量厌氧芽孢菌。在病人集中的医院，空气中除了自然的微生物外，还有各种病原菌。细菌有结核杆菌、肺炎双球菌和绿脓杆菌等约 160 种；真菌有球孢子菌、组织胞浆菌、隐球酵母、青霉和曲霉等约 600 多种；病毒有鼻病毒、腺病毒等几百种；此外还包括支原体、衣原体等。由于受到各种环境因素的影响，不同地区空气中微生物的种类也不相同。在空气中，微生物以革兰氏阳性菌为主，Shaffer 等对城市、乡村、森林、海岸空气的培养显示，革兰氏阳性菌占优势，芽孢杆菌是室外空气中最多的细菌属。

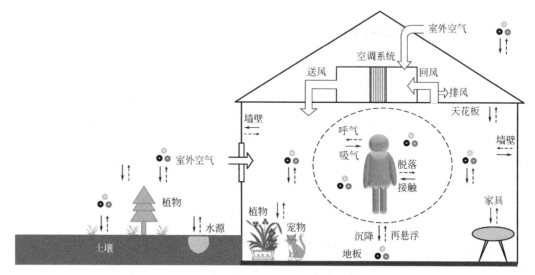

图 4-1　生物气溶胶的产生和传播示意图

4.1.2　微生物地域性和季节性差异

研究表明，生物气溶胶受地域和季节性影响较大。我国 5 个城市（北京、西安、青岛、杭州、台北）的大气生物气溶胶浓度如图 4-2 所示。对我国中部和东部部分城市进行大量采样后，使用可培养法和荧光显微镜检测法，得出西安和青岛可培养活菌的最大浓度约为 1311CFU/m^3，微生物总量为 7.09×10^5 cells/m^3，分别为广州的 4 倍（292CFU/m^3）、上海的 22 倍（3.16×10^4 cells/m^3）。

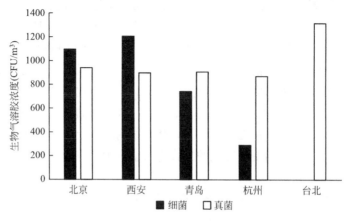

图 4-2　我国 5 个城市生物气溶胶浓度

生物气溶胶除了受地理因素影响外，还受季节因素影响。如表 4-1 所示，2016～2018年，在对我国北京、青岛和西安的秋季和冬季进行调研取样后发现，在空气中均检测到了较高的细菌浓度和微生物浓度，而采样阶段正好是我国中部和东部地区雾霾频发的季节段。除表 4-1 的数据外，在美国的科罗拉多西北部、丹佛和格里利以及奥地利的格拉茨，也发现了类似的细菌气溶胶季节性变化。

我国不同地区生物气溶胶浓度季节变化的比较　　　　　　　　　　表 4-1

城市	气候类型	采样时间	生物气溶胶	季节变化	浓度	文献来源
花莲	副热带季风	1993.04～1996.03	空气真菌孢子	夏季最大	13～85533 spores/m³	文献[35]
台北	副热带季风	2003.03～2004.09	空气真菌	夏季更高	0～25935CFU/m³	文献[36]
北京[a]	温带季风气候	2003.06～2004.05	空气真菌	夏秋>春冬	24～13960CFU/m³	文献[37]
北京[a]	温带季风气候	2003.06～2004.05	总微生物	夏秋>春冬	$4.8×10^2$～$2.4×10^4$CFU/m³	文献[38]
青岛[a]	海洋性气候	2009.06～2010.06	空气中的陆地和海洋细菌	陆地细菌:秋>冬>夏>春 海洋细菌:春>冬>秋>夏	陆地细菌: 33～664CFU/m³ 海洋细菌: 63～815CFU/m³	文献[39]
青岛[a]	海洋性气候	2013.10～2014.08	空气中的微生物总量	冬>春>秋>夏	$8.50×10^4$～$1.66×10^5$cells/m³	文献[29]
西安[a]	半干旱大陆性气候	2014.08～2015.07	可培养细菌和真菌	细菌:秋冬>春夏;真菌:秋季最高,冬季最低	细菌: 97～1909CFU/m³ 真菌: 67～1737CFU/m³	文献[30]
西安[a]	半干旱大陆性气候	2016.04～2017.02	空气中的微生物总量	冬>秋>春>夏	$0.77×10^5$～$14.21×10^5$cells/m³	文献[31]

[a] 这些城市在秋冬季节经常遭受雾霾污染。

在对我国部分城市（如北京、台北和花莲等）和国外部分城市（奥地利的格拉茨、美国的丹佛和格里利、墨西哥的蒂华纳、韩国的首尔等）的微生物进行研究后发现，夏、秋季节对空气真菌浓度的影响较大。其原因可能为：夏、秋两季的环境温度和相对湿度可以为空气真菌的生长繁殖提供适宜的生存条件。除此之外，一些极端的自然天气（如雷暴）也会对空气中的真菌浓度产生影响。

4.2 室内微生物污染现状

4.2.1 概述

人一天中 80%～90% 的时间是在室内度过，室内微生物的污染状况对人体的健康至关重要。尤其是 SARS 和新冠病毒暴发以后，人们更加关注如何做好室内防护，防止微生物的传播和生长。室内微生物来源丰富，具有复杂多样、动态变化、不易预测等特点，对室内微生物污染的全面认识还需要更多的研究。细菌和真菌作为室内微生物的重要组成部分受到了研究者和室内人员的广泛关注。细菌和真菌在空气中无处不在，主要附着于颗粒物上。革兰氏阴性细菌细胞壁的内毒素和真菌细胞壁的葡聚糖可引起刺激性气道和炎症。墙壁上的霉菌可将孢子释放到空气中，室内空气中可见的霉菌或霉菌气味与儿童哮喘、喘息和鼻炎之间存在关系（OR＞1）。

在对 Web of Science、PubMed、EngineeringVillage、知网、万方等数据库进行室内微生物关键词搜索后发现，国内研究更关注学校内的微生物现状，其次是住宅。研究地点主要集中在东部城市，西部及乡村地区的研究较少。相比于真菌，研究细菌的论文数量更多，可能是因为细菌在总微生物中占比更高。大部分研究使用安德森采样器和培养法检测室内微生物浓度。这些研究大多数是在 2000～2010 年之间，那时中国经济发展迅速，新建建筑数量急剧增加。总共涉及四个气候区，19 个城市或地区以及大约 1100 座建筑物。表 4-2 列出了对这些研究的总结。

1980～2019 年对我国室内细菌真菌研究总结　　　　表 4-2

地点	建筑类型	建筑量	年份（年）	季节	可培养细菌浓度（CFU/m³）	可培养真菌浓度（CFU/m³）	参考文献
北京	办公	3	1999	—	3733	—	[8]
		1	2007	冬天	1000	200	[9]
		1	2008	夏天	297	—	[10]
			2008	夏天	375	—	
	学校	1	2007	春天	539±108.7	—	[11]
		1	2011	秋天	443.85	60.05	[12]
			2011	冬天	430.05	12	
		1	2018	冬天	908±321	—	[13]
	住宅	12	2000	冬天	1216	—	[14]
			2001	夏天	2496	—	
		16	2000	冬天	1050	—	
			2001	夏天	2127	—	
		23	2001	—	2679±1723	—	[15]
			2001	—	1998±1368	—	
		28	2000	冬天	1119	235	[16]
			2001	夏天	2598	333	
		31	2010	春天	2967	804	[17,18]
			2010	夏天	1742	1443	
			2010	秋天	1334	670	
			2009	冬天	1242	430	
		14	2013	秋天	—	2386.5±2274	[19]
			2013	冬天	—	310.5±245	
		10	2013	春天	—	310	[20]

续表

地点	建筑类型	建筑量	年份（年）	季节	可培养细菌浓度（CFU/m³）	可培养真菌浓度（CFU/m³）	参考文献
广州	住宅	10	2005	秋天	272±0.32	—	[21]
	办公	1	2006	—	249±1.8	—	[22]
	学校	1	2006	—	957±1.66	—	
香港	办公	2	1999	春天	444±382	530.88±1155	[23]
		1	2008	—	206±98	29±22	[24]
		1	2007	—	264.5±2.1	47±4.25	[25]
		422*	2005	—	580±392	—	[26]
		10	2001	—	489	—	[27]
		290*	2006	—	703±1.9	—	[28]
	学校	1	2007	—	225	—	[29]
		10	2001	—	1050	—	[27]
		5	1999	冬天	<1000	—	[30]
	住宅	6	1997	冬天	518.8	—	[31]
		6	2003	秋天	219	38	[32]
					519	78	
		20	2013	夏天	605	179	[33]
		6	2001	—	800	—	[27]
		6	1999	夏天	<500	—	[19]
上海	学校	1	2009	—	72.5	—	[34]
					169	—	
	住宅	454	2014	春天	—	366±477	[35]
				夏天	—	284±207	
				秋天	—	268±140	
				冬天	—	313±264	
沈阳	办公	1	2013	春天	1418.5	381	[36,37]
				夏天	1780.5	1341.5	
				秋天	1106	1779	
	学校	1	2008～2009	春天	3998	900	[38,39]
				夏天	4966	1400	
				秋天	4563	1300	
				冬天	3022	800	

续表

地点	建筑类型	建筑量	年份（年）	季节	可培养细菌浓度(CFU/m³)	可培养真菌浓度(CFU/m³)	参考文献
台湾	办公	12	2004	冬天	400	100	[40]
					730	680	
	学校	28	1994	冬天	735±3	1212±2.3	[41]
		21	2010	—	368	914	[42]
		2	2000	冬天	—	9730.3	[43]
				夏天	—	3565.29	
		1	2010	春天	1700±956	443±322	[44]
		1	2009	春天	900	647	[45]
					1560	820	
	住宅	44	2005	—	1884.51	2007.72	[46]
		155	2000	冬天	—	9672.09	[43]
				夏天	—	4380.86	
杭州	学校	1	2010	—	—	1150	[47]
		1	2009~2010	春天	1100	—	[48]
				夏天	1500	—	
				秋天	1300	—	
				冬天	800	—	
	住宅	60	2013~2014	春天	309	689	[49]
				夏天	193	941	
				秋天	287	590	
				冬天	93	317	
三门峡	学校	9	2009~2010	春天	3800	—	[50]
				夏天	2500	—	
				秋天	5700	—	
				冬天	7500	—	
盐城	学校	1	2004	秋天	3815	—	[39]
			2005	夏天	4490	—	
泰安	学校	2	2004	秋天、冬天	1328	—	[51]
		1	2016	冬天	750.31±287.8	187.08±41.8	[52]
西安	学校	1	2012	—	479±66	345±15	[53,54]
		2	2012	春天	648±124	330±66	[55]
				夏天	281±134	202±90	
				秋天	505±118	430±95	
				冬天	607±62	418±42	
天津	学校	1	2014	冬天	1101±582.1	—	[56]

续表

地点	建筑类型	建筑量	年份(年)	季节	可培养细菌浓度(CFU/m³)	可培养真菌浓度(CFU/m³)	参考文献
大连	住宅	10	2013	春天	—	526	[20]
韶关	住宅	20	2008	冬天	842±390	1909±470	[57]
			2009	夏天	1532±939	1369±667	
哈尔滨	住宅	8	1998	—	3808	—	[58]
合肥	住宅	30	2007	—	1461	—	[59]
廊坊	住宅	20	2008	冬天	1244±410	1409±606	[57]
			2009	夏天	645±370	492±241	

＊房间数量；浓度表示为平均值 ± 标准差。

4.2.2 不同城市室内微生物污染对比分析

图 4-3 与图 4-4 分别显示了城市的地理分布以及住宅、学校和办公室中空气传播的细菌和真菌数据平均浓度。图 4-3 与图 4-4 中的浓度水平是暴露水平（表 4-2）和测试建筑物数量的加权平均值。这些研究大多数在东部城市进行，研究最多的城市是北京（13 个研究）和香港（13 个研究）（表 4-2）。原因之一可能是，东部城市的经济更加发达，人们更加关注室内空气中微生物污染。但是，中国西部地区的环境卫生状况可能会更糟，但是在西部地区进行的田间测量却很有限。农村微生物水平数据仍很少，仅在农村进行了两项研究。纳入研究案例的室内细菌浓度中位数为 1000CFU/m³，范围为 72.5CFU/m³（上

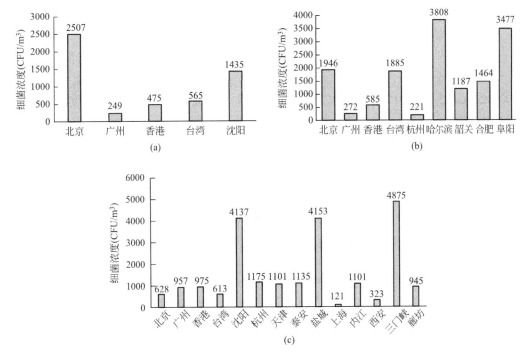

图 4-3 我国部分地区室内细菌浓度
(a) 办公楼；(b) 住宅；(c) 学校

海，教室）至 7500CFU/m³（三门峡市，冬季，教室）。全国的室内细菌浓度范围比 5 个城市的环境浓度（80~5800CFU/m³）更大。纳入研究案例中的真菌浓度为 526CFU/m³，范围为 12CFU/m³（北京，冬季，教室）至 9730CFU/m³（台湾，冬季，教室）。12 个城市的室外浓度范围更宽，从 0 到 25935CFU/m³。

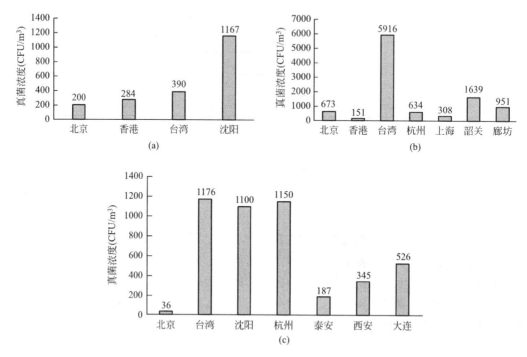

图 4-4　我国部分地区室内细菌浓度

（a）办公楼；（b）住宅；（c）学校

南部城市的室内细菌浓度（平均 1212CFU/m³，中位数 1023CFU/m³）低于北部城市（平均 2259CFU/m³，中位数 1694CFU/m³）（图 4-3）。北部城市室内细菌浓度较高可能是由于通风不足所致。另一个可能的原因是，经济欠发达使人们无法充分注意室内微生物污染控制。在室内真菌浓度方面，南部城市（平均值为 1116CFU/m³，中值为 892CFU/m³）高于北部城市（平均值为 574CFU/m³，中值为 435.5CFU/m³）（图 4-4）。室内真菌主要来自室外，南部城市的室外真菌浓度也高于北部城市。在香港，细菌浓度（平均 677CFU/m³）和真菌浓度（平均 218CFU/m³），即使在非常拥挤的低层住宅中也通常较低。一个可能原因是香港有严格的室内空气质量标准，许多建筑物都采用了机械通风系统。值得注意的是，台湾室内真菌水平很高，Su 等观察到学校和家庭中的真菌浓度极高（冬季平均值 9730CFU/m³，夏季平均值 3565CFU/m³）。可能是由于台湾的高温和高相对湿度造成。同时测量空气传播细菌和真菌的数据，结果表明室内细菌浓度与真菌浓度呈正相关（Spearman 系数为 0.496，$P=0.002$）。但是，线性拟合的相关系数并不高（$R^2=0.17$）。

4.2.3　不同功能建筑室内微生物污染对比分析

图 4-5 和图 4-6 分别比较了已发布的不同微环境（住宅、学校和办公室）中可培养细

菌和真菌的平均浓度。在细菌方面，学校的平均浓度最高，是住宅的 1.31 倍和办公室的 1.95 倍。就真菌而言，最高的平均浓度也在学校，分别是住宅的 1.03 倍和办公室的 2.29 倍。学校的微生物浓度范围最广。总体上讲，我国的教室中没有机械通风系统，人员密度相对较高，导致高微生物浓度。Madureira 等人发现，与成年个体相比，儿童对生物气溶胶颗粒的敏感性更高，吸入剂量率更高。因此，学校应该采取更多措施来保证教室空气质量和学生健康。住宅中人员活动更加丰富，并且有更多的微生物来源，例如食物残渣和人体排泄物，这些微生物导致住宅中的浓度高于办公室，但住宅、学校和办公室中的暴露水平没有显著差异。

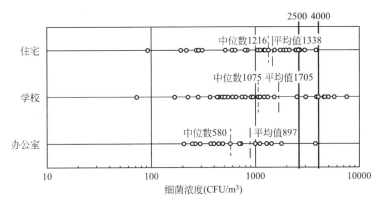

图 4-5　住宅、学校和办公室中可培养的细菌浓度

注：粗实线表示住宅和办公室的我国现行标准：2500CFU/m³，学校 4000CFU/m³。

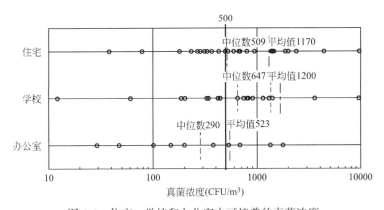

图 4-6　住宅、学校和办公室中可培养的真菌浓度

注：粗实线代表 WHO 标准：500CFU/m³，我国 2021 年前没有关于真菌浓度水平标准。

4.2.4　不同气候区室内微生物污染对比分析

根据《中国民用建筑热力设计规范》GB 50176-2016，中国有五个典型的气候区，根据气候最冷月平均气温（$t_{min \cdot m}$）和最热月平均气温（$t_{max \cdot m}$）划分，即：严寒地区（$t_{min \cdot m} \leqslant -10℃$），寒冷地区（$-10℃ < t_{min \cdot m} \leqslant 0℃$），夏热冬冷地区（$0℃ < t_{min \cdot m} \leqslant 10℃$，$25℃ < t_{max \cdot m} \leqslant 30℃$），夏热冬暖地区（$10℃ < t_{min \cdot m}$，$25℃ < t_{max \cdot m} \leqslant 29℃$）和温和地区（$0℃ < t_{min \cdot m} \leqslant 13℃$，$18℃ < t_{max \cdot m} \leqslant 25℃$）。

　　图 4-7 和图 4-8 分别显示了不同气候区的空气中可培养细菌和真菌水平。就细菌浓度而言（图 4-7），尽管在夏热冬冷地区缺乏公开的办公室研究数据，但所有建筑物的平均浓度都呈现出相同的趋势：平均细菌浓度在严寒地区最高，并且在夏热冬暖地区最低。但是，这种趋势与先前的研究不同，在 A. K. Y. Law 的研究中，温和地区具有较高的室内细菌浓度。可能的原因是由于研究对象的不同。作为参考，A. K. Y. Law 研究中 98％的建筑物使用机械通风，而本研究中仅 10.4％的学校和 1.2％的房屋使用机械通风，其余的依靠自然通风。在 A. K. Y. Law 的研究中，当通风效果相同时，气候差异是主要的影响因素，温暖的气候导致更多的细菌生长。在本研究中，气候区影响开窗行为和供暖方法。在冬季，寒冷地区的开窗时间比温和地区的开窗时间短，而寒冷地区和严寒地区的建筑物在冬天使用集中供热系统，因此该气候区的冬季室内温度高于其他气候区。大部分的室内细菌来自室内，特别是室内的人，因此，通风不足和寒冷气候区域内的室内温度升高会导致室内细菌的生长和积聚，超过了温和地区的平均水平。在这项研究中，夏热冬暖地区办公室通常配备机械通风，室内平均细菌浓度低于寒冷地区和严寒地区。在学校中，严寒地区的细菌浓度与其他三个区域有显著差异，这意味着严寒地区的学校应更加注意细菌的控制。

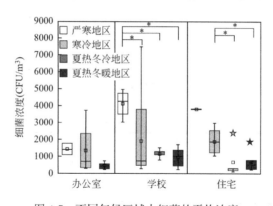

图 4-7　不同气候区域中细菌的平均浓度

注：方框表示上四分位和下四分位，长线表示中位数，星号表示异常值，"□"表示平均值。

"＊"表示不同浓度值之间的统计学显著差异，＊$P<0.05$，＊＊$P<0.01$，＊＊＊$P<0.001$)

　　对于室内真菌（图 4-8），夏热冬暖地区冬季平均浓度在学校和住宅中最高，这与细菌相反。真菌在潮湿和温暖的环境中很容易生长，而室内真菌主要来自室外。夏热冬暖地区的室外浓度通常高于寒冷地区，这可以解释平均浓度偏高的原因。对于办公室，严寒地区的平均真菌浓度（1167CFU/m³）最高，与夏热冬暖地区（平均 256CFU/m³）相比有统计学显著性差异（$P<0.01$，ANOVA）。在香港和台湾等夏热冬暖地区，办公大楼通常具有机械通风系统，以引入新鲜空气并过滤掉室外真菌。因此，夏热冬暖地区办公室的真菌浓度低于严寒地区。但是，学校和住宅通常使用自然通风，很可能会引入室外真菌，因此在温暖地区的建筑物应使用带过滤器的机械通风系统。

4.2.5　室内外可培养细菌真菌的关系

　　图 4-9 显示了室内/室外浓度（I/O）比（在没有空气处理单元的办公室）。空气传播细

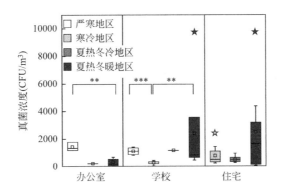

图 4-8 不同气候区真菌的平均浓度。

注：方框表示上四分位和下四分位，长线表示中位数，星号表示异常值，"□"表示平均值。
"＊"表示不同浓度值之间的统计学显著差异，＊$P<0.05$，＊＊$P<0.01$，＊＊＊$P<0.001$。

菌的平均 I/O 比为 1.65，中位数为 1.25，最大值为 4.49。在本研究中，由于通风不足，室内细菌浓度很高（3022CFU/m³），而由于室外温度低，室外细菌浓度很低（673CFU/m³）。真菌的平均 I/O 比为 0.75，中位数为 0.8。最小值是 0.2。室内和室外细菌浓度（斯皮尔曼系数为 0.870，$P=0.000$）和真菌浓度（斯皮尔曼系数为 0.883，$P=0.002$）之间存在很强的正相关（0.883，$P=0.002$）。

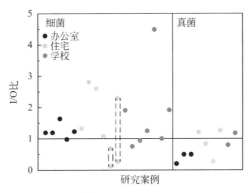

图 4-9 空气传播细菌和真菌的室内/室外浓度比

注：虚线表示数值范围。

室内微生物可能同时受到室内和室外来源影响。通常，大多数室内真菌来自室外，并且 I/O 比小于 1。当 I/O 比小于 1 时，人们应注意控制通风系统，以防止室外细菌和真菌进入。Su 等报道室内外真菌之间存在正相关（$r=0.82$，$P<0.01$），且随着空气变化率的升高，真菌的 I/O 比略有增加。细菌的 I/O 比通常比 1 大，因为人体是主要来源。

4.3 室内微生物群落动态演变特征

室内无明显微生物发生源时，研究表明室内微生物浓度变化和室外微生物浓度变化规律相似，种类基本一致。采用机械通风方式会严重破坏室内外微生物的相似性，室外新风的大量减少一定程度上降低了室外微生物入侵，但是空调系统的管道风口等为微生物繁殖提供了良好场所。室内温湿度也是影响微生物存活的重要因素,寒冷干燥的环境不利于微生物生存,而适宜的温湿度下,微生物能够更加迅速地生长。

空气微生物污染与人类健康密切相关。一方面,过高浓度的室内微生物暴露对人类健康造成很大的影响;另一方面,微生物种类繁多,其中某些致病菌即使浓度较低,是人类呼吸道传染病的病原体和过敏源,也可以引起严重的疾病。

项目组选择我国典型城市的建筑为研究对象,综合使用培养法和非培养法,通过从空房到入住过程连续一年的生物样本采集解析,结合居住人员行为记录,解析出时间序列室内微生物群落的动态演变过程,为微生物污染与人类活动和其他污染物关联性提供科学依据,为室内微生物污染的预测提供理论基础。

本研究选择南京市建邺区某新建小区住宅为研究对象,自 2018 年 2 月至 2019 年 1 月开展为期一年的从空房到入住实验研究(图 4-10)。采样房间包含客厅、主卧、次卧、书房、卫生间、厨房,同时采集室外样品。2018 年 2 月由于住户暂未入住,样品作为本次实验中的入住前的空房样品,2019 年 4 月为入住后第一次采样,之后每月进行一次采样(2018 年 3 月未进行采样)。综合采用培养法和非培养法(扩增子测序法)对室内外微生物样品进行分析。此外,采样期间,研究人员同时记录室内温度、相对湿度、二氧化碳浓度等环境参数。

图 4-10 南京市建邺区某新建小区住宅现场采样实况

4.3.1 入住前后室内微生物的浓度分布特征

采用培养法(安德森六级采样器)研究入住前(空房)、入住后的室内空气可培养微生物浓度特征(图 4-11)。研究发现,入住前室内微生物浓度较低(99~171CFU/m³),其中,客厅浓度最高,书房和厨房次之,次卧最低,阳台浓度为 113CFU/m³。入住前,室内细菌和真菌浓度没有表现出明显的差异,各房间的细菌浓度(平均值:79CFU/m³)略高于真菌浓度(平均值:54CFU/m³)。入住后室内微生物浓度显著升高(858~1849CFU/m³),其中,客厅浓度最高,其他房间浓度水平接近,阳台浓度为 1339CFU/m³。值得注意的是,入住后室内真菌浓度显著升高,说明真菌占据了室内微生物的优势组成,这可能与人员入住前后改变了室内微生物生存环境和室内外微生物交换有关。一方面,人员活动如洗衣做饭、打扫卫生等增加了室内湿度,极大可能促进了室内微生物生长,尤其是真菌;另一方面,人员入住前后室内的通风状况也存在较大差异。入住前后的测量时间分别为 2 月(冬季)和 4 月(春季),入住后正值春季,室外植被生长旺盛,释放出大量孢子等,同时室外适宜的温湿度为开窗通风创造了良好条件。

图 4-12 和图 4-13 分别展示了室内细菌和真菌浓度粒径分布特征。由图 4-12 可知,入

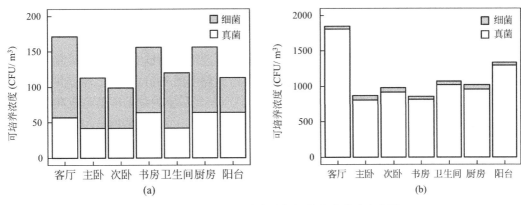

图 4-11　入住前、后室内各房间细菌和真菌浓度水平

(a) 入住前 (2 月)；(b) 入住后 (4 月)

住前，室内各房间可培养细菌浓度在第 V 级 (1.1～2.1μm) 和第 Ⅲ 级 (3.3～4.7μm) 出现小高峰；入住后，室内各房间可培养细菌浓度在各粒径范围分布较均匀，无显著差异。由图 4-13 可知，入住前，室内各房间可培养真菌浓度在各粒径范围均较低，无显著分布特征；入住后，室内各房间可培养真菌浓度出现单峰分布，峰值出现在第 Ⅲ 级 (3.3～4.7μm)，第 Ⅳ 级 (2.1～3.3μm) 次之。

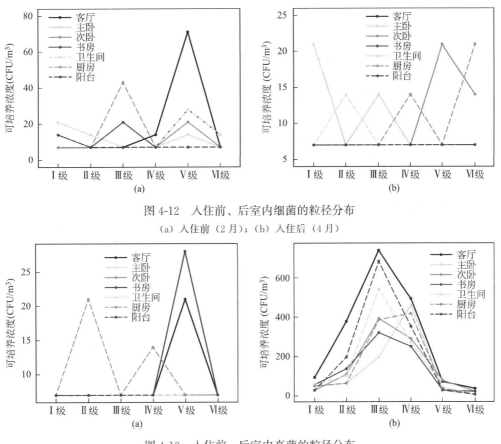

图 4-12　入住前、后室内细菌的粒径分布

(a) 入住前 (2 月)；(b) 入住后 (4 月)

图 4-13　入住前、后室内真菌的粒径分布

(a) 入住前 (2 月)；(b) 入住后 (4 月)

4.3.2　入住前、后室内微生物的群落结构

通过非培养法解析微生物样品组成，对细菌样品进行 16SrDNA 测序。研究发现，入住前后室内细菌群落的差异大于各房间之间的群落差异（图 4-14）。虽然各房间物种相对丰度存在差异，但细菌群落组成相似；相反地，入住前、后室内细菌群落组成和优势细菌均有较大差异。入住前，室内空气细菌在纲水平上主要是 α-变形杆菌纲（Alphaproteobacteria）、γ-变形杆菌纲（Gammaproteobacteria）、芽孢杆菌纲（Bacilli）、拟杆菌纲（Bacteroidia）、梭菌纲（Clostridia）、放线菌纲（unidentified_Actinobacteria）、δ-变形杆菌纲（Deltaproteobacteria）、β-变形杆菌纲（Betaproteobacteria）、柔膜菌纲（Mollicutes）和（Chloroplast），见图 4-14（a）。入住后，α-变形杆菌纲（Alphaproteobacteria）、γ-变形杆菌纲（Gammaproteobacteria）是室内空气细菌群落的优势菌，其室内各房间平均相对丰度分别从入住前的 4.82% 和 10.4% 上升至入住后的 79.3% 和 19.5%，而其他细菌物种的相对丰度很小，见图 4-14（b）。相应地，这也导致了入住后室内细菌群落的微生物多样性指数 Chao1、Shannon 较入住前均降低（图 4-15）。

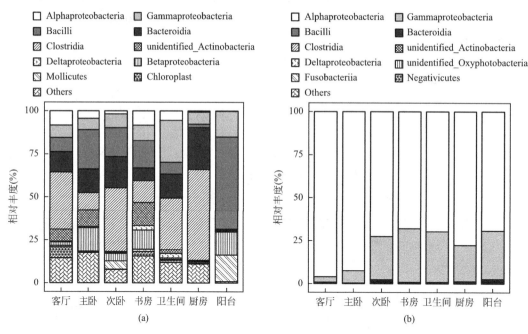

图 4-14　室内前十位细菌相对丰度（纲水平）

（a）入住前；（b）入住后

通过对真菌样品进行 ITS 测序，研究入住前、后的室内真菌群落结构，如图 4-16 所示。结果表明，各房间的真菌群落组成相似，入住前、后的真菌群落不同。在纲水平前十位真菌中，入住前、后共有的真菌物种包括子囊菌纲（Sordariomycetes）、座囊菌纲（Dothideomycetes）、银耳纲（Tremellomycetes）、散囊菌纲（Eurotiomycetes）、酵母纲（Saccharomycetes）和伞菌纲（Agaricomycetes）。其中，入住前，室内优势真菌为子囊菌纲（Sordariomycetes），各房间的平均相对丰度为 27.2%；其次为座囊菌纲（Dothideomycetes），各房间的平均相对丰度为 11.3%。入住后，客厅和厨房的优势菌为子囊菌纲

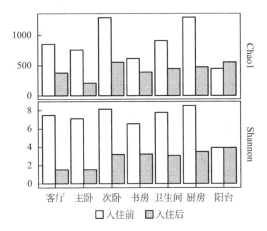

图 4-15 入住前、后室内细菌群落多样性指数 Chao1、Shannon 的变化

(Sordariomycetes)，相对丰度分别为 31.4％和 35.9％；其他房间的优势真菌为座囊菌纲
(Dothideomycetes)，平均相对丰度为 22.2％。与细菌群落多样性变化类似，入住后室内
真菌群落多样性较之入住前也有所下降（见图 4-17）。

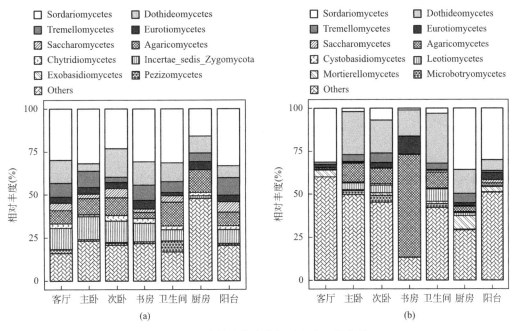

图 4-16 室内前十位真菌相对丰度（纲水平）

（a）入住前；（b）入住后

4.3.3 室内微生物浓度的时空变化

图 4-18 展示了 2018 年 5 月～2019 年 1 月期间，室内各房间微生物浓度时间的变化情
况。总体而言，室内细菌浓度高于室外细菌浓度，室内真菌浓度低于室外真菌浓度。室内
细菌浓度的高峰值出现在 7、8 月，低谷值出现在 9 月和 1 月；室内真菌浓度的高峰值出
现在 5、6 月，低谷值出现在 7 月和 1 月。

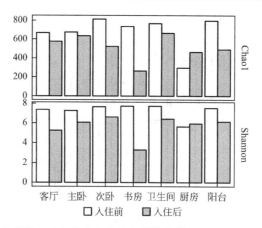

图 4-17　入住前、后室内真菌群落多样性指数 Chao1、Shannon 的变化

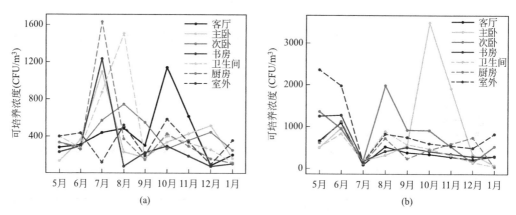

图 4-18　室内各房间微生物浓度随时间变化

（a）细菌；（b）真菌

为研究人员对室内可培养微生物的影响，图 4-19 比较了有人常住的主卧和无人常住的次卧室内空气中可培养微生物浓度逐月变化情况。研究发现，室内可培养细菌和真菌浓

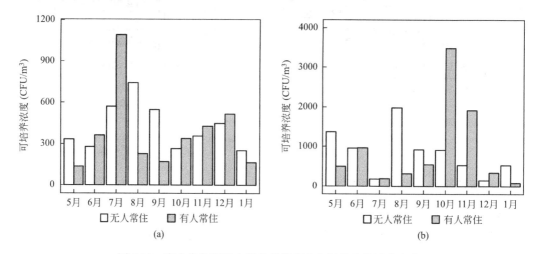

图 4-19　有人常住和无人常住的卧室内空气微生物浓度变化

（a）细菌；（b）真菌

度变化在特定月份具有一致性，在梅雨季和高温期（5月、8月、9月）均表现为无人常住房间高于有人常住房间，在秋冬季节（10月、11月、12月）均表现为有人常住房间高于无人常住房间。其中，室内细菌浓度差异最大出现在7月（暑假），室内真菌浓度差异最大出现在10月。这可能是由于所测住宅的主人是教师，7、8月份正值暑假，在家时间比平时长，使得有人居住房间的细菌浓度远高于无人居住房间。

4.3.4 室内微生物群落结构的演变特征

本节研究了2018年5月～2019年1月的室内微生物群落结构的演变特征。基于Bray _ Curtis距离的PCoA分析并结合微生物多元变量统计分析中的Adonis分析，结果表明，室内细菌和真菌的群落结构在各个月份之间均有显著差异，如图4-20所示。还可以看出，不同月份的细菌群落距离大于不同月份的真菌群落距离，说明细菌的群落结构和组成变化大于真菌。

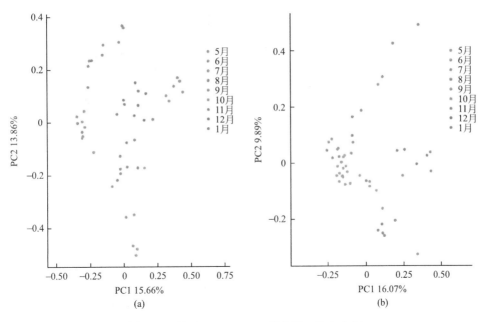

图 4-20　基于 Bray _ Curtis 距离的 PCoA 分析

(a) 细菌（$p < 0.001$）；(b) 真菌（$p < 0.001$）

图4-21展示了属水平上室内前15位细菌和真菌的相对丰度。由图4-21（a）可知，在5、6、7、8月，室内优势细菌属为泛菌属（*Pantoea*），其次为假单胞菌属（*Pseudomonas*）。其中，泛菌属（*Pantoea*）在5、6、7、8月的相对丰度分别高达42.8%，35.1%，19.2%，11.5%；假单胞菌属（*Pseudomonas*）在5、6、7、8月的相对丰度分别为20.5%，6.7%，3.7%。在9、10月，假单胞菌属（*Pseudomonas*）的相对丰度显著升高，分别为41.4%和16.7%；泛菌属（*Pantoea*）的相对丰度显著降低，分别为1.1%和0.5%。在11、12月，不同细菌物种分布较为均匀，优势细菌为假单胞菌属（*Pseudomonas*）、泛菌属（*Pantoea*）和根瘤菌属（*Rhizobium*）。在次年1月，假单胞菌属（*Pseudomonas*）（12.0%）、莫拉菌属（*Moraxella*）（12.0%）成为室内优势细菌属，金

黄杆菌属（*Chryseobacterium*）的相对丰度为 7.4%。

由图 4-21（b）可以看出，尽管室内前 15 位真菌的相对丰度在室内真菌群落中占比不高，但其物种组成在不同月份之间有较高的相似性，各个月份的真菌各物种相对丰度分布比细菌的均匀性高。其中，镰刀菌属（*Fusarium*）、念珠菌属（*Candida*）是室内优势真菌属。镰刀菌属（*Fusarium*）在 9 月份的相对丰度最高，为 11.2%；12 月份次之，为 10.0%；7 月份最低，为 4.9%。念珠菌属（*Candida*）在 5、6、7 月份的相对丰度分别为 8.2%、9.4%、6.3%。此外，莱克特拉菌属（*Lectera*）在 1 月份的相对丰度较高，为 5.7%。

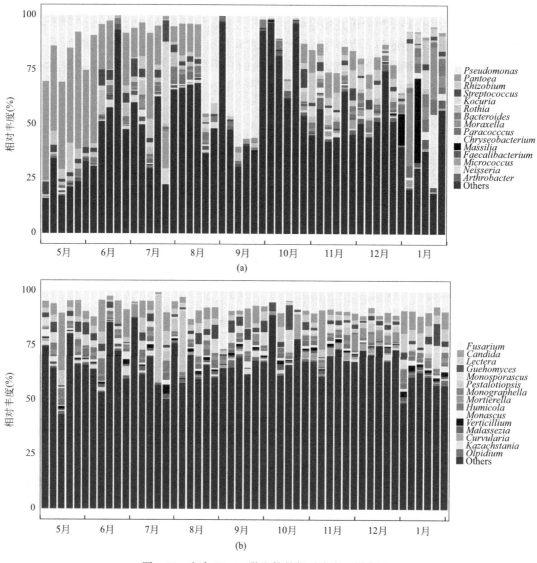

图 4-21　室内 Top15 微生物的相对丰度（属水平）

（a）细菌；（b）真菌

4.3.5　室内微生物群落多样性

图 4-22 展示了室内细菌群落的多样性指数（Chao1、Shannon）的变化。其中，

Chao1 反映的是菌群丰度（Community richness）的指数，用来估计一个样本中的所有物种数；Shannon 反映的是群落多样性（Community diversity）的指数，Shannon 指数越大，多样性越高。秩和检验（Kruskal-Wallis 检验）结果表明，各月份之间的 Chao1 指数、Shannon 指数均有显著差异（$p < 0.01$），表明各月份之间的细菌群落的菌群丰度和多样性有显著差异。Chao1 指数的变化范围为 56～1596，平均值为 386，中位值为 284，其中夏季（6、7、8 月）的 Chao1 指数远高于冬季（11、12、1 月），表明夏季的菌群丰度高于冬季。Shannon 指数的变化范围为 3.01～8.96，平均值为 5.70，中位值为 5.80，在夏季（6、7、8 月）逐渐升高，而在冬季（11、12、1 月）表现为先升高后降低。

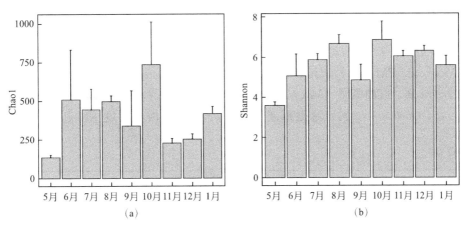

图 4-22　室内细菌群落多样性指数变化

　　图 4-23 展示了室内真菌群落的多样性指数（Chao1、Shannon）的变化。秩和检验（Kruskal-Wallis 检验）结果表明，各月份之间的 Chao1 指数具有显著差异（$p < 0.01$），表明各月份之间的真菌群落的菌群丰度有显著差异；各月份之间的 Shannon 指数差异不显著（$p = 0.303$），表明各月份之间的真菌群落多样性无显著差异。Chao1 指数的变化范围为 245～1078，平均值为 546，中位值为 495，其中，Chao1 指数在 8 月最高，12 月最低，表明夏季的菌群丰度高于冬季。Shannon 指数的变化范围为 4.36～7.61，平均值为 6.67，中位值为 6.85。

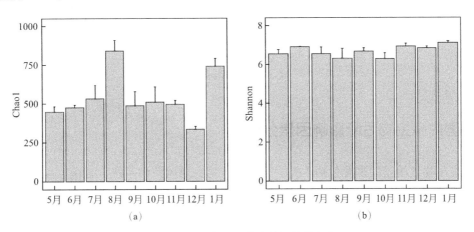

图 4-23　室内真菌群落多样性指数变化

4.3.6　环境因素的影响、解释度

图 4-24 展示了室内微生物群落与环境因子之间的典型关联分析（Canonical Correlation Analysis，简称 CCA）。由图 4-24（a）可见，在细菌群落结构中，温度 T、相对湿度 RH、含湿量 Moisture、$PM_{2.5}$ 对泛菌属（*Pantoea*）具有重要影响，表现为正相关的关系，尤其是 $PM_{2.5}$ 与泛菌属（*Pantoea*）的相关性最高；与 CO_2 具有正相关性的细菌属多达 7 种，分别是拟杆菌属（*Bacteroides*）、根瘤菌属（*Rhizobium*）、库克菌属（*Kocuria*）、副球菌属（*Paracoccus*）、金黄杆菌属（*Chryseobacterium*）、水栖菌属（*Enhydrobacter*）、马赛菌属（*Massilia*）。由图 4-24（b）可见，在真菌群落结构中，念珠菌属（*Candida*）、明梭孢属（*Monographella*）、*Lectera* 属、红曲霉属（*Monascus*）、轮枝孢属（*Verticillium*）、腐质霉属（*Humicola*）、拟盘多毛孢属（*Pestalotiopsis*）与温度 T、含湿量 Moisture、$PM_{2.5}$ 相关，其中 $PM_{2.5}$ 对念珠菌属（*Candida*）、明梭孢属（*Monographella*）、*Lectera* 属、红曲霉属（*Monascus*）的影响最大；被孢霉属（*Mortierella*）、镰刀菌属（*Fusarium*）、*Guehomyces* 属、弯孢霉属（*Curvularia*）与相对湿度 RH 和 CO_2 具有重要影响。

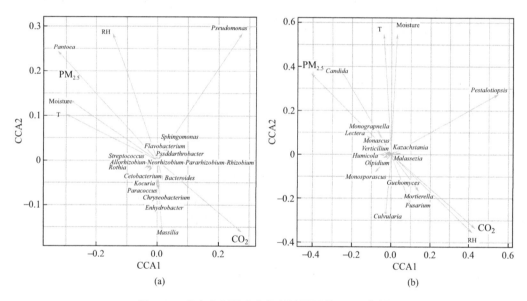

图 4-24　室内空气微生物与环境因子的 CCA 分析

（a）细菌；（b）真菌

4.4　室内微生物污染影响因素分析

室内生物气溶胶的来源包括人类、宠物、植物、通风空调系统、霉菌、尘埃再悬浮和室外环境。室内生物气溶胶还受到温度和相对湿度影响，与颗粒物浓度、CO_2、通风形式和换气次数等相关。

4.4.1 室外微生物污染

1. 机械通风的情况

Zhu 等对美国一处二层带中央空调的办公楼进行采样调研，发现室内外生物气溶胶的浓度 C（室内为 C_i，室外为 C_o）具有显著相关性（$R=0.770$，$P<0.01$），C_o 比 C_i 高。但下雨的时候，C_i 反而比 C_o 高。室内送风口处测得的微生物浓度，与在空调系统的新风口处采集的 C_o 变化趋势一致并且数值相近，这说明空调系统是室外生物气溶胶进入室内的途径之一。在时间的变化趋势上，近地面 C_o 与 C_i 有延迟，但 1.4m 和 2.36m 处的 C_i 保持恒定。另外，空调系统自身也会成为室内污染源之一。

2. 自然通风的情况

对于一般不带中央空调的住宅，Lee 等在辛辛那提（美国）对室内外真菌气溶胶浓度 C_F（室外为 $C_{o,F}$，室内为 $C_{i,F}$）的关系进行了研究。通过采样观察发现，除了冬天的 $C_{i,F}/C_{o,F}>1$，其余季节 $C_{i,F}/C_{o,F}<1$，$C_{i,F}$ 受到 $C_{o,F}$ 影响。这与 Adams 等的结论是相似的。但对于冬天供暖的建筑，其关系还不是很明确。

在室内无明显污染源的前提下，无论是自然通风还是机械通风下，C_i 受 C_o 影响，而不同的通风策略也会直接影响室内外浓度比 C_i/C_o。

4.4.2 换气次数

曹国庆等推导出无空气过滤措施时室内微生物污染方程的简化式，当污染源释放量为常数、新风比 $s=1$ 时，增大换气次数 n；或者换气次数为 $8h^{-1}$ 时，增大新风比 s，均能更好地控制室内生物污染，使其迅速达到稳定浓度，且稳定浓度较小，如图 4-25 所示。其中 $n=0.2$ 表示自然通风的情况。张海锋的研究表明，当机械通风的换气次数达到 $4h^{-1}$ 时，与换气次数为 $0h^{-1}$ 相比，C_i 有着大幅的降低。两者得出的结论相似。

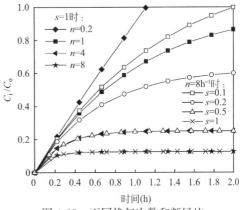

图 4-25　不同换气次数和新风比对室内生物污染的影响

因为细菌和真菌来源的不同，换气次数对这两种微生物的影响不同。由 Frankel 等给出的表 4-3 可以看到，换气次数与细菌呈负相关，与真菌呈正相关。其推测由于室内真菌主要来源于室外，细菌主要来源于室内，自然通风时当室内外的空气未达到平衡时，换气次数越大，室内真菌浓度也越大，但室内细菌浓度越低，这是由于细菌浓度得到更好稀释。

换气次数与细菌和真菌浓度的相关系数 r 和 P 值　　　　　表 4-3

	细菌	真菌
某房间	$r=-0.22; P=0.039$	$r=0.39; P=0.0002$
某住宅	$r=-0.24; P=0.0057$	$r=0.31; P=0.0004$

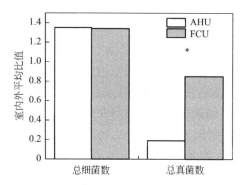

图 4-26　使用 AHU 和 FCU 建筑的
室内外微生物气溶胶浓度比值

当使用不同的空调系统时，Wu 等的研究表明，使用空气处理机组（AHU）和风机盘管系统（FCU）的办公建筑，室内的真菌气溶胶浓度都与换气次数呈正相关。室内的细菌均比室外高，使用 FCU 的系统室内真菌浓度更高，如图 4-26 所示。这可能是因为 FCU 自身更容易滋生真菌，或者并没有很好的过滤措施。

由上文可知，室内外的生物气溶胶浓度存在关联。无论是自然通风还是机械通风的情况下，室内外的空气都进行着交换。当室内无其他污染源时，室内生物气溶胶来源于室外，并且通过围护结构或风管时形成沉降，一般 C_i 要比 C_o 小。当室内存在污染源，自然通风时换气次数较小，C_i 就会变高；机械通风时还要考虑系统形式。当室内有污染源时，一次回风系统中，换气次数和新风比的增加均能有效降低室内微生物污染水平。室内可能无污染源时，室内受室外或空调系统微生物污染浓度的影响，换气次数反而和室内真菌浓度呈正相关。因此在不同的情况下换气次数对 C_i 的影响不同。

4.4.3　温湿度

1. 室内温湿度

对于生物气溶胶的生长来说，室内温度（T）和相对湿度（RH）是两个最重要的因素。当前研究室内微生物气溶胶在热湿环境下的生长特性有两种方法。

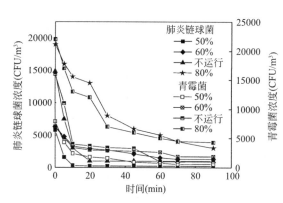

图 4-27　肺炎链球菌浓度和青霉菌浓度变化

一是控制室内的温湿度，在不同的温湿度下，从送风口处释放样品，观察其随时间的变化和最终的平衡浓度，建立失活动力学模型。丁力行等的结果如图 4-27 所示，图中标签处 50%、60%、80% 为相对湿度。当相对湿度达到 50% 时，肺炎链球菌浓度和青霉菌浓度都最快地达到最低的水平。

另一种是从室内生物气溶胶中取样，通过统计学手段得出 C_i 与温湿度的相关性。此方法的应用更多，不限于在空调房间内使用。相关研究表明，C_i 与 RH 具有显著的相关性，RH 对于 C_i 的影响大于温度和风速。

Frankel 等的研究则有些不同。如表 4-4 所示，细菌与室内温度呈显著负相关，而与室内相对湿度则无统计学意义（$P > 0.05$），真菌与室内温湿度都是显著正相关。另外，室外温湿度均与细菌无统计学意义，而与真菌呈显著相关。这也从侧面说明真菌主要来源于室外，受室外温湿度影响。

室内外温湿度与细菌和真菌浓度的相关系数 r 和 P 值　　　　　　　　表 4-4

参数	细菌	真菌
室外温度	$r=-0.14;P=0.13;$ $n=127$	$r=0.66;P<0.0001;$ $n=127$
室外相对湿度	$r=0.030;P=0.74;$ $n=127$	$r=0.35;P<0.0001;$ $n=127$
室内温度	$r=-0.20;P=0.024;$ $n=122$	$r=0.28;P=0.0020;$ $n=122$
室内相对湿度	$R=0.022;P=0.81;$ $n=123$	$r=0.32;P=0.0003;$ $n=123$

注：n 为样本量。

2. 空调系统的温湿度

在带有空调系统的房间，由于合适的温湿度和灰尘等作为营养物质，通风空调会成为室内微生物污染的来源之一。一定的温湿度致使通风空调的设备滋生微生物，从而间接影响了室内的微生物污染水平。Chang 对空调通风管道中的真菌生长进行了研究，发现在相对湿度为 97%、干球温度为 21℃ 的环境下，6 周后风管中的真菌含量增加了 20 倍以上，这表明在适宜的生长环境下，微生物繁殖的速度十分惊人。细菌的可生长温度在 5~55℃ 之间，在 30~46℃ 范围内生长良好，细菌生长需要的相对湿度较大，在 55%~99% 之间；真菌的可生长温度在 5~45℃，在 22~30℃ 范围内生长活跃，真菌适合在湿度较大的环境下生长，环境相对湿度在 70%~99% 内生长活跃。

可以看到，空调系统的微生物于适宜的温湿度和丰富的营养物的条件下就可以生长得很快。但室内细菌气溶胶浓度可能与温度呈负相关，这仍需要更深入的研究来验证。

4.4.4　人员数量

人的存在可以增加室内的细菌气溶胶浓度并在建筑物内留下明显的人体微生物信号，人的行或跑的动作能扰动气溶胶，说话的时候会飞溅唾液，皮肤的代谢可以脱下皮屑。

Gunnar 等的实验说明了人能增加室内的细菌气溶胶浓度，其观察儿童进出环境舱前后的细菌气溶胶和真菌气溶胶的浓度变化。如图 4-28 所示，当儿童在舱内时，细菌气溶胶浓度明显增加，相比之下真菌气溶胶变幅不大，而儿童离开舱后，就算通风扬尘，细菌和真菌的气溶胶浓度均下降。

Heo 等研究了人数、活动类型与细菌气溶胶之间的关系。学生大厅的细菌气溶胶与人数呈正相关性（$R^2=0.9764$，$P<0.050$），而真菌气溶胶与人数之间无统计学意义（$R^2=0.78$，

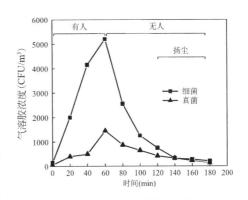

图 4-28　室内微生物气溶胶浓度的变化

$P.>0.05$）。在测试房间里，单个人的活动能增加细菌气溶胶浓度，其中说话这种呼吸剧

烈的动作会减少细菌气溶胶浓度。这可能是因为人类呼吸系统，包括口腔部位、喉和气管可以捕获一部分细菌生物气溶胶和普通颗粒，从而降低其浓度。另外，说话可能增加周围空气中的水分，这可能附着并增加吸湿性气溶胶颗粒的直径，从而增加高重力沉降速率。

Tseng 等认为办公室的主要室内活动是走动或者处理办公室工作，因此对于人的因素进行了简化，使用人员密度（人数/总面积）来进行表征。

Meadow 等使用基因测序的方法，研究 3 种主要的可能与人相关的细菌 OTU 属（操作分类单元），即棒状杆菌属、葡萄球菌属和不动杆菌属，发现这 3 种菌属在室内的丰富度比室外高。其中葡萄球菌属和不动杆菌属在室内有人时比没有人时的丰富度高。同时也表明，通风的策略和空气的来源比起人的存在，影响可能会更大。

Fang 等对北京 31 处住宅的室内可培养细菌气溶胶进行了调研。结果表明，儿童的性别和每人居住面积对细菌气溶胶浓度具有显著的影响。男性儿童要比女性儿童增加更多的细菌气溶胶浓度，而每人居住面积与细菌气溶胶浓度呈负相关。

以上研究都说明了人是室内细菌气溶胶的主要来源，这可能是由于人皮肤上的细菌脱落在空气中。

4.4.5　室内 CO_2 浓度

Hsu 等研究了总真菌浓度（TFC）和总细菌浓度（TBC）与 CO_2 的相关性。结果表明，TBC 与 CO_2 呈中等相关性（相关系数为 0.44），TFC 与 CO_2 呈弱相关性（相关系数为 0.16）。因此，TBC 浓度可能受到室内人体活动强度和换气次数的影响，这与本书前文的结论一致。

4.4.6　室内颗粒物污染

Willeke K 等在一本著作中写道，生物颗粒和非生物颗粒在空气中可以用类似的方式表现，并且因此对作用于其上的力以及影响它们的过程作出类似的响应。例如，相同大小的生物颗粒和非生物颗粒在空气中会表现出相似的动力学现象。再者，这两种粒子之间可能会发生相互作用，其中最有可能是由粒子碰撞导致的凝结。该过程既取决于颗粒浓度又取决于颗粒大小，并且取决于颗粒朝向彼此的扩散速率。例如，当一个高扩散系数的小颗粒扩散到一个大表面的较大颗粒时，这个过程会更快。而室内颗粒物浓度与微生物浓度的关系目前还没有明确的理论关系。

Hsu 等研究了总真菌浓度（TFC）和总细菌浓度（TBC）与 $PM_{2.5}$ 和 PM_{10} 的相关性。结果表明 TFC 对 $PM_{2.5}$ 和 PM_{10} 的相关性比 TBC 的更强，但相关性都不高，见表 4-5。

TBC 和 TFC 各自对 $PM_{2.5}$ 和 PM_{10} 的相关系数　　　　　　　　　　　　　　表 4-5

	室内 TBC	室内 TFC
$PM_{2.5}$	0.12	0.29
PM_{10}	0.08	0.27

Huang 等将颗粒细分成不同的粒径，分别研究了不同粒径下计重浓度（PM）和计数

浓度（PN）与细菌和真菌气溶胶浓度的相关性。得到的结果是：细菌与室内 $PM_{1\sim2.5}$ 中度相关，与室内 $PM_{2.5}$ 弱相关，与室内 $PM_{2.5\sim10}$ 中度相关，与 PM_{10} 弱相关；相关度最高的是 $PM_{2.5\sim10}$ 粗颗粒，因此大部分细菌可能分布在粗颗粒，小部分在细颗粒。真菌与室内 $PM_{1\sim2.5}$ 和 $PM_{2.5\sim10}$ 中度相关，与 PM_{10} 弱相关。另外，该研究还将 PN 划分不同的粒径。细菌气溶胶浓度与 $PN_{1.6\sim17.5}$ 和 $PN_{25\sim32}$ 从弱相关到强相关，真菌气溶胶浓度与 $PN_{1.6\sim2}$ 中度相关，与 $PN_{2\sim10}$ 和 $PN_{17.5\sim20}$ 为弱相关。而室内的生物气溶胶与室外的 PM 均无显著相关性。现只列出室内的有关数据，见表 4-6 和表 4-7。

分段粒径的颗粒计重浓度与生物气溶胶的相关系数 *R* 和 *P* 值　　　　　表 4-6

		室内细菌(CFU/m^3)		室内真菌(CFU/m^3)	
		R	*P*	*R*	*P*
室内 PM	$PM_{1.0}$	0.015	0.889	0.088	0.431
	$PM_{1-2.5}$	0.534*	0.000	0.549*	0.000
	$PM_{2.5}$	0.125	0.260	0.163	0.142
	$PM_{2.5-10}$	0.644*	0.000	0.483*	0.000
	PM_{10}	0.434*	0.000	0.346*	0.001

注：* $P<0.05$.

分段粒径的颗粒计数浓度与生物气溶胶的相关系数 *R* 和 *P* 值　　　　　表 4-7

不同粒径的颗粒物计数浓度	室内细菌(CFU/m^3)		室内真菌(CFU/m^3)	
	$R_{室内}$	$R_{室外}$	$R_{室内}$	$R_{室外}$
$PN_{1.6-2}$	0.364*	0.029	0.436*	−0.057
$PN_{2-2.5}$	0.495*	0.048	0.356*	0.046
$PN_{2.5-3}$	0.440*	0.087	0.037*	0.038
$PN_{3-3.5}$	0.359*	0.166	0.325*	0.082
$PN_{3.5-4}$	0.387*	0.086	0.335*	0.013
PN_{4-5}	0.301*	0.088	0.297*	0.041
$PN_{5-6.5}$	0.371*	0.079	0.340*	0.126
$PN_{6.5-7.5}$	0.388*	0.091	0.253*	0.101
$PN_{7.5-8.5}$	0.567*	0.146	0.311*	0.146
$PN_{8.5-10}$	0.625*	0.182	0.262*	0.213
$PN_{10-12.5}$	0.596*	0.391*	0.222	0.135
$PN_{12.5-15}$	0.557*	0.391*	0.185	0.335*
$PN_{15-17.5}$	0.592*	0.392*	0.085	0.251*
$PN_{17.5-20}$	0.219	0.257*	0.266*	−0.095
PN_{20-25}	0.227	0.179	0.146	0.094
PN_{25-30}	0.339*	0.230*	0.096	0.029
PN_{30-32}	0.233*	0.000	0.103	0.000
$PN_{>32}$	0.158	0.347*	−0.010	−0.096

注：* $P<0.05$.

从以上文献可以看到，不同空气动力学直径的非生命颗粒计重浓度与微生物气溶胶浓度的相关性存在差异，而不同研究者之间，由于采样地和采样仪器的不同，也存在着差异。不过可以确定的是，颗粒物浓度与微生物气溶胶浓度存在一定的相关性。

4.4.7　气流组织

通风对室内空气中微生物的影响主要体现在微生物的浓度分布、扩散传播以及控制效果上。从上一节内容可以看到，颗粒物和微生物存在相关性，不同气流组织对颗粒物浓度的影响可以作为对微生物浓度影响的参考。张海峰在室外非雾霾天状况下，对气流室内不同气流组织形式下的微生物气溶胶和细颗粒物（PM$_{2.5}$）进行了同步采样，研究了微生物气溶胶与大气细颗粒物的相关性。结果如表4-8所示：在侧面送风顶部排风的气流组织形式中，室内环境中细菌和真菌气溶胶浓度与大气细颗粒物 PM$_{2.5}$ 浓度呈现出相关性显著的关系；在侧面送风对门排风的气流组织形式中，室内环境中细菌、真菌微生物气溶胶浓度与大气细颗粒物 PM$_{2.5}$ 浓度呈现出相关性不显著的关系；在侧面送风底部排风的气流组织形式中，室内环境中细菌、真菌微生物气溶胶浓度与大气细颗粒物 PM$_{2.5}$ 浓度呈现出相关性不显著的关系。

不同气流组织类型下室内微生物气溶胶与 PM$_{2.5}$ 的拟合　　　　表4-8

气流组织类型	拟合方程	
	细菌	真菌
侧送门排	$Y=27.627X-2248.1, R^2=0.4303, P>0.05$	$Y=0.4142X-11.895, R^2=0.2802, P>0.05$
侧送底排	$Y=22.06X-1377.3, R^2=0.4751, P>0.05$	$Y=4.1088X-108.66, R^2=0.2898, P>0.05$
侧送顶排	$Y=10.107X-495.06, R^2=0.9665, P<0.05$	$Y=7.0376X-342.92, R^2=0.9304, P<0.05$

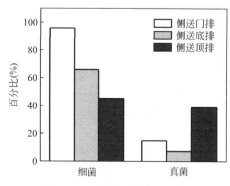

图 4-29　不同气流组织形式下
微生物浓度降低的百分比

对于不同气流组织形式下微生物浓度的变化，得出的结论如图4-29所示：3种不同气流组织形式下微生物浓度降低的百分比分别为：在细菌气溶胶上，侧送门排（95.8%）＞侧送底排（65.8%）＞侧送顶排（45.1%）；在真菌气溶胶上：侧送顶排（38.9%）＞侧送门排（14.8%）＞侧送底排（7.2%）。

在另一项研究中，张益昭等在生物安全模型实验室内进行微生物气溶胶发菌（菌种为枯草杆菌黑色芽孢菌种）实验，研究得出，气流对污染物的控制和排除作用明显，上送下排对污染物的排除效果明显优于上送上排，这与张海锋的结论相似。但实验菌种是真菌的话效果可能就不同了，由图4-29可知，气流组织形式对细菌的影响要比对真菌的影响要大。

丁研的研究表明，1~2μm 的微生物在室内环境中有良好的气流跟随性。在普通办公环境下，用自净时间和换气效率等指标对各形式的污染物去除能力进行评价，其中上送风、侧送风和下送风的3种气流组织形式中（均上回），下送风气流组织形式对室内环境的传染病防控有较好的效果。

以上研究没有对比不同系统下气流组织形式对室内微生物污染水平影响，不同建筑类型的室内气流组织形式与微生物污染水平相关性研究以及对比分析，也少有预测模型将气流组织形式作为自变量。细菌和真菌因为粒径的不同，跟随气流的程度不同，因此不同气流组织形式对这两者的影响不同。

本章参考文献

［1］ Bloomfield，Sally F. ，et al. The viable but non-culturable phenomenon explained？［J］. Microbiology，1998，144（1）：1-3.

［2］ Ariya，Parisa A. New directions：the role of bioaerosols in atmospheric chemistry and physics［J］. Atmospheric Environment，2004，38：1231-1232.

［3］ Mascher，Fabio，et al. The viable-but-nonculturable state induced by abiotic stress in the biocontrol agent Pseudomonas fluorescens CHA0 does not promote strain persistence in soil［J］. Applied and environmental microbiology，2000，66（4）：1662-1667.

［4］ Bigg，E. Keith，and Caroline Leck. The composition of fragments of bubbles bursting at the ocean surface［J］. Journal of Geophysical Research：Atmospheres，2008，113：D11.

［5］ Xu，Zhenqiang，et al. Bioaerosol science，technology，and engineering：past，present，and future［J］. Aerosol Science and Technology，2011，45（11）：1337-1349.

［6］ Douwes，J.，et al. Bioaerosol health effects and exposure assessment：progress and prospects［J］. The Annals of occupational hygiene，2003，47（3）：187-200.

［7］ Morris，Cindy E.，et al. Bioprecipitation：a feedback cycle linking Earth history，ecosystem dynamics and land use through biological ice nucleators in the atmosphere［J］. Global change biology，2014，20（2）：341-351.

［8］ Fröhlich-Nowoisky，Janine，et al. Bioaerosols in the Earth system：Climate，health，and ecosystem interactions［J］. Atmospheric Research，2016，182：346-376.

［9］ Boreson，Justin，Ann M. Dillner，and Jordan Peccia. Correlating bioaerosol load with $PM_{2.5}$ and PM_{10cf} concentrations：a comparison between natural desert and urban-fringe aerosols［J］. Atmospheric Environment，2004，38（35）：6029-6041.

［10］ Bowers，Robert M.，et al. Seasonal variability in airborne bacterial communities at a high-elevation site［J］. Atmospheric environment，2012，50：41-49.

［11］ Muldoon，Kathleen M.，and Steven M. Goodman. Ecological biogeography of Malagasy non-volant mammals：Community structure is correlated with habitat［J］. Journal of Biogeography，2010，37（6）：1144-1159.

［12］ McCluskey，C.，J. P. Quinn，and J. W. McGrath. An evaluation of three new-generation tetrazolium salts for the measurement of respiratory activity in activated sludge microorganisms［J］. Microbial ecology，2005，49（3）：379-387.

［13］ Zhan，Qiwei，and Chunxiang Qian. Depth evolution of mechanical properties of fugitive dust cemented by microbe cement based on carbon dioxide capture and utilisation［J］. Advances in Cement Research，2016，28（8）：494-502.

［14］ Zhang，Fang，et al. Dominance of picophytoplankton in the newly open surface water of the central Arctic Ocean［J］. Polar Biology，2015，38（7）：1081-1089.

［15］ Eckburg，Paul B.，et al. Diversity of the human intestinal microbial flora［J］. Science，2015，308

(5728)：1635-1638.

[16] Li，Jun，et al. Effects of soil fauna on microbial community structure in foliar litter during winter decomposition in an alpine meadow［J］. Chinese Journal of Applied and Environmental Biology，2016，22：27-34.

[17] Albrecht，Andreas，et al. Detection of airborne microbes in a composting facility by cultivation based and cultivation-independent methods［J］. Annals of Agricultural and Environmental Medicine，2007，14（1）.

[18] Han，Yunping，et al. Microbial structure and chemical components of aerosols caused by rotating brushes in a wastewater treatment plant［J］. Environmental Science and Pollution Research，2012，19（9）：4097-4108.

[19] Skotak，Krzysztof，et al. Carbonaceous aerosol. An indicator of the human activity impact on environment and health［J］. Przemysl Chemiczny，2016，95（3）：548-553.

[20] 于玺华. 现代空气微生物学［M］. 北京：人民军医出版社，2002.

[21] 方治国，等. 城市生态系统空气微生物群落研究进展［J］. 生态学报，2004，24（2）：315-322.

[22] Shaffer，B. T.，and B. Lighthart. Survey of culturable airborne bacteria at four diverse locations in Oregon：urban，rural，forest，and coastal［J］. Microbial ecology，1997，34（3）：167-177.

[23] Smets，Wenke，et al. Airborne bacteria in the atmosphere：presence，purpose，and potential［J］. Atmospheric Environment，2016，139：214-221.

[24] Bauer，Heidi，et al. Significant contributions of fungal spores to the organic carbon and to the aerosol mass balance of the urban atmospheric aerosol［J］. Atmospheric Environment，2008，42（22）：5542-5549.

[25] Grobéty，Bernard，et al. Airborne particles in the urban environment［J］. Elements，2010，6（4）：229-234.

[26] Jamriska，Milan，Timothy C. DuBois，and Alex Skvortsov. Statistical characterisation of bio-aerosol background in an urban environment［J］. Atmospheric Environment，2012，54：439-448.

[27] Saari，Sampo，et al. Seasonal and diurnal variations of fluorescent bioaerosol concentration and size distribution in the urban environment［J］. Aerosol and Air Quality Research，2015，15（2）：572-581.

[28] Zhong，Xi，et al. Seasonal distribution of microbial activity in bioaerosols in the outdoor environment of the Qingdao coastal region［J］. Atmospheric Environment，2016，140：506-513.

[29] Dong，Lijie，et al. Concentration and size distribution of total airborne microbes in hazy and foggy weather［J］. Science of the Total Environment，2016，541：1011-1018.

[30] Li，Yanpeng，et al. Concentrations and size distributions of viable bioaerosols under various weather conditions in a typical semi-arid city of Northwest China［J］. Journal of Aerosol Science，2017，106：83-92.

[31] Xie，Zhengsheng，et al. Characteristics of total airborne microbes at various air quality levels［J］. Journal of Aerosol Science，2018，116：57-65.

[32] Bowers，Robert M.，et al. Seasonal variability in bacterial and fungal diversity of the near-surface atmosphere［J］. Environmental science & technology，2013，47（21）：12097-12106.

[33] Haas，Doris，et al. The concentrations of culturable microorganisms in relation to particulate matter in urban air［J］. Atmospheric Environment，2013，65：215-222.

[34] Xie，Zhengsheng，et al. Characteristics of ambient bioaerosols during haze episodes in China：A review［J］. Environmental Pollution，2018，243：1930-1942.

［35］ Ho，Hsiao-Man，et al. Characteristics and determinants of ambient fungal spores in Hualien ［J］. Atmospheric Environment，2005，39（32）：5839-5850.

［36］ Wu，Yi-Hua，et al. Characteristics，determinants，and spatial variations of ambient fungal levels in the subtropical Taipei metropolis ［J］. Atmospheric Environment，2007，41（12）：2500-2509.

［37］ Fang，Zhiguo，et al. Culturable airborne fungi in outdoor environments in Beijing，China ［J］. Science of the Total Environment，2005，350：47-58.

［38］ Fang，Zhiguo，et al. Concentration and size distribution of culturable airborne microorganisms in outdoor environments in Beijing，China ［J］. Aerosol Science and Technology，2008，42（5）：325-334.

［39］ Li，Mengfei，et al. Concentration and size distribution of bioaerosols in an outdoor environment in the Qingdao coastal region ［J］. Science of the Total Environment，2011，409（19）：3812-3819.

［40］ C. Cao，W. J. Jiang，B. Y. Wang，J. H. Fang，J. D. Lang，G. Tian，et al.，Inhalable Microorganisms in Beijing's $PM_{2.5}$ and PM_{10} Pollutants during a Severe Smog Event ［J］. Environmental Science & Technology，2014，48：1499-1507.

［41］ Y. Zhai，X. Li，T. Wang，B. Wang，C. Li，and G. Zeng. A review on airborne microorganisms in particulate matters：Composition，characteristics and influence factors ［J］. Environ Int，2018，113：74-90.

［42］ C. Humbal，S. Gautam，and U. Trivedi. A review on recent progress in observations，and health effects of bioaerosols ［J］. Environ Int，2018，118：189-193.

［43］ World Health Organisation（WHO）. WHO guidelines for indoor air quality：dampness and mould ［S］. 2009.

［44］ Z. Yang，H. Qian，X. Zheng，C. Huang，Y. Zhang，M. Zhang，et al.. Residential risk factors for childhood pneumonia：A cross-sectional study in eight cities of China ［J］. Environment International，2018，116：83-91.

［45］ T. Wang，Z. Zhao，H. Yao，S. Wang，D. Norback，J. Chen，et al.. Housing characteristics and indoor environment in relation to children's asthma，allergic diseases and pneumonia in Urumqi，China ［J］. Chinese Science Bulletin，2013，58：4237-4244.

［46］ Z. Zhao，X. Zhang，R. Liu，D. Norback，G. Wieslander，J. Chen，et al.. Prenatal and early life home environment exposure in relation to preschool children's asthma，allergic rhinitis and eczema in Taiyuan，China ［J］. Chinese Science Bulletin，2013，58：4245-4251.

［47］ 王桂芳，陈烈贤，宋瑞金，韩克勤，史黎薇，井海宁，等，办公室内空气污染的调查 ［J］. 环境与健康，2000，3：156-157.

［48］ S. Dong and M. Yao. Exposure assessment in Beijing，China：biological agents，ultrafine particles，and lead ［J］. Environmental Monitoring & Assessment，2010，170：331-343.

［49］ 王静，郝卫增，冀志江，常佩顺，丁楠，王凤青，等. 对几种建筑室内环境微生物测试与分析 ［J］. 中国建材科技，2009，18：60-62，116.

［50］ 赵安乐，郭玉明，吴双，王辉，向往，董巍，等. 某高校教室和学生宿舍空气细菌污染情况调查 ［J］. 环境与健康，2009，26：512-513.

［51］ 徐莉，赵媛，严盼，于孟斌，齐丽红，陈高云，校园空气微生物气溶胶中可培养菌多样性初步研究 ［C］. //2012 中国环境科学学会学术年会，2012.

［52］ 王智. 不同功能建筑室内微生物浓度水平及相关参数影响研究 ［D］. 北京：北京建筑大学，2019.

［53］ 袁玉兰，朱乃燕. 北京市东直门外地区普通居民室内霉菌污染状况调查 ［J］. 疾病监测，2003，18（11）：433-435.

[54] 栗建林，邢志敏，王宗惠，张鹏，李爱琴，刘建中 . 常年性过敏性鼻炎患者居室内生物污染调查 [J]. 环境与健康，2005，4：269-270.

[55] 许晓玲 . 北京市居室空气微生物污染状况分析 [J]. 实用预防医学，2004，11（3）：547-548.

[56] 方治国，欧阳志云，刘芃，孙力，王小勇 . 城市居家环境空气细菌群落结构特征 [J]. 中国环境科学，2014，34：2669-2675.

[57] 方治国，欧阳志云，刘芃，孙力，王小勇 . 城市居家环境空气真菌群落结构特征研究 [J]. 环境科学，2013，34：2031-2037.

[58] S. C. Lee, W. M. Li, and C. H. Ao. Investigation of indoor air quality at residential homes in Hong Kong-case study [J]. Atmospheric Environment，2002，36：225-237.

[59] Y. Lv，Z. M. Wang，T. K. Zhao，B. L. Fu，B. Chen，J. C. Xie，et al . Indoor environment in children's dwellings in Dalian and Beijing, China [J]. Science and Technology for the Built Environment，2019，25：373-386.

[60] 陈新宇，毕新慧，盛国英，傅家谟，李冰，广州市秋季室内外大气中细菌气溶胶粒径分布特征 [J]. 中国热带医学，2008，8（2）：201-203.

[61] 陈新宇，徐巧兰，李名钊，温倩茹，谢华凤，马婧，等 . 撞击法和自然沉降法监测室内空气细菌总数捕获效果的研究 [J]. 中国热带医学，2007，7（3）：282-284.

[62] A. K. Y. Law, C. K. Chau, and G. Y. S. Chan. Characteristics of bioaerosol profile in office buildings in Hong Kong [J]. Building & Environment，2001，36：527-541.

[63] L. T. Wong，W. Y. Chan，K. W. Mui，and P. S. Hui [J]. An assessment of airborne fungi exposure risk level in air-conditioned offices [J]. Indoor & Built Environment，2009，18：553-561.

[64] L. T. Wong，K. W. Mui，P. S. Hui，W. Y. Chan，and A. K. Y. Law. Thermal environmental interference with airborne bacteria and fungi levels in air-conditioned offices [J]. Indoor and Built Environment，2008，17：122-127.

[65] L. T. Wong，K. W. Mui，and P. S. Hui. A statistical model for characterizing common air pollutants in air-conditioned offices [J]. Atmospheric Environment，v2006，40：4246-4257.

[66] S. C. Lee，H. Guo，W. M. Li，and L. Y. Chan. Inter-comparison of air pollutant concentrations in different indoor environments in Hong Kong [J]. Atmospheric Environment，2002，36：1929-1940.

[67] P. S. Hui，L. T. Wong，K. W. Mui，and K. Y. Law. Survey of unsatisfactory levels of airborne bacteria in air-conditioned offices [J]. Indoor and Built Environment，2007，16：130-138.

[68] D. W. T. Chan，P. H. M. Leung，C. S. Y. Tam，and A. P. Jones. Survey of airborne bacterial genus at a university campus [J]. Indoor and Built Environment，v2008，17：460-466.

[69] S. C. Lee and M. Chang. Indoor and outdoor air quality investigation at schools in Hong Kong [J]. Chemosphere，2000，41：109-113.

[70] S. C. Lee，M. Chang，and K. Y. Chan. Indoor and outdoor air quality investigation at six residential buildings in Hong Kong [J]. Environment International，1999，25：489-496.

[71] W. H. Leung，H. Y. Lai，and L. Vrijmoed. A comparison of indoor microbes in two old folks home with different ventilation system. [C] //第十届室内空气品质和质量国际学术会议，2005.

[72] K. M. Lai，K. M. Lee，and W. Yu. Air and hygiene quality in crowded housing environments-a case study of subdivided units in Hong Kong [J]. Indoor and Built Environment，2017，26：32-43.

[73] 张紫辰，孙贤波 . 校园室内环境空气中细菌总数的测定 [C]. //上海市化学化工学会 2010 年度学术年会，2010.

[74] L. U. Rongchun，J. Cai，C. Huang，Z. Zou，W. Liu，L. Shen，et al . Indoor Air Quality of Typical

Residences in Shanghai City: Preliminary Results from On-Site Measurement. [C] //Proceedings of the 11th International Conference on Industrial Ventilation, 2015.

[75] 胡庆轩, 鹿建春, 刘敏霞, 车凤翔, 蔡增林, 鲁志新, 等. 沈阳市某办公室内空气细菌粒子的研究 [J]. 环保科技, 1994, 16 (2): 1-5.

[76] 胡庆轩, 蔡增林. 室内空气中微生物粒子沉降量与其浓度的关系 [J]. 中国消毒学杂志, 1996, 13 (3): 151-155.

[77] 喻道军, 叶丽杰, 程明, 李鼎, 杨硕铎, 郑世野. 大学校园空气微生物污染调查 [J]. 预防医学情报杂志, 2011, 27: 766-769.

[78] 喻道军, 叶丽杰, 程明, 李鼎, 杨硕铎, 郑世野. 校园空气微生物浓度的监测与分析 [J]. 微生物学杂志, 2011, 31: 102-105.

[79] P. C. Wu, Y. Y. Li, C. M. Chiang, C. Y. Huang, C. C. Lee, F. C. Li, et al. . Changing microbial concentrations are associated with ventilation performance in Taiwan's air-conditioned office buildings [J]. Indoor Air, 2005, 15: 19-26.

[80] C. S. Li and C. W. Hsu. Indoor pollution and sick building syndrome symptoms among workers in day-care centers [J]. Journal of Aerosol Science, 1997, 52: 200-207.

[81] K. J. Hsien, T. W. Yi, C. H. Yi, T. N. Wu, and S. B. Wen. Indoor Air Quality Investigation of Public Sites in Isolated Islands within Taiwan Strait [J]. Applied Mechanics & Materials, 2012, 209-211: 1576-1579.

[82] H. J. J. Su, P. C. Wu, and C. Y. Lin. Fungal exposure of children at homes and schools: A health perspective [J]. Archives of Environmental Health, 2001, 56: 144-149.

[83] Y. C. Tsao and Y. H. Hwang. Impact of a water-damaged indoor environment on kindergarten student absences due to upper respiratory infection [J]. Building and Environment, 2013, 64: 1-6.

[84] C. C. Wang and G. C. Fang. Airborne Microorganisms at a Senior High School in Chang-Hua County [J]. Environmental Forensics, 2011, 12: 305-311.

[85] H. J. Su, P. C. Wu, and H. P. Chien. Levels of Indoor Airborne Microbes Associated with Ventilation Efficiency in Naturally-Ventilated Residences [J]. International Journal of Ventilation, 2011, 5: 313-321.

[86] X. Lou, Z. Fang, and C. Gong. Assessment of culturable airborne fungi in a university campus in Hangzhou, southeast China [J]. African Journal of Microbiology Research, 2012, 16 (6): 1197-1205.

[87] X. Lou, Z. Fang, and G. Si. Assessment of culturable airborne bacteria in a university campus in Hangzhou, Southeast of China [J]. African Journal of Microbiology Research, 2012, 23 (6): 665-673.

[88] 郝翠梅. 杭州市居家空气可培养微生物特征研究 [D]. 杭州: 浙江工商大学, 2015.

[89] 吴彦领. 三门峡市部分学校室内微小气候卫生学调查 [J]. 中国学校卫生, 2002, 23 (5): 476.

[90] 隋少峰, 刘志艳, 李莉, 黄东海. 山东省2所高校新校区教室环境质量评价 [J]. 中国学校卫生, 2006, 26 (5): 422-423.

[91] 刘蒙昊. 教室内空气中的细菌监测与分析 [J]. 科技展望, 2016, 26: 262, 324.

[92] Y. Li, W. Wang, X. Guo, T. Wang, H. Fu, Y. Zhao, et al. . Assessment of Airborne Bacteria and Fungi in Various University Indoor Environments: A Case Study in Chang'an University, China [J]. Environmental Engineering Science, 2015, 32: 273-283.

[93] 郭霄, 李彦鹏, 张燕茹. 西安市校园室内环境空气细菌和真菌的污染特性 [C]. //2013中国环境科学学会学术年会, 2013.

[94]　张燕茹. 校园环境微生物气溶胶的分布特征研究 [D]. 西安：长安大学，2013.

[95]　D. Guan，C. Guo，Y. Li，H. Lv，and X. Yu. Study on the Concentration and Distribution of the Airborne Bacteria in Indoor Air in the Lecture Theatres at Tianjin Chengjian University，China [J]. Procedia Engineering，2015，121：33-36.

[96]　孙宗科，康怀雄，申志新，李素红，吴建荣，唐建红，等. 南方和北方城市住宅室内空气微生物调查 [J]. 环境与健康杂志，2011，28：130-132.

[97]　任莉. 哈局铁路乘务员公寓环境质量及卫生设施卫生学调查 [J]. 中国卫生工程学，1999，1：3-5.

[98]　徐业林，俞家玲，徐正厚. 农村住宅室内空气污染现状与卫生学评价的研究 [J]. 中国卫生工程学，2008，7 (1)：9-11.

[99]　Z. Xie，C. Fan，R. Lu，P. Liu，B. Wang，S. Du，et al. . Characteristics of ambient bioaerosols during haze episodes in China：A review [J]. Environmental Pollution，2018，243：1930-1942.

[100]　J. Madureira，L. Aguiar，C. Pereira，A. Mendes，M. M. Querido，P. Neves，et al. . Indoor exposure to bioaerosol particles：levels and implications for inhalation dose rates in schoolchildren [J]. Air Quality Atmosphere and Health，2018，11：955-964.

[101]　F. C. Tsai and J. M. Macher. Concentrations of airborne culturable bacteria in 100 large US office buildings from the BASE study [J]. Indoor Air，2005，15：71-81.

[102]　D. Y. Lai，S. S. Jia，Y. Qi，and J. J. Liu. Window-opening behavior in Chinese residential buildings across different climate zones [J]. Building and Environment，2018，142：234-243.

[103]　Klepeis N. E，Nelson W. C，Ott W. R，et al. The National Human Activity Pattern Survey (NHAPS)：a resource for assessing exposure to environmental pollutants [J]. J Expo Anal Environ Epidemiol，2001，11 (3)：231-252.

[104]　Srikanth P，Sudharsanam S，Steinberg R. Bio-aerosols in indoor environment：composition，health effects and analysis [J]. Indian Journal of Medical Microbiology，2008，26 (4)：302.

[105]　Cox C. S，Wathes C. M. Bioaerosols handbook [M]. New York：Lewis Publishers (CRC Press)，1995.

[106]　Mandal J，Brandl H. Bioaerosols in Indoor Environment-A Review with Special Reference to Residential and Occupational Locations [J]. Open Environmental & Biological Monitoring Journal，2011，4 (1)：83-96.

[107]　Portnoy J. M，Kwak K，Dowling P，et al. Health effects of indoor fungi [J]. Ann Allergy Asthma Immunol，2005，94 (3)：313-320.

[108]　ACGIH. Threshold limit values (TLVs) for chemical substances and physical agents and biological exposure indices (BEIs) [M]. USA，2009.

[109]　Bhangar S，Adams R. I，Pasut W，et al. Chamber bioaerosol study：human emissions of size - resolved fluorescent biological aerosol particles [J]. Indoor Air，2016，26 (2)：193.

[110]　Xu Z，Wu Y，Shen F，et al. Bioaerosol Science，Technology，and Engineering：Past，Present，and Future [J]. Aerosol Science & Technology，2011，45 (11)：1337-1349.

[111]　Prussin A. J，Marr L. C. Sources of airborne microorganisms in the built environment [J]. Microbiome，2015，3 (1)：78.

[112]　Zhu H，Phelan P，Duan T，et al. Characterizations and relationships between outdoor and indoor bioaerosols in an office building [J]. China Particuology，2003，1 (3)：119-123.

[113]　Lee T，Grinshpun S. A，Martuzevicius D，et al. Culturability and concentration of indoor and outdoor airborne fungi in six single-family homes [J]. Atmospheric Environment，2006，40 (16)：2902.

［114］ Adams R. I，Miletto M，Taylor J. W，et al. Dispersal in microbes：fungi in indoor air are domina-ted by outdoor air and show dispersal limitation at short distances ［J］. Isme Journal，2013，7 (7)：1262-1273.

［115］ Meadow J. F，Altrichter A. E，Kembel S. W，et al. Indoor airborne bacterial communities are in-fluenced by ventilation，occupancy，and outdoor air source ［J］. Indoor Air，2014，24 (1)：41.

［116］ Burge H. A，Pierson D. L，Groves T. O，et al. Dynamics of airborne fungal populations in a large office building ［J］. Current Microbiology，2000，40 (1)：10-16.

［117］ Kim K. Y，Chi N. K. Airborne microbiological characteristics in public buildings of Korea ［J］. Building & Environment，2007，42 (5)：2188-2196.

［118］ Lee J. H，Jo W. K. Characteristics of indoor and outdoor bioaerosols at Korean high-rise apartment buildings ［J］. Environmental Research，2006，101 (1)：11-17.

［119］ 方治国，黄闯，楼秀芹，等. 南方典型旅游城市空气微生物特征研究 ［J］. 中国环境科学，2017，37 (8)：2840-2847.

［120］ 曹国庆，张益昭. 通风与空气过滤对控制室内生物污染的影响研究 ［J］. 土木建筑与环境工程，2009，31 (1)：130-135.

［121］ 张海峰. 气流组织形式对室内微生物气溶胶浓度的影响 ［D］. 西安：长安大学，2015.

［122］ Frankel M，Bekö G，Timm M，et al. Seasonal Variations of Indoor Microbial Exposures and Their Relation to Temperature，Relative Humidity，and Air Exchange Rate ［J］. Applied & Environ-mental Microbiology，2012，78 (23)：8289-8297.

［123］ Wu P. C，Li Y. Y，Chiang C. M，et al. Changing microbial concentrations are associated with ven-tilation performance in Taiwan's air-conditioned office buildings ［J］. Indoor Air，2005，15 (1)：19-26.

［124］ 丁力行，查潇，邓开野，等. 某空调系统室内空气微生物湿处理特性及失活动力学模型 ［J］. 制冷与空调，2015，15 (10)：90-94.

［125］ Mui K. W，Wong L. T，Hui P. S. Risks of unsatisfactory airborne bacteria level in air-conditioned offices of subtropical climates ［J］. Building & Environment，2008，43 (4)：475-479.

［126］ Law Anthony K. Y，Chau C. K，Chan Gilbert Y. S. Characteristics of bioaerosol profile in office buildings in Hong Kong ［J］. Building & Environment，2001，36 (4)：527-541.

［127］ Chang J C. S，Foarde K. K，Vanosdell D. W. Assessment of fungal (Penicillium chrysogenum) growth on three HVAC duct materials ［J］. Environment International，1996，22 (4)：425-431.

［128］ 严汉彬，丁力行. 控制空调系统微生物污染的温湿度条件分析 ［J］. 制冷与空调，2011，11 (2)：14-17.

［129］ Goh I，Obbard J P，Viswanathan S，et al. Airborne bacteria and fungal spores in the indoor envi-ronment a case study in Singapore ［J］. Acta Biotechnologica，2000，20 (1)：67-73.

［130］ Hospodsky D，Qian J，Nazaroff W. W，et al. Human Occupancy as a Source of Indoor Airborne Bacteria ［J］. Plos One，2012，7 (4)：1-10.

［131］ Qian J，Hospodsky D，Yamamoto N，et al. Size-resolved emission rates of airborne bacteria and fungi in an occupied classroom ［J］. Indoor Air，2012，22 (4)：339.

［132］ Lundqvist G. R，Aalykke C，Bonde G. J. Evaluation of children as sources of bioaerosols in a cli-mate chamber study ［J］. Environment International，1990，16 (3)：213-218.

［133］ Heo K. J，Lim C. E，Kim H. B，et al. Effects of human activities on concentrations of culturable bioaerosols in indoor air environments ［J］. Journal of Aerosol Science，2017，104：58-65.

［134］ Tseng C. H，Wang H. C，Xiao N. Y，et al. Examining the feasibility of prediction models by monitoring data and management data for bioaerosols inside office buildings [J]. Building & Environment，2011，46（12）：2578-2589.

[135] Fang Z. Characteristic and Concentration Distribution of Culturable Airborne Bacteria in Residential Environments in Beijing, China [J]. Aerosol and Air Quality Research，2014，14：943-953.

[136] Kulkarni P，Baron P. A，willeke K. Aerosol Measurement：Principles，Techniques，and Applications，Third Edition [M]. Van Nostrand Reinhold，2011.

[137] Mirhoseini S. H，Nikaeen M，Satoh K，et al. Assessment of Airborne Particles in Indoor Environments：Applicability of Particle Counting for Prediction of Bioaerosol Concentrations [J]. Aerosol and Air Quality Research，2016，16（8）：1903-1910.

[138] Hsu Y. C. Characterization of Indoor-AirBioaerosols in Southern Taiwan [J]. Aerosol and Air Quality Research，2012，16：651-661.

[139] Huang H. L，Lee M. Q，Shih H. W. Assessment of Indoor Bioaerosols in Public Spaces by Real-time Measured Airborne Particles [J]. Aerosol & Air Quality Research，2017，17（9）：2276-2288.

[140] 陈卫中，楼晓明，任丽华，等. 2011 年浙江省公共场所集中空调通风系统污染状况分析 [J]. 中国卫生检验杂志，2012，10）：2477-2478.

[141] Murakami S，Kato S，Nagano S，et al. Diffusion characteristics of airborne particles with gravitational settling in a convection-dominant door flow field [J]. Ashrae Transactions，1992，98：82-97.

[142] Pereira M. L，Graudenz G，Tribess A，et al. Determination of particle concentration in the breathing zone for four different types of office ventilation systems [J]. Building & Environment，2009，44（5）：904-911.

[143] 张益昭，于玺华，曹国庆，等. 生物安全实验室气流组织形式的实验研究 [J]. 暖通空调，2006，36（11）：1-7.

[144] 丁研. 送风气流形式对于室内生物污染物传播的影响研究 [D]. 天津：天津大学，2012.

[145] Green C. F，Scarpino P. V，Gibbs S. G. Assessment and modeling of indoor fungal and bacterial bioaerosol concentrations [J]. Aerobiologia，2003，19（3/4）：159-169.

[146] Mui K. W，Wong L. T，Hui P. S. Risks of unsatisfactory airborne bacteria level in air-conditioned offices of subtropical climates [J]. Building and Environment，2008，43（4）：475-479.

[147] Liu Z，Ma S，Cao G，et al. Distribution characteristics，growth，reproduction and transmission modes and control strategies for microbial contamination in HVAC systems：A literature review [J]. Energy and Buildings，2018，177：77-95.

第5章 围护结构防潮抑菌控制技术

5.1 建筑围护结构传热传湿机理

水在建筑围护结构内的传递和储存对于建筑围护结构的热工性能及湿相关问题（如结露、发霉等）影响较大。目前所使用的大多数建筑材料，如钢筋混凝土、蒸汽加压混凝土以及水泥砂浆等，均属于多孔介质材料。多孔介质是指由固体物质组成的骨架和由骨架分隔成大量密集成群的微小空隙所构成的物质。多孔介质内的微小空隙可能是互相连通的，也可能是部分连通、部分不连通的。

基于统计意义上的平均理论，可以近似认为圆柱状毛细模型适用于多孔材料。如图 5-1 为多孔介质中的湿传递示意图，湿分以蒸汽和液态两种形式存在于多孔介质。一般情况下，干燥材料内部无湿分存在，当材料被置于湿环境中时，水蒸气和液态水会通过孔隙进入材料内部。但由于孔隙中的空气无法完全被排出，因此此时材料无法达到完全饱和状态，这种状态称为毛细饱和状态。只有当材料外界存在一定压力时，才能将困在材料内部的空气完全排出，达到完全饱和状态。

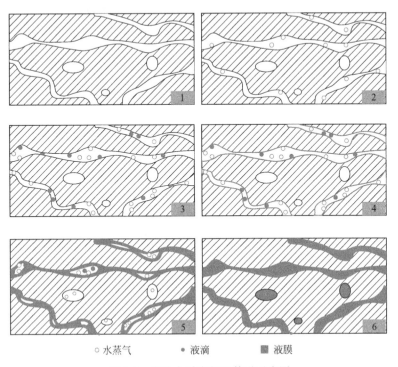

○ 水蒸气　　　● 液滴　　　■ 液膜

图 5-1 多孔介质内部湿传递示意图

5.1.1　多孔介质热湿特性

在探讨多孔介质热湿传递机理之前，首先需要对多孔介质材料自身的热湿特性有所了解。根据目前诸多学者的研究总结，影响多孔介质热湿传递的物性参数主要可以分为材料的基本物性参数，包括表观密度、孔隙率、比热容、导热系数以及水蒸气扩散阻力因子。除此以外，为了表征多孔介质在传热传湿过程中的状态，还需要引入一些热湿扩展参数，包括材料的容湿曲线（平衡含水量曲线）、材料吸湿系数、材料吸湿和扩散过程的液体传递系数等。基本的物性参数如表观密度、孔隙率、导热系数以及比热容等在研究材料特性时较为常见，本书不做赘述。仅针对水蒸气扩散阻力因子以及热湿扩展参数的含义及测试方法作如下阐释。

1. 水蒸气扩散阻力因子

水蒸气扩散阻力因子是用来描述水蒸气在多孔介质中传递时较其在空气中传递时所受到的阻力差异大小。水蒸气在空气中的扩散可用式（5-1）来描述：

$$g_v = -\delta \cdot \frac{\mathrm{d}p}{\mathrm{d}x} \tag{5-1}$$

式中　g_v——水蒸气流量密度，$\mathrm{kg/(m^2 \cdot s)}$；

　　　δ——空气中水蒸气扩散系数，$\mathrm{kg/(m \cdot s \cdot Pa)}$。

δ 的值取决于周围空气温度及环境压力，可以通过 Kunzel 提出的 $\delta = 2.0 \times 10^{-7} \times T^{0.81}/P_L$ 简化计算得到，其中 T（K）和 P_L（Pa）分别指环境温度和环境压力，在建筑物理学中，这个值的大小一般可以近似为 $2 \times 10^{-10} \mathrm{kg/(m \cdot s \cdot Pa)}$。

在多孔介质建筑材料中，水蒸气也会在孔隙中发生扩散，但是由于受到孔壁的吸附作用以及孔隙弯曲处的阻碍作用，其传播相比于在空气中会受到一定的阻碍，因此引入水蒸气扩散阻力因子 μ 来描述其传播受到的阻碍情况，即：

$$g_v = -\frac{\delta}{\mu} \cdot \frac{\mathrm{d}p}{\mathrm{d}x} \tag{5-2}$$

此处保留 δ 作为一个独立参数，这样式（5-2）中 δ 已经包含了水蒸气传播与温度和压力的关系，即水蒸气扩散阻力因子 μ 是一个与温度和压力无关的参数，仅取决于材料本身。

水蒸气扩散阻力因子可以根据标准 EN ISO 12572 中给出的干湿杯法进行测量。其中干杯法是将被测样品封装在带有干燥剂的试验盘的开口上，然后放入恒温恒湿的环境舱内，定时称重以得到水蒸气通过样品进入干燥剂的速度。而湿杯法杯子内部装有适量的蒸馏水，同样是通过称重来得到蒸发的水通过样品达到环境舱的速度。干湿杯法的测试原理图如图 5-2 所示。

一般情况下，采用干杯法测得的数值代表材料在平均相对湿度为 0～50% 内平均水蒸气渗透系数，而湿杯法测得的数值代表材料在平均相对湿度为 50%～100% 内平均水蒸气渗透系数，理想情况下二者数值应该相同。但是需要注意的是，在不同的湿度水平下（干杯和湿杯）测得的 μ 值可能稍有差异。这是由于在高湿度情况下，部分液体形式的扩散可能无法从蒸汽扩散中剥离开来，从而宏观表现为蒸汽扩散阻力的降低，即测得较低的 μ 值。大量的案例表明，在实际的热湿耦合计算中，可以忽略这种差异，将 μ 作

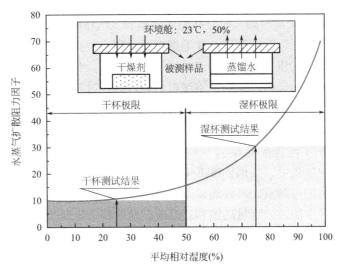

图 5-2 干湿杯法测水蒸气扩散阻力因子原理图

定值处理。

2. 容湿曲线（等温吸附曲线）

建筑材料根据吸湿性能可分为吸湿性材料和非吸湿性材料。对于吸湿材料，其吸湿过程如图 5-1 所示。当材料与湿空气发生接触时，水分子会在孔壁上聚集，直到与孔隙内空气的相对湿度达到特定的平衡状态。在这种情况下，如果材料由于毛细压力的作用吸收了其中的液态水分，那么称这类材料为毛细材料。在毛细力作用下，材料不断吸收液态水直至毛细饱和状态。当多孔介质的孔隙完全被液态水填充，则介质达到最大饱和。当材料含湿量低至孔隙内的毛细传导现象不再发生，则该含水量为临界含湿量。基于此，可以将多孔介质材料的吸湿过程分为三个过程：首先为吸湿过程，即介质从周围环境中吸取水分，使自身从完全干燥状态达到临界含水量；紧接着，由于毛细力作用，介质含湿量快速增加至毛细饱和，此过程为毛细过程；最后从毛细饱和达到最大饱和的过程称为过饱和过程，这时介质内的相对湿度维持在 100%，不再有毛细力作用。

结合多孔介质材料的容湿曲线进行分析（图 5-3），在吸湿过程中，孔隙空气中的水分子通过吸附作用与孔壁结合。随着相对湿度的增加，水分子集聚形成分子基团，分子基团间相互作用形成单分子层，覆盖在孔壁上。水分子的集聚导致单分子层不断形成，最终形成多个单分子层组成的多分子膜状。此过程中，吸附水分子的数量一方面由孔隙中的绝对湿度决定，水蒸气的浓度越大，孔壁处的撞击速率越大，因此吸附速率越大。另一方面，由于较高的温度会导致较高的解吸速率。由于这两个因素的作用效果相互抵

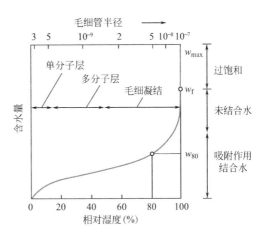

图 5-3 多孔介质材料容湿曲线

消，因此平衡含湿量主要由它们的比例决定，即平衡含湿量取决于孔隙中空气的相对湿度。当相对湿度增加至 $60\%\sim80\%$ 时，孔隙中的饱和蒸汽压降低，导致附加水分凝结，材料的含水量显著增加，此即毛细作用。在毛细作用过程中，孔隙中的水分冷凝蒸发，直至孔隙弯曲面处的饱和蒸汽压与孔隙中的相对湿度达到平衡。此时孔隙中不仅有被孔壁吸附和约束的水分，还有未结合的液态水。毛细材料经过吸湿过程和毛细过程到达其自由饱和含水量 w_f，其值相当于毛细材料相对湿度达到 100% 时材料的含水量。然而由于孔隙结构中存在气穴，自由饱和含水量 w_f 将小于其最大含水量 w_{max}。另一个参考标准数值是考量相对湿度为 80% 时的实际含水量 w_{80}。

多孔材料的容湿曲线可以根据标准 EN ISO 12571 和标准 ASTM C1498-04a 中规定的干燥皿法和环境舱法进行测量。两种测试方法的主要差别在于环境温度和相对湿度的控制精度。前者在干燥皿中加入一定量的饱和盐溶液，然后将干燥皿置于恒温小室内，来维持不同的相对湿度。干燥皿内的温度波动范围的标准推荐值为 $\pm0.1℃$ 以内，并且最大波动范围不应超过 $\pm0.5℃$。后者对环境舱的温度控制精度要求为：温度波动范围在 $\pm0.5℃$ 以内；而相对湿度的控制精度要求为：在整个相对湿度范围内相对湿度的波动幅度在 $\pm3\%$ 以内。这两种测试方法相对费时，因此目前也存在如吸附微量天平法等可以快速测试材料等温吸附曲线的方法。

3. 吸水系数 A_w、液体传输系数 D_w

当多孔材料与水直接接触时，液态水通过接触表面扩散并进入材料内部，一般可以用

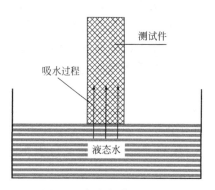

图 5-4　多孔介质吸水过程

吸水系数来描述多孔材料的吸水能力。根据多孔介质不饱和渗透理论，在达到饱和之前，多孔介质吸水系数与时间的平方根 $\sqrt{t}$ 呈线性关系。图 5-4 为多孔介质吸水实验过程，则吸水系数定义为：

$$A_w = \frac{\Delta m}{A\sqrt{t}} = \frac{m_t - m_0}{A\sqrt{t}} \tag{5-3}$$

式中　Δm —— t 时间内测试件的质量变化量；
　　　A ——测试件与水的接触面积。

而根据 Kunzel 提出的理论，毛细多孔材料在吸水和水分传输过程中，主要是依靠毛细力来进行液体传输，虽然它本质上是一种对流现象，但是在建筑物理学的背景下，可以将孔隙中的液体传输看作是扩散现象。因此基于 Fick 扩散理论，对于各向同性的材料，单位面积液体传输系数与水分浓度梯度成正比，即：

$$g_w = -D_w(w) \cdot \text{grad}w \tag{5-4}$$

式中　g_w ——水扩散率，$kg/(m^2 \cdot s)$；
　　　w ——材料的体积含水量，kg/m^2；
　　　D_w ——液体传输系数，m^2/s。

液体传输系数的值通常依赖于含水量，它不是一个纯粹的材料属性，取决于材料以及边界条件。根据情况的不同，将液体传输系数 D_w 分为液体传输系数（吸湿）D_{ws} 和液体

传输系数（在分布）D_{ww}。其中 D_{ws} 用来描述介质表面完全湿润时，介质中的孔隙由于毛细作用对水的吸收。此时，吸收的主体是较大的毛细管，因为此时的流动阻力较小，因此较小的毛细力就足以满足水分传输的需求。D_{ww} 描述的是当介质材料完成对水分的吸收后，由于介质内孔隙孔径的差异，即这些孔径具有不同大小的毛细力作用，此时，较小的毛细管由于毛细力较大将从较大的毛细管中抽取水分。从介质整体层面来看，即介质中的水分在介质中完成重新分布。由于再分配时水分传输受到的流动阻力较大，因此再分配是一个相对缓慢的过程，故 D_{ww} 从数值上来说要明显小于 D_{ws}。由于液体传输系数和吸水系数都关系到多孔介质吸水的吸水过程，因此二者之间可以近似利用式（5-5）和式（5-6）进行转换：

$$D_{ws}(w) = 3.8 \cdot \left(\frac{A_w}{w_f}\right)^2 \cdot 1000^{(w/w_f)-1} \tag{5-5}$$

$$\begin{cases} D_{ww}(w_{80}) = D_{ws}(w_{80}) \\ D_{ww}(w_f) = D_{ws}(w_f)/10 \end{cases} \tag{5-6}$$

式中　　w——材料的体积含水量；

w_{80} 和 w_f——分别为材料在相对湿度为 80% 与饱和（100%）时的含水量。

5.1.2　墙体热湿耦合传递模型

多孔介质热湿传递的主要对象为空气、液态水和水蒸气，三者之间的耦合关系如图 5-5 所示。根据 Bruin 等人对于湿传递的机理分析，认为多孔介质内的湿以水蒸气和液态水的形式进行迁移，传递的方式包括：蒸汽分子扩散、液体分子扩散、毛细流动、克努森扩散、表明扩散、斯蒂芬扩散、蒸发冷凝、泊肃叶流、重力流等。当多孔介质孔隙平均直径大于 100 倍水蒸气分子平均自由程时，水蒸气分子通过孔隙时与孔隙的碰撞机会增多，而水蒸气分子间的碰撞机会减少，不再遵循 Fick 定律，可以采用克努森扩散进行描述。对于各传递项的传递机理和推动势总结如表 5-1 所示。

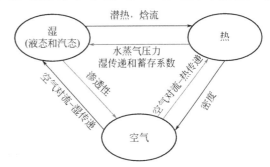

图 5-5　多孔介质内热、湿及空气耦合传递关系

多孔介质内热、湿传递机理及推动势　　　　　　表 5-1

传递项	传递机理	推动势
热传递	导热	温度梯度
	热辐射	温度的四次方
	空气流动	总压差或密度差
	湿气流动引起的焓流动	水蒸气相变或液体水流动

续表

传递项		传递机理	推动势
湿传递	水蒸气	气体扩散	水蒸气分压力
		分子扩散	水蒸气分压力
	液态水	液体扩散	水蒸气分压力
		对流	总压力
		毛细传导	毛细压力
		表面扩散	相对湿度
		渗流流动	重力
		水力传导	总压差
		电力传导	电子浓度场
		离子渗流	离子浓度

针对多孔介质内热湿传递的重要理论和模型主要分为单相传递研究和多相耦合传递研究。单相传递理论包括纯液体扩散理论、毛细理论等,多相耦合传递理论包括蒸发冷凝理论、Luikov 不可逆热力学理论、Philip 和 De Vries 理论以及 Berger 和 Pei's 理论等。

单相理论无法综合考虑液态水、水蒸气和热等相互作用,导致结果与实际情况偏差较大。而多相理论虽然能够综合考虑各传递组分的影响,但是方程往往较为复杂,难以解析,因此在实际使用中也比较困难。

随着计算机技术的发展,有限元分析方法及数值解成为解决该类问题的一个有效手段。对目前常用的热湿耦合传递计算软件及其特点总结如表 5-2 所示。

热湿耦合传递计算软件及特点　　　　　　　　　表 5-2

软件名称	特点
1D-HAM	由美国能源部 EERE 编制(U. S. DOE),基于有限差分技术模拟一维多层墙体热、湿和空气耦合传递,湿分以对流和扩散方式在多孔材料中传递;不考虑液态水传递;热以导热、对流和潜热方式传递;考虑墙体表面对太阳辐射的吸收
Bsim2000	该软件可用于分析建筑的室内环境、能耗和采光特性等,其中包含湿模块,用于模拟建筑构件和整体瞬时湿状况。湿是以水蒸气扩散形式传递并利用材料吸附曲线来确定材料不同相对湿度和压力下的含湿量,同时该软件还包含热模块及表面和温度节点处结露的可能性分析等
DELPHIN5	由德累斯顿工业大学建筑气候研究所开发的数值模拟计算软件,用于计算建筑墙体内热湿耦合传递过程,并突出传湿对传热的影响;传湿计算中同时考虑液态水和水蒸气传递;计算中可以引入任意变化的边界条件,可以采用室内外参数的逐时值
EMPTIED	由加拿大按揭及房屋公司(CMHC)研究开发的用于模拟墙体湿特性并考虑空气渗透对湿传递的影响的软件,可以预测热、空气和湿耦合一维模型的结露状况,但该模型忽略了潜热和由空气流动引起热传递

软件名称	特点
GLASTA	模拟墙体内水蒸气扩散和冷凝,用来检测墙体结露与否。但该软件有很多假设使其与实际情况严重不符,主要包括:①导热系数为常数与含湿量无关;②不考虑水分的汽化潜热;③忽略毛细压力和液态水的传递;④认为热湿传递是一维,并忽略太阳辐射的影响等。而实际中建筑材料的导热系数与温湿度均相关,并非常数;在高湿度地区材料中存在结露现象以及与液态水直接接触时存在毛细压力引起的液态水的传递
HygIRC-1D	由加拿大建筑研究理事会(IRC)对由 IRC 和 VTT 研发的"LATENITE"的完善的热、空气和湿耦合模型开发的软件,主要对住宅和商用建筑的热、空气和湿传递,及耐久性进行研究
HAMLab	由荷兰爱因芬科技大学基于 Matlab,Simulink 和 Femlab 二次开发出的热、空气和湿耦合分析工具,包含多个模块:HAMBASE(分析建筑多区域热湿空气耦合传递),HAMSYS(建立建筑系统模型),HAMDET(建立建筑物理模型),HAMOP(优化控制)
IDA-ICE	由瑞典 EQUA 公司开发研制用于对整栋建筑的室内热湿环境和能耗进行动态模拟分析
MATCH	用于吸湿建筑材料热湿计算,考虑多孔建筑材料的容湿能力,采用有限控制容积法计算一维瞬态热湿变量和 Fick 定律来描述湿分扩散;热量的传递考虑导热作用;同时考虑液态水分的传递;但忽略热湿对流作用
MOIST	由美国国家标准技术研究所编制,可预测非等温条件下多层墙体热湿状况。MOIST 采用的模型综合考虑一维条件下湿的扩散和毛细流动,同时可以模拟包含隔汽材料的多层墙体热湿传递以及含有空气腔多层墙体内对流作用下热湿传递
MOIST-EXP	由美国橡树岭国家实验室开发,可用于模拟一维和二维墙体热、湿和空气耦合传递过程及分析墙体的热湿性能,其中二维模拟考虑了空气渗透等动态过程;该软件将水蒸气和液态水传递分开计算
UMIDUS	用于分析建筑构件在任何气候区热湿耦合传递过程,同时考虑扩散和毛细作用对水蒸气和液态水传递的影响,可以预测多层墙体热湿特征。但该软件忽略空气渗透流动对热湿传递过程的影响
WUFI	由德国 Fraunhofer 建筑物理研究所开发。基于 Kunzel 提出的热湿耦合模型,解决墙体系统中热湿耦合传递问题,如墙壁和屋面
CHAMPS	用于模拟计算多场耦合,包括热、湿、空气和污染物耦合模拟,同时可以用来模拟建筑的整体能耗,是对 DELPHIN 软件计算过程的完善
COMSOL Multiphysics	由瑞典 COMSOL 公司开发,广泛应用于各个领域的科学研究以及工程计算,被当今世界科学家称为"第一款真正的任意多物理场直接耦合分析软件",适用于模拟科学和工程领域的各种物理过程,其中的热湿耦合传递模块同样是基于 Kunzel 的热湿耦合传递模型

在上述软件中,由德国 Fraunhofer 建筑物理研究所开发的 WUFI 软件目前被广泛应用于各类建筑围护结构的热湿耦合传递及结露发霉问题分析中。该软件是基于 Kunzel 提出的热湿耦合传递模型,该模型以蒸汽传递和液态水传递作为湿传递的两种方式。

同样基于 Kunzel 的数学模型,COMSOL 公司利用 COMSOL Multiphysics 5.5 版本对 EN 15026:2007 附录 A 中的热湿传递基准案例进行了验证。该案例为当外部温度和相对湿度发生改变后,半无限壁材料内不同时间的温度曲线和湿度曲线,是验证热湿耦合计算仿真软件有效性的标准案例。模型几何由一段建筑构件组成。这段构件的尺寸足够大,可以将其表示为所仿真时间尺度的半无限区域。初始条件设为相对湿度 50%，温度 20℃，左边界上的相对湿度设为 95%，温度设为 30℃。瞬态研究体系的运行时间为一年，分别在 7d、30d 和 365d 时对温度和相对湿度进行检测。图 5-6、图 5-7 分别为温度和含水量的计算结果，标准数据如图中星号所示，可以看出数值计算的结果与标准数据具有良好的一致性。

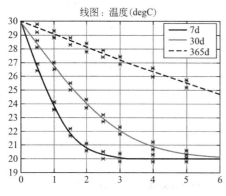

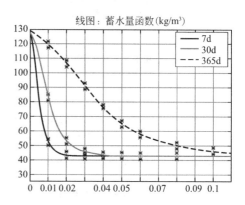

图 5-6　7d、30d 和 365d 的温度分布　　　　图 5-7　7d、30d 和 365d 的含水量分布

目前，以 WUFI 和 COMSOL Multiphysics 为代表的热湿耦合计算软件已经被广泛应用于各类围护结构的热湿问题分析中。

5.2　建筑围护结构结露与霉菌滋生风险评估

5.2.1　建筑围护结构结露风险评估

建筑墙体结露主要可分为表面结露和内部结露。表面结露是指当墙体表面温度低于空气露点温度时，水蒸气就会凝结为水珠附着其表面，这类结露问题的主要影响因素在于室内环境，当室内处于高湿环境时，容易出现表面结露。内部结露是指墙体内部产生结露，一般认为由于水蒸气在蒸汽压差作用下进行传递后在墙体内部达到饱和水蒸气压力而结露，但由于实际存在热湿耦合传递作用及毛细结露等原因，需根据实际情况进行判断，内部结露会导致材料形态改变，影响墙体耐久性、热工性能变差等，甚至在寒冷地区还会产生冻裂等情况。

蒸汽渗透理论是对于稳态状况下判断构件是否发生结露的常见方法，其表达式为：

$$T_m = T_{in} - (T_{in} - T_{out}) \cdot \sum_{j=1}^{m-1} R_j / R_{total}$$

$$\varphi_m = \frac{P_m}{P_{m,sat}} = \frac{P_{in} - \dfrac{\sum_{j=1}^{m-1} H_j}{H_{total}}(P_{in} - P_{out})}{P_{m,sat}} \tag{5-7}$$

式中　T_m——墙体内 m 点处温度，℃；

　　　P_m——墙体内 m 点处水蒸气分压力，Pa；

　　　$P_{m,sat}$——墙体内 m 点处温度为 T_m 的水蒸气饱和压力，Pa。

蒸汽渗透理论首先确定构件体内部的温度分布和水蒸气压力分布，通过温度分布又可以得到构件内的饱和蒸汽压分布情况，通过比较水蒸气压力分布和饱和蒸汽压分布来判断是否会发生结露，其形式如图 5-8 所示。如果水蒸气的分压力在某一点达到该点处的饱和蒸汽压，则该点处会发生结露现象，此时该点处的相对湿度达到 100%。其结露量取决于蒸汽压力曲线。该方法的缺陷是忽略结构内部液体水的传递和温湿度对材料本身热湿物性参数的影响，同时无法反映出实际墙体内部热湿耦合传递机理，也不适用于非稳态边界条件下内部热湿耦合传递。

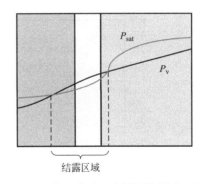

图 5-8 蒸汽渗透理论判断结露原理图

此外，由于吸湿材料的吸附能力，这些材料往往具有不可忽视的湿度惯性。如果在稳态计算中存在温度和湿度边界条件会导致构件某个位置出现结露现象，那么在非稳态模拟中，实际达到最终的稳态条件可能需要相当长的时间。根据吸湿材料的容湿曲线可以看出，其相对湿度与含水量之间有严格的一对一关系，当含水量达到自由饱和状态时，相对湿度达到 100%。这就要求足够量的水通过传输到达构件的该位置，如果这个过程的时间较长，那么在达到这一结果之前，非稳态边界条件可能已经发生改变。因此，稳态计算实际意义上的结露条件通常不适合评估吸湿材料中的含水量。蒸汽渗透理论所得露水量实际上对应于吸湿材料中超过自由饱和度时所析出的水量，而对于吸湿材料可能造成危害的含水量应小于这一数值。

学者于水以混凝土为对象分析了材料毛细作用对于围护结构结露的影响。从微观角度，毛细作用属于分子间力的作用，仅在 0.1nm 的尺寸量级，因此其作用的起源均属微观的作用；从宏观角度看，虽然毛细作用的过程缓慢，但积累起来的宏观效应往往是肉眼可见的，比如人们熟知的毛细凝结现象，即吸附剂吸附蒸汽在微小尺寸孔洞中凝结的一种现象，可用开尔文方程进行描述：

$$\ln\left(\frac{P_v}{P_{sat}}\right) = -\frac{2\sigma M_l}{\rho_l r_{cur} RT}\cos\theta \tag{5-8}$$

对于特定系统中，上式中的饱和水蒸气压力、表面张力、液体分子量和密度都为固有特性参数，同时温度也可表达为水蒸气压力的函数，因此控制变量为平均曲率半径，在多孔材料内部可认为是孔隙半径。当多孔材料内部相对湿度达到 P_v/P_{sat} 时，就会产生毛细凝结现象。图 5-9 为不同温度下无机建筑材料内部产生毛细凝结现象时 r 和相对湿度的关系，可以看出温度对产生毛细凝结现象的影响并不明显。

对于混凝土材料来说，其内部孔隙可分为凝胶孔和毛细孔，前者大多小于 10^{-8} m，后者范围在 $10^{-8} \sim 10^{-5}$ m 之间，液态水只能够在毛细孔内传递。图 5-10 所示为混凝土内部产生毛细凝结时相对湿度与其对应的孔径大小。可以看出，当孔径在 $10^{-8} \sim 10^{-6}$ m 之间，相对湿度在 90%～100%之间时，混凝土内部就会发生结露现象。

多孔建材内部孔隙大多可以看作是半径不同的毛细管，水蒸气在其内部液化并附着于孔隙内壁，对于可浸润壁面，将在孔内形成凹液面。根据开尔文方程，凹液面上的蒸气压低于平面液体的蒸气压。因此，当水蒸气分压力增大至尚未达到水平面处的蒸气压时，也

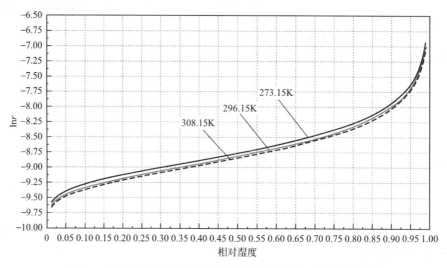

图 5-9　不同温度下产生毛细凝结现象时 r 与相对湿度的关系

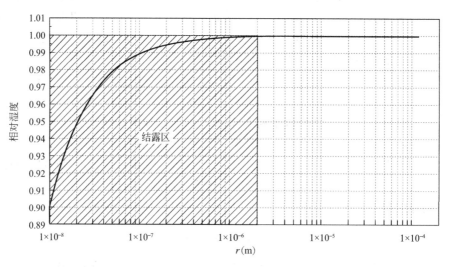

图 5-10　混凝土内部产生毛细冷凝现象区域

会在较小毛细孔中的凹液面上凝聚。随着气体压力的增加，将逐渐在半径大一些的孔中凝聚，直至所有毛细孔被液态吸附质填满，出现毛细凝结现象。而目前使用的大部分建材均能形成可润湿毛细管，即墙体内部容易出现毛细凝结现象。而对于孔隙较小的毛细管，其液体表面张力越大，液体在毛细管中的长度越长，越容易出现毛细凝结现象。基于此分析，可以看出对于存在毛细管状孔隙的建筑材料，简单的比较水蒸气分压力与饱和水蒸气分压力的大小关系来判断结构内部是否会发生结露并不可靠。

　　基于蒸汽渗透理论在分析非稳态边界且具有毛细冷凝风险的建筑围护结构结露问题时存在缺陷，因此目前欧洲已出台相关标准，建议使用热湿耦合模拟计算来代替简单的稳态计算，作为评估建筑围护结构结露风险的方法。在结露评价指标方面，根据上述对于多孔介质建材毛细凝结的分析，可以以相对湿度 90% 作为建筑围护结构内部结露与否的一个初步判断。对于绝大部分建材来说，当其内部相对湿度小于90%时，可以认为结露发生的风险较小。同时，利用WUFI等热湿耦合计算软件对围护结构的结露风险进行分析时，还可以对围护结构整体的含水量变化进行评估。表5-3为相关标准对于不引起围护结构内部结露而做出的含水量变化规定。

相关标准对于围护结构含水量变化规定 表5-3

DIN EN ISO 13788:2012	
为防止存在液态水发生表面流动而设置的冷凝水量限值	$<200g/m^2$
DIN 4108-3:2014	
每个表面的最大冷凝水量(总体)	$<1000g/m^2$
为防止存在液态水发生表面流动而设置的冷凝水量限值	$<500g/m^2$
BSI 5250:2011	
细雾,无液态水	$<30g/m^2$
液滴在垂直表面上形成并流动	$<30\sim50\ g/m^2$
液滴在有倾角表面上形成并流动	$51\sim250g/m^2$ 倾角 $45°$:$70g/m^2$ 倾角 $23°$:$150g/m^2$
避免在水平面上形成可流动的大液滴	$\leqslant250g/m^2$

5.2.2 建筑围护结构霉菌生长机理

霉菌是真菌的一部分，其特点是菌丝体较为发达，无较大的子实体。霉菌是通过孢子进行繁殖的，孢子是霉菌的原始细胞，是霉菌最小的生殖单位。其中围护结构中的霉菌单体有着相似的生命周期，大体可分为三个阶段，其中前两个阶段孢子萌发，菌丝生长属于霉菌的营养生长阶段，第三个阶段孢子形成属于霉菌的生殖阶段。

由于霉菌孢子的平均沉降速度只有约0.1cm/s，因此事实上建筑空间内充斥着霉菌孢子。霉菌孢子的传播形式多种多样，如空气流动、建筑使用者等。霉菌孢子的内部大部分由细胞质组成，富含聚合物、脂肪和碳水化合物。大部分孢子有2~20nm长。当外部条件适当时，孢子会开始萌发。孢子萌发后，如果条件适宜菌丝会迅速生长。研究表明，孢子萌发和菌丝生长这两个阶段所需要的生长条件存在差异，孢子萌发所需要湿度最小值高于菌丝生长所需湿度最小值，孢子形成所需的湿度最小值介于两者之间。一旦孢子开始生长，即使外部条件如温度远超过或在较长时间内不符合其生长需求，霉菌也能够存活。这意味着，霉菌生长只能被减缓或者遏制，但是无法从根本上使其死亡。如果条件再次适宜，那么霉菌将继续生长。孢子的形成将会进一步促进霉菌的传播，如果条件持续适宜，那么当菌丝生长到一定阶段，霉菌孢子就会形成。形成孢子之后的霉菌会继续生长，并且再次形成新的孢子。

大量孢子的萌发会导致霉菌的快速繁殖，形成霉菌群体。如果环境条件达到霉菌生长所需的最佳条件，例如在液体完全培养基中，那么可以将霉菌群体数量随时间的变化分为6个连续阶段，如图5-11所示。

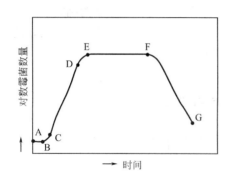

图 5-11 不同霉菌生长阶段分布

A-B：最初的缓慢增长阶段；B-C：加速增长阶段；
C-D：对数增长阶段；D-E：减缓阶段；E-F：
稳定阶段；F-G：衰减阶段。

图 5-11 中为霉菌数量的对数值随着时间的变化情况。在第一阶段中，霉菌细胞的新陈代谢被激活，但是主要的霉菌细胞数量保持不变。这个阶段的持续时间取决于孢子的温度和湿度。接着是霉菌的加速生长阶段和对数生长阶段，在这个阶段中，霉菌只限于繁殖其营养单位和生物质的生产。如果由于环境条件不利，如缺乏营养物质、繁殖率下降等，则达到减缓阶段。接着由于新细胞的形成和细胞的凋亡是平衡的，所以细菌的数量保持恒定。最后由于营养物质的缺乏以及有毒代谢产物的产生，霉菌可能会死亡，数量上表现为衰减。

霉菌生长受到诸多因素的影响，大量研究表明，在多层墙体围护结构中，影响霉菌生长的主要因素主要包括温度、湿度、培养基（营养物质）、暴露时间。除此以外还有如 pH 值、培养基含盐量、光照、氧气和表面特性等。

1. 温度

温度是影响微生物生长最为关键的因素之一。霉菌孢子的萌发、菌丝的生长都依赖于适宜的温度。通过真菌学知识知道，真菌从 0℃ 开始生长，最佳生长温度约为 30℃。从各种文献数据结论可以得出，霉菌能够生长的温度范围为从 0℃ 到 50℃。且相比于高温环境，霉菌表现出更好的耐寒性。因此，食品行业通常采用高温杀菌。然而，一些曲霉孢子以及青霉菌等也具备在不利条件下生长的能力，其生长温度的临界值可达 −10℃。由于建筑或内部或者内表面温度通常在 0～30℃ 之间，因此围护结构中的温度适宜霉菌生长。

同时，温度会影响霉菌的生长速率。图 5-12 是不同种类霉菌生长速率与温度的关系图。

在图 5-12 中可以看到，在温度从低到高的变化过程中，霉菌生长速率有一个明显的最优值。因此，温度的变化会影响霉菌的新陈代谢。必须超过一定的最低温度值，霉菌才能开始生长，即温度会影响霉菌的酶活性。接着，随着温度的进一步升高，霉菌的生长速度不断增加，

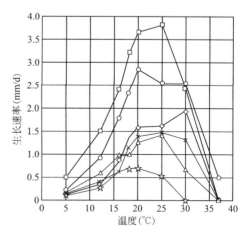

图 5-12 不同种类霉菌生长速率与温度的关系

达到最佳温度点后开始减小。当温度持续升高到极限温度时，如果继续升温，则霉菌细胞结构将受到不可逆损坏。

2. 相对湿度

霉菌生长的决定性因素是其从环境中可获得的水分。霉菌孢子萌发和菌丝生长都依赖于可利用的水分（除了温度和营养条件），霉菌毒素的产生也依赖于水分。这种水分包括液态水和水蒸气，霉菌可以从培养基或者空气中获得其生长所需的水分。这种水分含量即

生物学中通常所说的水分活性 a_w 值，它与围护结构中的相对湿度直接相关。

研究发现，霉菌生长所需要的湿度值小于湿度饱和状态点，即霉菌生长所需的相对湿度值小于 100%。每个霉菌物种都有其特有的、能使其存活的、能决定其生长强度的特征湿度范围。根据其对于湿度要求的差别，可将霉菌分为三类：（1）亲水型霉菌，其生长要求的最低相对湿度在 90% 以上。（2）中湿型霉菌，其生长所需的相对湿度在 80%～90% 之间。（3）耐旱型霉菌，其生长所需的相对湿度值小于为 80%。目前发现的高耐旱型霉菌在相对湿度为 65% 时即可生长。在其他条件相同的情况下，随着相对湿度的增大，霉菌生长的风险也随之增大。在相对湿度为 80% 的情况下，大部分建筑室内都会出现霉菌的生长。

相对湿度不仅决定了霉菌能否正常生长，还会对其生长速率造成影响。图 5-13 为不同种类霉菌在最佳生长温度下生长速率与相对湿度的关系。与依赖于温度类似，霉菌生长速率同样与相对湿度的大小有关，不同种类的霉菌其最佳生长相对湿度值有所不同。

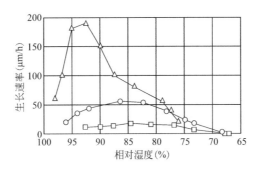

图 5-13　最佳生长温度下霉菌生长速率与相对湿度的关系

3. 培养基特性

除湿度和温度外，霉菌生长的培养基特性也是影响霉菌生长的重要因素。培养基中营养物质的含量会直接影响霉菌的生长。霉菌生长所需要的营养物质包括碳素营养、氮素营养和无机盐。碳素是霉菌骨架的主要构成，是霉菌生长的主要原料，也是霉菌获取能量的主要方式。氮素营养主要是供给合成菌体结构的原料。无机盐为霉菌提供碳、氮之外的其他重要元素，缺少无机盐可能会导致霉菌菌丝生长缓慢或者繁殖能力降低。

目前大多数与温度和湿度有关的霉菌生长试验都是在实验室中进行的，使用的培养基通常是完全培养基，是霉菌生长所需的最佳基质。然而，在建筑围护结构中，建筑材料相比于完全培养基，霉菌可获得的营养物质较少，营养物质的可降解性也较差。Blcok 通过研究表明，以实验室条件下的霉菌生长温湿度等值线为基础，使用不同种类的建筑材料为培养基时，与温度相关的霉菌生长最小相对湿度值变大。

4. 暴露时间

大多数确定孢子发芽时间和生长速度的试验都是在稳态条件下进行的，这对一些工业部门（如食品保存等）来说是合适的。然而在围护结构霉菌风险预测时，由于温度和相对湿度值随时间不断变化，因此稳态条件是不合适的。大量研究结果表明，在一定的湿热边界条件和材料特性基础上，持续的暴露时间对于霉菌生长是必要的。

除了上述因素外，还有一些影响微生物生长的因素如 pH 值、光照、氧气和表面粗糙度等。

　　pH 值是霉菌生长的另一个影响因素。不同霉菌种类对 pH 值的敏感性不同，大部分霉菌的最佳生长 pH 值在 5～7 之间，一些霉菌可以耐受 pH 值在 2～11 之间。有的霉菌可以通过自身调节来改变环境的 pH 值以达到自身生长的需求，因此即便是 pH 值大于 12 的混凝土结构中也会有霉菌滋生问题。霉菌属于异养型生物，不能通过自身将无机物合成有机物，只能通过摄取有机物维持新陈代谢。因此霉菌生长不需要光照，相反，过强的光线甚至会阻碍霉菌的生长。因此，在考虑围护结构内部的霉菌生长风险时，不考虑光照因素。霉菌生长所需的氧气量很小，研究表明当含氧量达到 0.14%～0.25% 时，霉菌即可生长，当含氧量达到 2% 时，霉菌生长将不受到氧气的影响。在建筑围护结构中，这样的含氧量是很容易达到的。在粗糙度方面，多孔介质建筑材料的孔隙率或孔隙半径分布经常被认为是霉菌生长的影响因素。事实上，孔隙率及其孔径分布只对围护结构中的含水量产生影响。因此，一般不考虑粗糙度对于霉菌生长的影响。

5.2.3　建筑围护结构霉菌滋生风险评估

　　鉴于围护结构霉菌生长的普遍性和危害性，从 20 世纪 60、70 年代以来，国内外学者针对其生长风险预测展开了大量研究。针对围护结构霉菌滋生风评估，诸多学者开发了不同的霉菌生长预测模型，表 5-4 是目前主流的一些霉菌滋生风险评估模型。

既有霉菌生长预测模型综述

表 5-4

模型名称	研究者	模型形式	影响因素	应用
IEA Annex	Hens	指标	T	—
TOW	Adan	公式	RH	—
Max days-Model	Viitanen	公式	T,RH,τ	—
ESP-r	Clarke	等值线 & 公式	T,RH	ESP-r
VTT	Viitanen	公式	T,RH,τ	Latenite, TCCC2D, Delphin
WUFI 等值线模型	Sedlbauer	等值线	T,RH,τ, 培养基	WUFI
生物热湿模型	Sedlbauer	热湿传递模型	T,RH,τ, 培养基	WUFI-bio
VTT 修正模型	Viitanen	公式	T,RH,τ, 培养基	Latenite, TCCC2D, Delphin
Mould growth indices	Johansson	公式 & 指标	T,RH,τ	—
Fungal index	Abe	数据库	T,RH	—
MRD	Thelandersson	剂量 & 等值线	T,RH,τ	—
Dose-response model	Isaksson	剂量 & 等值线	T,RH,τ	—
m-model	Isaksson	公式	T,RH,τ	—

注：表中 T，RH，τ 分别代表温度，相对湿度和暴露时间。

　　综合分析各生长模型，可以看出多数模型均对温度、湿度、培养基和暴露时间等主要影响霉菌生长的因素进行了考虑。其中，目前应用较为广泛的包括 Sedlbauer 提出的等值线模型和生物热湿模型（WUFI 和 WUFI-Bio）以及 VTT 模型。

　　由于温度和湿度是影响霉菌生长的两大重要因素，因此在进行围护结构霉菌生长风险分析时，必须要对围护结构的热湿分布有所了解。而通过上一节的内容知道，基于多孔介质热湿耦合传递模型的围护结构热湿计算是目前用于围护结构结露分析的常见办法，因此联合热湿耦合传递模型以及霉菌生长模型，可以给出围护结构结露和霉菌生长风险分析联合预测的方法，如图 5-14 所示。

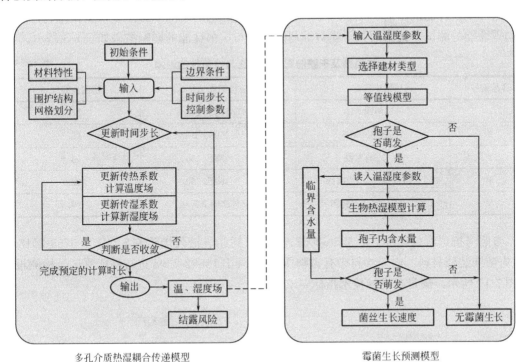

多孔介质热湿耦合传递模型　　　　　　　　　霉菌生长预测模型

图 5-14　围护结构结露与霉菌生长风险联合预测方法

5.3　建筑围护结构防潮抑菌材料开发

针对现有围护结构表面薄弱环节容易受潮发霉等问题，开发防霉抗菌涂料及防潮抑菌填缝剂，用于围护结构内表面装饰装修，以有效降低内表面受潮发霉风险。并提出适用于不同气候区的建筑霉菌控制集成技术，在此基础上对霉菌控制集成技术进行工程示范，验证结露及霉菌预测风险技术、防霉抑菌产品技术的适用性，有利于防潮抑菌技术的进一步推广应用。

5.3.1　防霉抗菌涂料开发

有机抗菌剂抗菌范围宽，但是有效期短；无机抗菌剂抗菌范围窄，但是有效期长。采用单一品种的抗菌剂容易造成抗菌效果不稳定、服役周期短等问题，因此本章将介绍一种新型防霉抗菌涂料，其采用有机-无机复合抗菌体系，可以发挥不同抗菌剂的优势，从而提高产品的服役周期和抗菌稳定性。

1. 低散发内墙涂料基础配方定型

根据 50％PVC 中高档涂料的要求进行基础配方设计，采用三种不同的低散发乳液制备涂料，包括陶氏 DC-420、巴斯夫 Pro-1522、巴德富 RS-981。对其进行涂料物理性能和有害物质限量测试。测试结果显示，采用巴斯夫 Pro-1522 的涂料物理性能更好，有害物质限量更低，所以采用巴斯夫 Pro-1522 低散发乳液的设计配比作为基础漆配方。

2. 抗菌剂的筛选与复配

选择不同种的抗菌剂、干膜防霉剂进行抗菌防霉剂的复配添加至基础漆中进行涂料抗菌防霉性能的测试。抗菌剂及干膜防霉剂的配比与抗菌性能的影响结果如表 5-5 所示。

抗菌剂及干膜防霉剂的配比与抗菌性能影响　表 5-5

样品编号	抗菌剂添加量(%)	干膜防霉剂添加量(%)	抗菌性能(%)
1	1%陶氏 342	0.5%陶氏 350	98.1
2	1%鹏图 BM-6	0.5%鹏图 PT-88	98.5
3	0.5%纳米银	0.5%陶氏 350	96.8
4	0.5%纳米银+0.5%陶氏 342	0.5%陶氏 350	98.7
5	0.5%纳米银+0.5%鹏图 BM-6	0.5%鹏图 PT-86	99.0

参照《抗菌涂料》HG/T 3950-2007、《合成树脂乳液外墙涂料》GB/T 9755-2018 和《室内装饰装修材料　内墙涂料中有害物质限量》GB 18582-2008 进行性能测试，检测报告如图 5-15 所示，满足标准的技术指标要求。

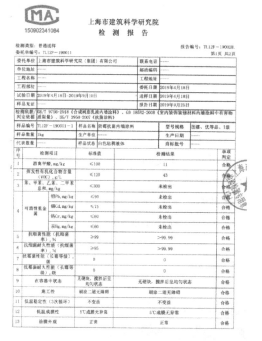

图 5-15　抗菌性能检测报告

此外，根据《漆膜耐霉菌性测定法》GB/T 1741-2007 进行耐霉菌 28d 和 56d 的测试，测试结果显示 5 个样品的防霉性能均为 0 级，检测报告如图 5-16 所示，测试后实验情况如图 5-17 所示。

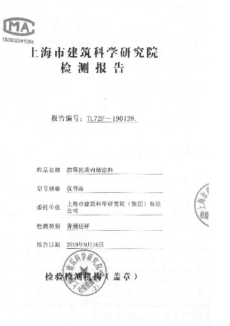

图 5-16 防霉性能检测报告

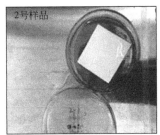

图 5-17 防霉性能测试后样板表面情况

5.3.2 环保型防潮抑菌填缝剂开发

对于填缝材料，目前常用的是普通的水泥基填缝剂，亲水性较强、憎水性较差；同时，水泥在水化过程中会产生微裂纹、各种大孔和毛细孔等缺陷，这种由孔隙构成的多相非均匀体系，具有较高的吸水率，各类污渍所形成的水溶液很容易渗入，造成污染、渗水、日久开裂、发霉、发黑等问题。本节将介绍一种新型开发的环保型防潮抑菌填缝剂，其采用水性环氧树脂为胶凝体系。环氧树脂体系的填缝剂产品在湿热环境下，具有很好的防霉防潮效果，可有效解决传统水泥基填缝剂吸湿、渗水造成的发霉问题；另外，环氧树脂体系固化形成的交联结构使得填缝剂具有优异的粘结力，硬度大，耐擦洗。此外，通过对其主剂的筛选，固化剂、润湿剂、增稠剂、防霉剂等配比设计，进一步获得防霉性能优异的环保性填缝材料。

1. 确定环保型防潮抑菌填缝剂基础配方

通过文献调研和实验探索，初步确定环保型防潮抑菌填缝剂基础配方，如表 5-6 所示。

环保型防潮抑菌填缝剂基础配方　　　表 5-6

原料名称	占粉体质量比例(%)
白水泥 P·W52.5	6
钛白粉	4
滑石粉	20
石英砂(80～120 目)	35
石英粉	35

备注:乳液:固化剂＝2:1;
丙二醇占总体(粉体＋液体)质量 1%;
消泡剂占总体质量的 0.5%;
m(粉体):m[液体(环氧及固化剂)] ＝3:1

采用不同类型的水性环氧乳液及固化剂体系进行配方验证和检测，其性能检测结果如表 5-7 所示。

环保型防潮抑菌填缝剂技术要求及测试结果　　　表 5-7

性能	指标	样品 1	样品 2	样品 3
耐磨性(mm³)	≤250	—	—	—
28d 抗折强度(MPa)	≥30.0	—	—	30.9
28d 抗压强度(MPa)	≥45.0	—	—	45.6
收缩值(mm)	≤1.5	—	—	—
吸水量(240min)(g)	≤0.08	—	—	0.04

测试样品 1 脱模养护过程时收缩性太大，无法进行后续相关测试。样品 2 在规定时间内不能进行正常脱模，无法进行后续相关实验。样品 3 在规定时间内正常脱模，并进行相关测试。结果分析可得，采用水性环氧基础体系制备环保型防潮抑菌填缝剂产品，能满足吸水量（240min）≤0.08g 的技术要求，由此确定环保型防潮抑菌填缝剂的基础反应体系为水性环氧树脂体系。采用水性环氧树脂体系制备环保型防潮抑菌填缝剂产品时，乳液环氧值不宜较大，环氧值较大随之交联度较高，在固化时产生内应力较大，导致收缩性较大，无法满足要求。

2. 环保型防潮抑菌填缝剂配方优化

根据表 5-8 的配方设计进行产品制备，然后参照《陶瓷砖填缝剂》JC/T 1004-2017 进行填缝剂基本性能测试，各性能测试结果如表 5-9 所示。参照《抗菌涂料》HG/T 3950-

2007 进行防霉检测，其抗霉菌、抗细菌性优异，长效性好。

环保型防潮抑菌填缝剂配方   表 5-8

样品编号	样品 1			样品 2		
组分	原料名称	型号规格	质量(g)	原料名称	规格型号	质量(g)
A:树脂组分	水性环氧乳液	上海迈化 MA09	45	水性环氧乳液	联固化学 BC901	60
	润湿剂	斯洛柯 8008	0.25	润湿剂	斯洛柯 8008	0.25
	气相 SiO_2	赢创德固赛 A200	1.5	气相 SiO_2	赢创德固赛 A200	1.5
B:固化剂组分	固化剂	上海迈化 MA11	45	固化剂	联固化学 BC2060	30
	金葱粉	尚色颜料 H0901	5	金葱粉	尚色颜料 H0901	5
	气相 SiO_2	赢创德固赛 A200	2	气相 SiO_2	赢创德固赛 A200	3.5
	润湿剂	斯洛柯 8008	0.25	润湿剂	斯洛柯 8008	0.5
	消泡剂	BYEK-346	0.5	消泡剂	BYEK-346	0.5
	防霉剂	ROCIMA 350	0.5	防霉剂	ROCIMA 350	0.5

环保型防潮抑菌填缝剂测试结果   表 5-9

性能	指标	1	2
28d 抗折强度(MPa)	≥30.0	32.6	30.3
28d 抗压强度(MPa)	≥45.0	48.8	46.1
吸水量(240min)(g)	≤0.08	0.03	0.05

制得的填缝剂如图 5-18 所示，外观细腻有光泽，黏度合适，操作性良好，而且性能满足产品标准要求，且吸水量（240min）≤0.08g，达到考核指标的要求。

图 5-18　填缝剂实验室样品

5.4　建筑围护结构防潮抑菌技术

5.4.1　墙体霉菌滋生原因分析

墙体霉菌的危害有很多，主要包括对建筑结构的影响和对室内空气品质及人体健康的影响。建筑墙体霉菌的生长会导致墙体的饰面层褪色、脱落，这不仅影响了建筑的美观，还破坏了墙体的结构，降低了墙体的使用寿命。同时，室内霉菌的繁殖会给人带来极大的危害，长期接触和吸入空气中霉菌散发的气体危害物可能引起呼吸道感染，产生流行性感冒、过敏反应、鼻黏膜炎等呼吸疾病。

可见霉菌的危害很大，但是对于霉菌的研究现在较少，针对影响墙体发霉的主要因素没有做过系统的总结和了解，现在从以下四个角度做一定的分析来研究影响墙体发霉的主要影响因素。

1. 霉菌生长的自身特点分析

根据研究表明，地球上的真菌有 150 万种。尽管各类真菌不同，但是存在于建筑中的霉菌有相似的生命周期，其典型的生长主要分为四个生命周期：芽孢的产生、芽孢的萌发期、菌丝的生长期以及繁殖期，如图 5-19 所示。

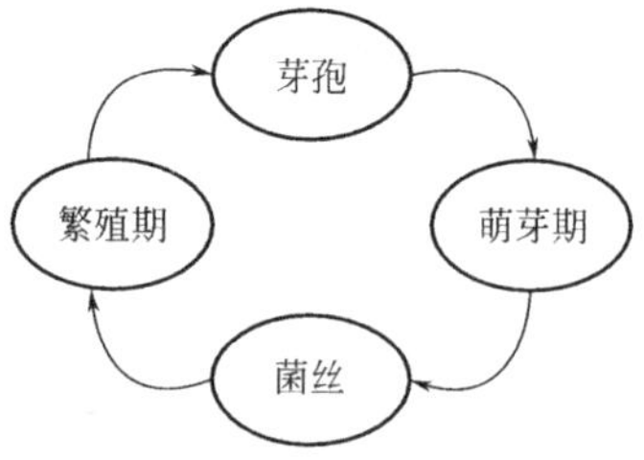

图 5-19　霉菌在建筑环境中的典型生命周期

从图 5-19 中可以看出，霉菌的繁殖生长过程经历了四个状态，从芽孢状态到萌发期，再到菌丝的生长和最后的繁殖期，同时在繁殖期内会产生孢子，孢子在一定的条件下经过一段时间的积累就会萌发产生菌丝，如此循环往复过程。因此，如果墙体在合适的条件下产生了霉斑，就会越来越大。

（1）霉菌的生长过程分析

真菌菌落的生命周期可分为三个阶段。生命的前两个阶段（孢子萌发，菌丝生长）属于营养生长，而孢子形成属于生殖期。

在人们的生活中到处充满着霉菌孢子，其中霉菌孢子以平均 0.1cm/s 的速度运行，而且孢子的传播实质就是在传播遗传物质。同时，孢子的形态是多种多样的，既可以是单细胞也可以是多细胞。空气中的孢子在刚开始的时候含水量很小，处于干状态，然后吸收环境中的水分，当达到一定的时间积累的时候就会开始萌发生长。最终的孢子的萌发状态与霉菌的种类和孢子的年龄有关，孢子的萌发是从胚芽管开始的。

当生长环境有利的时候，霉菌在萌发之后，菌丝就立刻生长（生命阶段孢子萌发和菌丝体生长之间存在差异）。同时，菌丝的生长只会积累，当环境处于不利状态的时候（温度和相对湿度不利于霉菌生长），菌丝的生长会减慢或者停止但是不会消失，这就意味着菌丝阶段的生长能力是很顽强的，环境的不利不会使得霉菌的生长停滞不前，会放慢霉菌的生长过程。当周围的环境回升到有利的状态时，霉菌就会继续生长。

孢子的作用是用于霉菌的生长繁殖的，其孢子的形成是在菌丝生长到一定阶段之后开始的。当生长环境有利的时候，孢子的形成就发生在菌丝生长的一定阶段，而且菌丝在孢子形成之后不会立刻死亡，而是会生长，继续产生下一代的孢子。但是当环境变化到不利状态的时候，孢子的形成会迅速增加，这是由于生物进化，当霉菌的生长意识到自己的生命周期无法继续的时候，霉菌就会在有限的生命时间段尽可能产生更多的孢子（后代的延续）。

从上述分析可以看出，霉菌的生长是一个繁殖产生后代的过程，生生不息的过程。霉菌的繁殖主要有三个过程：孢子的萌发、菌丝的生长和孢子的形成。而且在这三个繁殖的过程中，菌丝的生长和孢子的形成是不可控的，原因是在菌丝生长过程中，菌丝的生长很顽强，在不利状态会减弱生长或者停止生长，因此要想在菌丝的生长阶段控制霉菌比较困难，菌丝在有利的状态下会继续以前的生长，是一个积累的过程。另外就是孢子的形成阶段，孢子的形成就是遗传物质的传播，而且在生活当中孢子是无处不在的，要想在产生孢子阶段控制霉菌也是比较困难的，这就由于空气中的霉菌孢子到处都是，无法从根源上控制孢子的产生。

因此，从霉菌的生长过程分析可以看出，要想控制霉菌的产生，最容易的阶段就是在孢子的萌发阶段，在这个阶段只要不让孢子萌发就不会有霉菌的产生，墙面就不会积累霉斑，霉菌就不会在墙面积累。从而可以从源头上控制霉菌的发生和围护结构内霉菌的传播等。

（2）霉菌的生长机理分析

从上述分析可以看出，要想控制霉菌的繁殖，最好的手段就是从孢子的萌发阶段入手，以下是从霉菌的生长机理分析。

对于孢子，萌发需要一定的条件和环境，根据一些文献的调研可以了解到，影响霉菌生长的主要因素有温度、相对湿度（水分活性）、营养物质、暴露时间等，而 pH 值、氧气、光线、表面粗糙度、生物体相互作用等因素的影响作用相对较小。霉菌属于微生物的一种，在整个生命活动过程中，与周围环境有着密切的关系。

霉菌和一般的微生物一样，需要从环境中不断吸收营养物质并加以利用，从而进行生命活动，其细胞的化学组成和其他生物的化学组成并没有本质的区别，主要组成元素有碳、氢、氧、氮和矿质元素，如表 5-10 所示。

霉菌和酵母菌的化学组成 表 5-10

成分		霉菌(%)	酵母菌(%)
水分		85～90	70～80
固形物(各种成分占固形物总重量的百分数)	14～15	32～75	32～75
	7～40	27～63	27～63
	4～40	2～15	2～15
	1	6～8	6～8
	6～12	3.8～7	3.8～7

在影响霉菌微生物生长繁殖的外界因素中，温度的影响最为密切。温度的影响表现在两方面：一方面随着温度的上升，细胞中生物化学反应速率加快；另一方面，组成细胞的物质如蛋白质、核酸等都对温度较敏感，随着温度的升高，这些物质的立体结构受到破坏，从而引起微生物生长的抑制，甚至死亡。因此只在一定的温度范围内，霉菌的代谢活动和生长繁殖才随着温度的上升而增加。温度上升到一定程度，开始对霉菌微生物产生不

良影响，如果温度继续升高，细胞功能急骤下降以致死亡。依照霉菌适合生长的温度分为嗜中温菌、嗜冷菌、耐冷菌、嗜热菌和耐热菌，如表 5-11 所示。

霉菌适应温度分类表

表 5-11

嗜中温菌(Mesophiles)	多数真菌属于嗜中温菌,适合的生长温度介于 15～30℃之间
嗜冷菌(Psychrophiles)	可生长在低于 0℃以下的环境,高于 17℃则生长速率趋于平缓
耐冷菌(Psychrotolerant fungi)	所需的最低温度为 15℃,但超过 20℃可生长良好
嗜热菌(Thermophiles)	若低于 20℃则无法生长,一般生长的温度范围在 35～50℃之间
耐热菌(Thermotolerant fungi)	在 18～45℃之间生长良好

上文分析了营养物质、水活性（相对湿度）、温度对霉菌的影响，pH 和氧气是影响霉菌生长的另外因素。pH 是霉菌培养基中一项重要指标，不同菌种对 pH 的适应不同，但是多数霉菌对酸的适应性较强，其最适的 pH 为 5～6，丛梗孢子菌等腐霉可以在 pH 为 3～4 的环境中生长。部分霉菌甚至能够在 pH 为 2～11 的范围生长。有的霉菌能够释放有机酸改变环境 pH 来适合自身生长。霉菌生长所需要的氧气量很少，有的只能在无氧环境下生长；而大多数霉菌在有氧及无氧的条件下均能生存。只要空气中含氧量达到 2% 以上，霉菌就可以很好地生长。

针对室内墙体的发霉情况，可以做如下分析：大部分住宅建筑室内空气中都不能完全过滤掉孢子，因此室内空气中的孢子在合适的条件下就会萌发，霉菌的萌发取决于能否满足霉菌生长需求。民用建筑的室内墙内大部分都会刮腻子层，其墙体内表面的粉饰大部分都会有石膏和乳胶，其可以为霉菌的萌发提供充足的营养物质，包括碳源、氮源、无机盐类等。而且有时候室内建筑的粗糙表面容易沉积养料和水分，即便是光滑表面上也会聚集粉尘、油脂等霉菌生长所需的营养物质。因此，从霉菌的营养物质这一点来控制霉菌的生长繁殖，难度较大。

根据《实用供热空调设计手册（第二版）》，人体的舒适温度夏季为 19～24℃，冬季是 17～22℃，在这样的环境温度下大部分的嗜中温霉菌可以很好地繁殖生长。因此，在控制霉菌生长的方案选择上，不能以牺牲人体舒适度来控制霉菌的生长，所以控制温度来预防霉菌的方案也是不可取的。对于湿度，由于各地区的室外环境湿度不一样，室内有除湿和加湿设备的用户会使得室内的湿度保持在人体的舒适范围内，人体的舒适湿度在 45%～65% 之间，在这个湿度范围为内，室内的霉菌孢子的萌发较弱。但是，现在有大部分住宅用户对于室内湿度的控制要求不高，由于我国幅员辽阔，在相同的季节不同地域的室外环境湿度也不一样，一些既有建筑的密闭性不好，这样造成室内的湿度几乎与室外环境湿度一致，大部分文献中提及当室内相对湿度达到 80% 以上时，霉菌的萌发就很容易。因此，对于室内相对湿度的控制成了预防霉菌萌发的一个很好的途径。

而对于 pH 的影响，大部分霉菌可以在 3～4 的弱酸条件下生长，有的甚至可以在更广范围的 pH 下生长。但是也存在有的一些霉菌能够释放有机酸改变环境 pH 来适合自身生长，这也就是为什么 pH 大于 12 的混凝土、石灰等建材中也会发霉的原因之一。正是因为霉菌具有改变环境的 pH 来适应自身的生长，pH 对霉菌生长不起决定性作用。所以，调节 pH 这个因素来控制室内霉菌的生长是不可行的。

霉菌的生长对氧气的需求很少，而室内在满足人的需求的基础上，在建材表面及内部空隙含有大量的氧气供给霉菌生长，因此氧气这个因素作为控制霉菌的生长也是不可行的。建筑材料表面都具有一定的粗糙度，粗糙度的大小并不会影响霉菌的生长。只是表面粗糙度大更容易沉积养料和水分，即便是光滑表面上也会聚集粉尘、油脂等霉菌生长所需的养料。因此，表面的粗糙度也不能作为控制室内霉菌的生长因素。

如表 5-12 所示，从霉菌生长机理分析，在诸多影响霉菌生长因素中，比较容易控制的因素是室内相对湿度，其影响的是霉菌水活性。

霉菌的生长因素　　　　　　　　　　　　　　　表 5-12

	影响因素	是否可以作为控制因素	备注
霉菌	营养物质 碳源（碳素化合物）	否	成菌体成分的重要物质
	氮源	否	主要的营养物质
	无机盐类	否	不可缺少的营养物质
	生长素	否	调节生命活动
	相对湿度（水分活性）	是	重要组成部分，在代谢中占极重要位置
	温度	否	霉菌发霉的温度条件较广
	pH	否	霉菌可自生改变环境的 pH
	氧气	否	只需要少量的氧气
	表面粗糙度	否	不会影响每霉菌的生长
	光线	否	对霉菌的生长无影响

2. 建筑本身特性分析

随着技术的发展，现在住宅建筑的保温性能和结构特性也越来越好，但是一些既有建筑的保温和结构无法保证，使得室内外的传热传湿过程严重，在室内湿度较大的地方就容易产生霉菌，影响室内人体健康和建筑的结构性能。然而墙体内部的发霉一般肉眼观察不到，由于施工和设计的一些原因，很容易使得墙体内部由于含水量较高而发霉。

墙体结构构造的不同很大地会影响到室内的热湿环境，比如有无保温和隔气层会影响室内外的传热传湿。如果含水量在墙体表面局部位置较高就会造成霉菌较易萌发，这样整面墙体就会逐渐被霉菌覆盖。

（1）从建筑设计角度分析

根据文献可以了解到很多墙体表面的返潮、表面霉变，很大部分的原因就是当初设计不合理造成的。很多住宅建筑在设计时就没有考虑到一些问题，比如"热桥"、房屋由于热胀冷缩造成的裂痕、室内外温差较大、冷空气进入房屋内与热空气结合形成水雾吸附于墙体表面，等等，这些问题都会使得建筑内湿度较大的地方出现霉变现象。

在北方，"热桥"现象是普遍存在的房屋质量问题，很多房屋开发商说"热桥"不是房屋的质量问题，而是由于现在的规范标准不适宜的气候造成的。现在很多设计院在设计上忽略这些容易霉变的薄弱环节，例如墙转角处、过梁或圈梁处、门窗洞口与墙角接处等，这些地方的热工计算往往被忽略。按设计意图有时也给施工带来很大难度，甚至顾及了结构就顾及不了墙体的构造。因此，在个别房间的部分角落，采光、通风、供暖的条件比较差，就更加促成了墙面的霉菌滋生。

南方，春季的返潮现象很明显，室内墙体表面温度较低，空气的湿度较大，在墙体表面会形成水珠，墙面处于湿度很大的环境中很容易发生霉变。在海南地区，墙体一直处于高温高湿的环境中，如果在建筑设计时不考虑这种气候特点的话，墙体的发霉现象是很难避免的。所以在设计阶段就应该考虑到墙体的传湿特性和墙面的局部微环境，以及建筑材料的热膨胀系数不一致等原因，但是这样往往给设计院增加了很大的难度，所以大部分的设计很难考虑到这些问题。

南方的雨水较多，尤其是梅雨季节，室外的湿度较大，室外向室内的传湿量较大，因此墙面的防水设计显得尤为重要。防潮层的位置和厚度要经过严格的计算，但是现在设计时往往不会根据当地的气候特点进行传湿计算，因此，墙面的湿度积累就会造成霉菌的滋生。所以在设计时保温层和防潮层的位置和厚度需要谨慎考虑。

建筑设计的好坏会严重影响到后期住户的体验，对于霉菌的滋生问题，设计师在设计建筑时要有一定的考虑。设计得不合理会加重霉菌的滋生。因此，作为预防霉菌的一个技术点来说，在设计师设计时要将霉菌的滋生问题考虑进去，最好运用专业的软件进行模拟验证，这样会更加适合不同的气候区域，更具真实性。同时，在建筑的设计上还要避免由于建筑形状复杂、阴角偏多，不同部位的荷载差异较大造成墙体裂痕，根据文献可知，墙体裂痕会增加霉菌萌发的风险。

（2）从施工角度分析

一个舒适健康的住宅建筑不仅仅取决于好的设计，还取决于规范标准的施工。在施工过程中，不良的施工会严重导致墙体出现裂痕等问题，这会在一定程度上加速霉菌的滋生。同时，一些施工单位不按照规定作业，过度的湿作业等，也会导致建好的墙体内部含水量一直处于较高的水平，在其他条件合适的情况下经过时间的积累，霉菌就会在墙体内部滋生。而且墙体内部的发霉是不容易被发现的，处理起来也很困难，但是霉菌在墙体内部的滋生会对建筑墙体结构产生危害。

施工质量问题很重要，例如墙体砂浆不饱满，尤其是竖向的灰缝、顶头灰达不到要求，直接干砖块上墙；墙体抹灰不严实，抹灰面砂浆搅拌不均匀，有的甚至出现空鼓裂缝现象。这样的结构问题都会使得墙面后期有裂缝产生，产生的裂缝在时间的积累下会有霉菌的滋生，这种危害是不可避免的。还有就是施工时，抹灰的墙体过湿，通风条件不好，应用的时候墙体没有干透，抹灰砂浆中含有其他的杂质，比如泥土和有机物等。在这种情况下施工完毕后，在潮湿及湿度适宜的条件下，就会产生长毛和霉变的现象。

施工人员不按照规程施工，尤其是有部分稀薄的暗角处由于施工环境较窄，不好操作，此处的施工质量很难保证，也容易被忽略，施工难度较大。同时，施工验收检查的时候这些地方也不太被关注，也是一带而过；还有施工图的设计深度不够，施工过程按经验施工，很多细节注意不到。这些地方也就变成了霉变的隐患。

还有就是防水的施工质量没有达到有关标准规程的要求，或者是施工结束后，用户装修破坏了原有的结构特性，使得房屋有滴漏的现象，墙体慢慢潮化，加之通风不好，特别是墙体与顶篷的交界处通风更差，这种在空气对流不畅的情况下墙体很容易发生霉变。还有就是雨水渗入到保温层后完全干透是一个极难处理的问题，而且墙体长期处于潮湿的状态下，如果遇到合适的温度，墙面的霉变是难以避免的。

因此，从施工的角度来分析的话，严格控制施工的质量问题，避免过度的湿作业，严格按照施工规范等，这些都是作为控制室内霉菌发生的一个重要的途径。

（3）从建筑材料角度分析

根据文献了解到，门窗散热约占整栋建筑散热的 1/3 左右，由于其传热较多，又处于两种材料的交接处，所以一般的工程都会采用发泡做法，在一些较小的位置（例如空隙小于 1mm 的位置），发泡枪的嘴伸不进去，此处极易形成一个通风的"冷桥"。冷桥的存在，会使得热空气对流，在通风不好的情况下容易发生结露现象，时间一长就会有霉菌的发生。门窗的质量问题，在很大的程度上也会造成冷桥的产生，所以建材的质量问题、保温材料不符合设计的要求、防水材料不合格、耐久年限达不到有关标准的设计要求等，都会影响到建筑的健康使用。

严格把关建筑材料的质量，不合格的产品或经查验不合格的产品都不能进入施工现场。在一定的程度上，建筑材料的把关也能避免室内霉菌的滋生问题。

3. 人的行为特点分析

有关文献表明，人行为对建筑能耗有很大影响，同时也影响着室内的热湿环境、舒适度等。人行为的方式一般都会归结于人的习惯特性，在住宅建筑中，人的行为特点一般可以归纳为在不同的房屋类型中人的活动类型不同，同时室内的温湿度环境还因不同人的喜好而不同。因此，在研究墙体霉菌的滋生时，人作为建筑的主要使用者，在一定程度上也起到了一定的作用。

（1）从不同功能房间的角度分析

随着生活质量的上升，人对居住环境的要求越来越高。房间的功能分类情况也是越来越明确，在不同功能类型的房间里，人的行为是不一样的。厨房、起居室、客厅、卫生间、阅读室、儿童房等房间类型逐渐呈现功能化。在不同的房间类型，人体的舒适度要求是不一样的，因此针对不同的房间类型的发霉情况分析，也是很有必要的。

厨房，由于烹饪，一般情况下湿气较大，热气在墙体上很容易凝结成为水滴使得墙体处于潮湿状态，而且厨房油烟在墙上的弥漫附着，会为霉菌的滋生提供很好的营养物质，这两点就成了霉菌滋生的很有利条件，因此，厨房也就成了霉菌较易萌发的地方。但是对于厨房这类功能性房间，湿气和油烟的产生不是可避免的，虽然现在可以利用油烟机减少湿气和油烟的产生，但是只能在一定程度上减少，不能完全避免。而且我国厨房主要的烹饪手段还是蒸煮和煎炒，也是无法在很短的时间内改变的。所以说厨房的霉菌滋生问题很难从技术角度完全避免，只能尽可能地控制厨房湿度和油烟，使霉菌的滋生概率降低。

卫生间，主要用于洗浴和洗漱，室内产湿量较大，热气在墙面上很容易结露形成水珠，墙体处于潮湿状态，如果没有很好的隔湿和防潮措施的话，墙体在这种潮湿的环境下经过时间的积累，在有利的条件下霉菌的滋生是不可避免的。但是，卫生间作为洗浴的地方，湿气的产生是无法避免的，只能从技术角度增加防潮层之类的技术手段来较少湿气的渗透量，从而减少霉菌的发生频率。

起居室，作为人的主要休息功能房，室内的发霉现象也会发生，但是一般作为休息场所霉菌的滋生概率较低，原因就是室内人员活动少，产湿量较少，霉菌的生长受到了限制，但是也有一些起居室霉菌的滋生比较严重。起居室为人的主要休息房间，一般情况下，休息场所的建筑构造和保温措施较好，室内不会出现热桥现象，霉菌的萌发概率很低，但是这也与人的生活习惯有关。

客厅和儿童房这些功能房的主要功能也是人居，其特点就是适合人居住的室内热湿环境也非常适合霉菌的萌发和生长。这些房间的功能特点就决定了室内霉菌很容易萌发，所以针对这些房间，个人的习惯在很大的程度上影响着室内霉菌的生长特点。

（2）人的习惯特点分析

人的生活习惯会影响到室内热湿环境，而且这种影响是较大的。有人喜欢湿度较大的环境，有人则不喜欢湿度较大的环境，所以这就很严重影响到室内环境，尤其是湿度环境。同时，在居住环境中，有的人喜欢养花、养草等小植物，这些都会严重造成局部环境的湿度较大。因此，室内居住者的习惯对墙体的吸放湿有很大影响。

例如，同样的户型有的家有结露，有的家则没有（指同一部位），这和人的生活习惯有很大关系。如果经常不开窗和生活习惯导致室内湿度过大（如有鱼缸、晾晒衣服多、在家做饭较多等均会产生蒸汽），就容易在不利部位产生结露；反之很少，或没有。此外，室内供热温度达不到标准，供热的间歇时间过长，导致室内温度、相对湿度大、露点温度高，也会导致外墙内表面容易结露。

4. 外界的气候特点分析

外界气候对霉菌的滋生是有一定的影响的，南方的湿热环境有利于霉菌的滋生和生长，尤其是夏热冬冷地区的梅雨季节，为霉菌的生长繁殖提供了最适宜的环境条件。而北方的干燥环境，实际是不利于霉菌的滋生的，但是东北地区的结露和霉菌的滋生问题还挺严重。因此下文从季节和地区两个方面分析气候对于霉菌滋生的影响。

（1）季节的特点分析

适宜霉菌生长的温湿度环境是在一个确定的范围内，所以霉菌在不同季节的生长是不同的。我国整体属于大陆性季风气候区，其季风气候特征是夏季高温多雨、冬季寒冷少雨、高温期与多雨期一致。总体的降雨集中在夏季，南方降雨较多，北方降雨较少，而且是雨热同季。所以，季节对霉菌的滋生是有很大影响的。

我国南方的夏季，温度和湿度较高，各地区的各月平均气温均在 20℃ 以上，平均相对湿度在 80% 以上，每年 2~5 月很适合霉菌孢子的萌发，同时，刚好遇上梅雨季节，降水连绵不断，天气潮湿，温度上升，霉菌孢子广泛存在于自然界中，在温暖潮湿季节霉菌孢子迅速萌发繁殖，导致空气中霉菌孢子含量升高，物品容易霉变。吸入呼吸道的霉菌孢子明显增多，免疫力正常的人可无症状或仅仅出现支气管哮喘等过敏症状。

在冬季，南方的天气则是潮湿，北方的天气则干燥寒冷，在这种条件下霉菌萌发的概率是很小的，在冬季的霉菌平均含菌量为 568.44 个/m^3，在夏季的霉菌含菌量为 855.88 个/m^3，最高时为 1665 个/m^3，冬季空气中的霉菌含量明显小于夏季。因此，对于霉菌的防止主要是防止夏季霉菌孢子进入室内，这也是霉菌防治的一个重要的思路。

（2）从地区特点分析

我国地大物博，为了使建筑更充分地利用和适应我国不同的气候条件，做到因地制宜，根据室外气候特点对我国进行气候区划分，我国分为严寒地区、寒冷地区、夏热冬冷地区、夏热冬暖地区和温和地区五大气候区。

为了研究霉菌滋生的原因，从这五大气候区进行调研研究。在严寒和寒冷地区，霉菌一般萌发的概率较低，但是这些地区的霉菌滋生问题比较严重，大部分的原因就是热桥引起的，室内温度较高就会有局部湿度较大的现象。夏季寒冷地区由于湿度较小，发霉的现象较少，所以北方地区的气候主要影响了建筑住宅室内温度，使得温度低于内表面的露点温度，所以就会在表面结露。这为霉菌的繁殖提供了有利条件，所以北方的墙面发霉问题也比较严重。

在夏热冬冷地区，室外气温一年四季较高，霉菌的发生概率较大。比如湖南、重庆这些地区，受到梅雨季节的影响，室内湿的部位主要是地面，所以大部分的农村住宅都选择架空地面的建筑。较高的水分和湿度为霉菌的滋生提供了很好的条件，在该地区天然的气候就为霉菌的发生提供了很好的生存条件，所以针对这些地区，霉菌的防治可以主要针对墙体的传热传湿和室内的除湿。

在夏热冬暖地区，气候条件更加适合霉菌的滋生，霉菌的防治应该更加得到重视，尤其在广州沿海一带，除了气候带来的适宜条件以外，夏季台风引起的暴风雨往往会加重霉菌的发生。在海南、广州这些地区，建筑的结构也往往使用架空设计，这样有利于降雨排水和地面潮湿带来的霉菌发生的风险。

在温和地区，未了解到室内霉菌滋生适宜性，所以也无法判断在该地区霉菌滋生的特点和原因。

总而言之，霉菌作为真菌的一种，其生长满足一定的环境条件。当室内环境达到一定条件时，霉菌就会在墙面上滋生，在从不同角度分析霉菌生长的原因时，其实也就是在分析环境是否达到霉菌生长的必需条件。在多个角度的分析过程中，通过掌握霉菌生长的主要原因，为室内霉菌的控制技术的提出做一定的指导和铺垫。

分析霉菌生长的主要原因，可以得到如下的主要结论：

从霉菌的生长角度分析，霉菌的生长主要经历四个状态，从芽孢状态到萌发期，再到菌丝的生长和最后的繁殖期。影响霉菌生长的主要因素有温度、相对湿度（水分活性）、营养物质、暴露时间等，而 pH 值、氧气、光线、表面粗糙度、生物体相互作用等因素的影响作用相对较小。因此，可以得到控制霉菌生长最有效的阶段就是霉菌孢子的萌发阶段。在霉菌的生长及萌发过程中，室内控制霉菌的最有效因素就是湿度，即相对湿度的控制。

从建筑的角度分析，整体上，北方的建筑在设计和施工过程中要特别注意热桥的产生，热桥的存在会使得局部湿度较大；南方的建筑在设计和施工中要注意防水的设置，雨水的渗入会造成室内围护结构内表面湿度较大。局部湿度较大就会存在霉菌滋生的风险。建筑材料的选择也会使得霉菌的发生有很大的风险，比如门窗的选择、围护结构内表面涂料的选择也会影响霉菌的滋生。

从人行为的角度分析，同户型同一部位，霉菌滋生也有差异，很可能由于人的行为习惯所致。一些用户在生活过程中会造成室内湿度上升而不及时除湿，或厨房和卫生间经常积水，或室内灰尘累积等多种原因促成霉菌滋生。

其他因素，在一些沿海地区，台风造成的强降雨会影响到建筑围护结构内的含水量，也会影响室内围护结构霉菌的发生。

5.4.2　建筑室内霉菌控制技术研究

对于霉菌的滋生问题，有很多因素相互作用影响着霉菌的生长，所以对于霉菌发生的控制手段就显得很重要，但是霉菌作为一种微生物来说，其生长的不可控因素有很多，控制技术策略的提出较难。为了避免霉菌滋生带来的一系列的危害，应该全方位地提出霉菌的控制策略。首先要先提出控制室内霉菌的思路，在此基础上结合霉菌生长的薄弱环节和霉菌生长的主要原因，针对性地提出控制技术手段。

1. 室内霉菌控制思路

室内霉菌的滋生不仅仅影响着人的身心健康，还会损坏建筑构造。因此，为了有效控制室内霉菌的滋生问题，通过一系列的调研和研究，得到了室内霉菌发生的主要原因，从而为霉菌的控制在理论上有了一定的指导作用。

在霉菌的生长分析中可以看到，室内霉菌的萌发主要依靠空气中的孢子着落在合适的表面，然后在一定的环境条件下开始萌发生长，因此可以通过控制室内霉菌孢子数量来控制室内霉菌的萌发，这就是源头控制的思路。可以在孢子萌发之前控制室内的霉菌，这也是最有效的控制方式，但是如果从源头上完全控制室内孢子，显然是不可能的。结合实际，在源头控制上，可以通过增加气密性，使用空调处理设备来减少室外孢子向室内进入，或者是在室内增设专门针对孢子的空气净化设备。

除此之外，还可以从控制霉菌生长的角度思考。从生长角度控制的思路就是在霉菌生长过程中抑制霉菌的生长，其也可以针对五大气候区来分别分析：对于严寒和寒冷地区，其主要在于控制室内的结露，减少局部湿度较大的现象；在夏热冬冷地区，尤其避免春季返潮造成地面湿度较大和梅雨季节造成围护结构湿度较大的现象；夏热冬暖地区，要控制室外向室内湿气的传递和一些暴雨等因素造成的室内地面及墙面潮湿；而在温和地区，霉菌可能不需要防治。具体的霉菌控制的思路如图 5-20 所示。

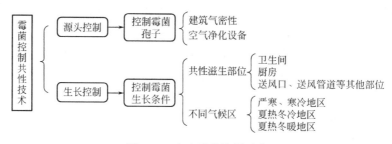

图 5-20　室内霉菌控制思路

从图 5-20 中可以看出，在现有的技术手段上，通过源头控制和生长控制可以很好地控制室内霉菌的发生，也是比较全面的控制思路。所以，在此思路的基础上可以提出不同气候区的室内霉菌控制技术。

室内霉菌的滋生问题，已经引起了足够的重视。在霉菌生长的控制方面，对霉菌滋生的预测也是一种可行的控制手段，所以国外许多学者针对影响霉菌生长的 4 个主要因素做了许多研究，并提出一些霉菌生长预测模型。而在国内有学者认为，当局部湿度达到 80%及以上且高于 0℃，霉菌的产生是不可避免的，所以通过比较相对湿度和霉菌生长的关系，认为要阻止霉菌生长，材料表面的相对湿度必须小于 80%。

2. 室内霉菌控制技术

项目组对霉菌滋生共性部位和不同气候区霉菌滋生特有部位做了全面的技术分析，给出了控制技术措施（既针对霉菌的滋生给出了预防措施，同时也给出了已发霉的控制手段）。通过不同薄弱环节的机理分析得到该部位霉菌滋生的主要原因，有针对性地给出霉菌滋生的控制技术和预防霉菌滋生的手段措施。

在分析过程中，室内霉菌的滋生主要是从预防和处理两个角度对室内墙面和设备表面及内部的霉菌做了大量的分析，从而得到室内霉菌的控制技术手段，如图 5-21 所示。

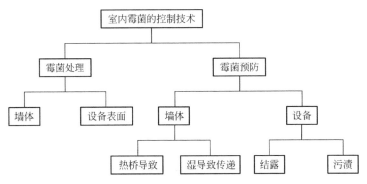

图 5-21　霉菌控制技术思路图

可以看出，室内霉菌滋生的主要部位是墙体和设备，墙体主要包括由于墙体热桥导致或者墙体湿传递导致；设备主要包括表面结露和表面污渍导致。因此，对于霉菌的处理可以总体上可以用以下几点处理：

（1）首先是表面霉菌的清洗：可以采取的技术手段有：对于有霉菌滋生严重的墙面，可以采取铲刀、刷子或者砂纸进行彻底的霉菌铲除或者打磨，然后用一些草酸或者除霉试剂，在长过霉点的地方擦拭；对于轻微的霉斑，使用湿抹布沾上除霉剂，或者是采用稀释的消毒液，使用喷雾剂的小瓶子进行喷雾或者用抹布擦拭处理。

（2）然后是静置干燥：可采取通风或者晒干的手段使处理表面完全干燥，期间也可采用紫外线等手段进一步对霉菌发生部位进行杀菌处理，确保有霉菌滋生部位完全干燥（如果是设备部位霉菌的滋生，可将有霉菌的设备移至室外阳光下进行晒干处理）。

（3）最后是修复表面：对于墙体表面可用腻子将墙面填平，等腻子干透后，进行封闭底漆的喷刷（可采取防水或者防霉的涂料或者封底涂漆），然后再刷乳胶漆。同时，如果墙体的霉菌污染是由于热桥或者渗水导致，要进行墙体的保温处理或者墙体的防水处理，可以在进行最后的封底涂漆之前加设保温层或者防水层。对于设备，可以刷一层防水漆或憎水涂层，用来阻隔表面水汽的聚集。

同样，室内霉菌的预防也很关键，有些霉菌容易滋生的薄弱环节，例如地板、墙体内部、屋顶以及有管道穿墙的部位等，一旦有霉菌滋生，就需要重新维修，因此后期的修复是很艰难也很耗资的。所以对于霉菌的预防就显得格外重要，可采取如下的技术手段：

墙体霉菌的预防可分为两种类型，包括由于保温不好出现的热桥和湿气渗入的墙体。热桥导致的墙体霉菌隐患应该注重墙体保温的全面设计，从设计到施工再到最后的装修要注重墙体的全面保温，对于特殊部位，例如外墙窗过梁、纵横墙转角处的构造柱、阳台的悬挑梁、钢筋混凝土柱、窗子与窗口墙体接触处、屋面天沟处等，要严格加强保温设计。有传湿较严重的墙体，要注重墙体的防潮和防水设计，也应该从设计到施工再到最后的装修做严格防护防水处理。

设备的霉菌滋生大部分是由于表面的结露，其中主要包括风管、出风口和冷盘管等位置，其预防的主要手段是在暖通设计中要防治结露的产生，同时要尽可能做到集中控制温度。灰尘和污渍的积累也是设备表面霉菌滋生的主要原因，所以要经常清理设备的积灰部位，保持表面的干净整洁。

以上控制措施整理如图 5-22 所示。

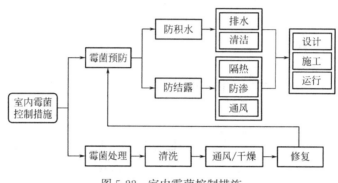

图 5-22　室内霉菌控制措施

本章参考文献

[1]　ASHRAE. ASHRAE Handbook. System and Equipment [M]. Atlanta：ASHRAE 2008.

[2]　Koči V，Vejmelková E，Čáchová M，et al. Effect of Moisture Content on Thermal Properties of Porous Building Materials [J]. Int J Thermophys，2017；38（2）：1-12.

[3]　WHO Guidelines for indoor air quality-dampness and mould [S]. 2009.

[4]　陆川洲. 对住宅楼内墙面结露发霉的调查分析 [J]. 科技信息，2007，17：125.

[5]　李魁山. 华东地区围护结构热湿物性参数实验及热湿传递研究 [D]. 上海：同济大学，2009.

[6]　于水. 混合气候区建筑围护结构热湿耦合传递及防结露控制策略研究 [D]. 上海：同济大学，2012.

[7]　邹凯凯. 夏热冬冷地区保温墙体结露特性及防结露措施效果分析 [D]. 南京：东南大学，2018.

[8]　Moon H J，Ryu S H，Kim J T. The effect of moisture transportation on energy efficiency and IAQ in residential buildings [J]. Energy and Buildings，2014，75：439-446.

[9]　Liu Y，Wang Y，Wang D，et al. Effect of moisture transfer on internal surface temperature [J]. Energy and Buildings，2013，60：83-91.

[10]　Liu X，Chen Y，Ge H，et al. Determination of optimum insulation thickness for building walls with moisture transfer in hot summer and cold winter zone of China [J]. Energy and Buildings，2015，109：361-368.

[11]　王晓雪，沈艳，苏小莉，等. 发霉墙体微生物群落组成分析及其防治方法 [J]. 哈尔滨师范大学自然科学学报，2017，33（2）：108-112.

[12]　中国建筑科学研究院. GB 50176-2016. 民用建筑热工设计规范 [S]. 北京：中国建筑工业出版

社，2016.

[13] 江苏省疾病预防控制中心等. 公共场所卫生检验办法 第 3 部分：空气微生物. GB/T 18204.3-2013 [S]. 北京：中国标准出版社，2013.

[14] 中华人民共和国国家卫生和计划生育委员会，国家食品药品监督管理总局. 食品安全国家标准 食品微生物学检验 常见产毒霉菌的形态学鉴定. GB 4789.16-2016 [S]. 北京：中国标准出版社，2016.

[15] 中国建筑材料科学研究院等. 抗菌涂料. HG/T 3950-2007 [S]. 北京：化学工业出版社，2007.

[16] 中国建筑材料科学研究院等. 抗菌防霉木质装饰板. JC/T 2039-2010 [S]. 北京：中国建材工业出版社，2010.

[17] 广东省微生物研究所等. 塑料 塑料表面抗菌性能试验方法. GB/T 31402-2015 [S]. 北京：中国标准出版社，2015.

[18] BS EN ISO 12571：Hygrothermal performance of building materials and products-Determination of hygroscopic sorption properties [S]，2013.

[19] 张小波. 容湿特性对木质材料热湿迁移 [D]. 上海：同济大学，2016.

[20] Anderson R B，Hall W K. Modifications of the Brunauer，Emmett and Teller equation [J]. Journal of the American Chemical Society，1946，68（4）：689-691.

[21] Chowdhury M M I，Huda M D，Hossain M A，et al. Moisture sorption isotherms for mungbean (Vigna radiata L) [J]. Journal of Food Engineering，2006，74（4）：462-467.

[22] Peleg M. Assessment of a semi-empirical four parameter general model for sigmoid moisture sorption isotherms [J]. Journal of Food Process Engineering，1993，16（1）：21-37.

[23] Oswin C R. The kinetics of package life. III. The isotherm [J]. Journal of the Society of Chemical Industry，1946，65（12）：419-421.

[24] CAURIE M. A new model equation for predicting safe storage moisture levels for optimum stability of dehydrated foods [J]. International Journal of Food Science & Technology，1970，5（3）：301-307.

[25] BS EN ISO 12572：Hygrothermal performance of building materials and products-Determination of water vapour transmission properties-Cup method [S]. ISO 12572：2016，2016.

[26] Henderson S M. Equilibrium moisture content of hops [J]. Journal of Agricultural Engineering Research，1973，18（1）：55-58.

[27] Caurie M. A new model equation for predicting safe storage moisture levels for optimum stability of dehydrated foods [J]. International Journal of Food Science and Technology，1970，5（3）：301-307.

[28] Arslan N，H Tog Rul. The fitting of various models to water sorption isotherms of tea stored in a chamber under controlled temperature and humidity [J]. Journal of Stored Products Research，2006，42（2）：112-135.

[29] Peleg M. Assessment of a semi-empirical four parameter general model for sigmoid moisture sorption isotherms [J]. Journal of Food Process Enigneering，1993，16：21-37

[30] 陈启高. 多孔围护结构中湿度计算理论 [J]. 土木建筑与环境工程，1984，（3）：4-21.

[31] 苏红艳，秦峰. 加气混凝土砌块动态吸放湿性能的试验研究 [J]. 新型建筑材料，2016，43（8）：115-118.

[32] 张婷婷，冉茂宇，任晶，等. 玻璃棉等温吸湿曲线测试及其最适拟合分析 [J]. 泉州：华侨大学学报（自然科学版），2018，39（2）：205-209.

[33] 裴清清，陈在康. 几种常用建材的等温吸放湿线试验研究 [J]. 长沙：湖南大学学报：自然科学

版，1999（4）：96-99.

[34] 于水，张旭，李魁山. 新型建筑墙体保温材料热湿物性参数研究 [C] // 建筑环境科学与技术国际学术会议，2010.

[35] Künzel H M. Simultaneous heat and moisture transport in building components. One-and two-dimensional calculation using simple parameters [D]. Germany：Fraunhofer Institute for Building Physics，1995.

[36] ASHRAE. ASHRAE Standard 160-2016 Criteria for Moisture-Control Design Analysis in Buildings [S]. Atlanta：ASHRAE，2016.

[37] Grant C，Hunter C A，Flannigan B，et al. The moisture requirements of moulds isolated from domestic dwellings [J]. International Biodeterioration，2014，25（4）：259-284.

[38] Li Y，Wu R，Xie H，et al. Water film in very high humidity inhibits mold growth on the damp surface of soil ruins [J]. Building and Environment，2020：107073.

[39] Sedlbauer K. Prediction of mould fungus formation on the surface of and inside building components [D]. Germany：Fraunhofer Institute for Building Physics，2001.

[40] Hukka A，Viitanen H A. A mathematical model of mould growth on wooden material [J]. Wood Science and Technology. 1999，33（6）：475-485.

[41] Viitanen H，Vinha J，Salminen K，et al. Moisture and Bio-deterioration Risk of Building Materials and Structures [J]. Journal of Building Physics，2009，33（3）：201-224.

[42] Ayerst G. The effects of moisture and temperature on growth and spore germination in some fungi [J]. Journal of Stored Products Research，1969，5（2）：127-141.

[43] Magan N，Lacey J. Effect of temperature and pH on water relations of field and storage fungi [J]. Transactions of the British Mycological Society，1984，82（1）：83-93.

[44] Sautour M，Dantigny P，Divies C，et al. A temperature-type model for describing the relationship between fungal growth and water activity [J]. International Journal of Food Microbiology，2001，67（1-2）：63-69.

[45] Johansson P. Determination of the Critical Moisture Level for Mould Growth on Building Materials [D]. Lund university，2014.

[46] AMSC. MIL-STD-810 G-2008 Environmental engineering considerations and laboratory tests [S]，2008.

[47] ASTM. ASTM G21-09 Standard Practice for Determining Resistance of Synthetic Polymeric Materials to Fungi [S]. 2009.

[48] ASTM. ASTM D3273 Standard Test Method for Resistance to Growth of Mold on the Surface of Interior Coatings in an Environmental Chamber [S]. 2016.

[49] 戴俊，林惠赐，等. 地下车库墙面霉菌污染状况及防霉性能测试选择. 涂料工业，2017，47（12）：66-69.

[50] Hosono H，Abe Y. Silver ion selective porous lithium titanium phosphate glass-ceramics cation exchanger and its application to bacteriostatic materials [J]. Materials Research Bulletin，1994，29（11）：1157-1162.

[51] Kolen Ko Y V，huragulov B R，Kunst，et al. Photocatalytic properties of titania powders prepared by hydrothermal method [J]. Applied Catalysis B Environmental，2004，54（1）：51-58.

[52] Kenawy E R，Abdel-Hay F I，El-Magd A A，et al. Biologically active polymers：VII. Synthesis and antimicrobial activity of some crosslinked copolymers with quaternary ammonium and phosphonium groups [J]. Reactive & Functional Polymers，2006，66（4）：419-429.

[53] 周向东，钟明强. 载银纳米 TiO_2 表面改性对抗菌涂料性能的影响 [J]. 材料科学与工程学报，2011，(2)：173-176.

[54] 任书霞，韩海军，田秀淑，等. 载铜无机抗菌剂的制备及性能 [J]. 硅酸盐通报，2009，28 (4)：810-813.

[55] 王广莉，曹建新. 纳米 Fe_3O_4 颗粒修饰接枝高分子季铵盐抗菌剂及抗菌活性研究 [J]. 贵州工业大学学报：自然科学版，2007，36 (6)：14-17.

[56] 张昕，乌学东，高保娇. 硅胶接枝新型长链季铵盐抗菌材料制备及其抗菌性能 [J]. 应用化学，2008，25 (12)：1455-1459.

[57] 邓跃全，董发勤，徐光亮，等. 氢氧化锌浆体抗菌材料-抗菌涂料一体化制备技术研究 [J]. 化工新型材料，2006，34 (11)：67-70.

[58] 张雪娜，郑岳华. 材料防霉抗菌功能及检测方法 [J]. 陶瓷学报，2001，22 (3).

[59] 张文毓. 抗菌剂及抗菌涂料的研究进展 [J]. 上海涂料，2017，55 (5)：33-36.

[60] 苏学军，王建军. 抗菌剂在抗菌涂料中的应用进展 [J]. 天津化工，2007，21 (4)：4-7.

[61] 周振宇. 抗菌防霉调湿涂料的研制及其性能研究 [D]. 株洲：湖南工业大学，2017.

[62] 胡滨，刘国军，刘素花，等. 抗菌涂料中无机抗菌剂的研究进展 [J]. 现代涂料与涂装，2009，12 (1)：18-21.

[63] 王文毅. 水性建筑涂料领域的防腐防霉抗藻剂及应用 [J]. 2015，36 (8)：34-42.

[64] 赵欣，朱健健，等. 我国抗菌剂的应用与发展现状 [J]. 材料导报 A，2016，30 (4)：48-73.

[65] 林宣益. 涂料用防腐剂和防霉防藻剂及发展 [J]. 现代涂料与涂装，2006，9 (1)：54-60.

[66] 吴永文. 瓷砖填缝材料现状及发展趋势 [J]. 新型建筑材料，2020，47 (9)：80-81.

[67] 兰明章，王艳兵. 影响瓷砖粘结剂主要性能的因素分析 [C] //2010 第四届 (中国) 国际建筑干混砂浆生产应用技术研讨会论文集，2010.

[68] 吴开胜，张菁燕，管继南. 无可见泛碱水泥基瓷砖填缝剂的研制 [J]. 新型建筑材料，2011，38 (1)：51-53.

[69] 胡玲霞，赵潇武，杨飞勇. 憎水性水泥基填缝剂的配方研究 [J]. 化工新型材料，2012，40 (9)：141-142.

[70] Goods S H，Neuschwanger C L，Whinnery L L. Mechanical properties of a particle strengthened polyurethane foam [J]. Journal of Applied Polymer Science，1999，74：24-27.

[71] Chen T K，Tien Yi，Wei K H. Synthesis and dharacterization of novel segmented polyurethane/clay nanocomposites [J]. Polymer，2000，41：1345.

[72] 周继亮，张道洪，李延成. 环氧树脂的水性化技术与研究进展 [J]. 粘结，2007，28 (6)：40-43.

[73] 关超，王杰，黄潇. 气相法白炭黑填充双组分环氧美缝剂的研制 [J]. 有机硅材料. 2020，34 (5)：42-47.

[74] 韩朝辉，宋明宇，薛光辉. 环氧瓷砖填缝剂的研制 [J]. 新型建筑材料，2015，42 (4)：84-86.

[75] 刘建钊，祝海龙，王丽霞，等. 室内装饰装修用美缝剂及其标准现状 [J]. 中国建材科技，2019，2：5-6.

[76] 刘瑜，郭雪霞，冉国伟，张慧媛，郭海枫，王海. 食物霉变优势菌筛选及霉变防治技术研究进展 [J]. 食品工业，2017，38 (12)：219-222.

[77] 彭立钢. 民用建筑室内墙体霉菌的分析、预防与治理 [J]. 科学技术创新，2015，32.

[78] 王增权. 卫生间门口踢脚处返潮发霉的预防 [J]. 重庆建筑，2014，13 (1)：21.

[79] 陈毅然. 居室装潢与家事活动中工效学的应用 第四讲 选购装潢物料的工效学测度 [J]. 人类工效学，2002，1：63-69.

[80] 凌士义，祝溪. 从中西方饮食文化的差异谈厨房设计 [J]. 安徽文学 (下半月)，2014，1：

140-141.

[81] 周燕珉，邵玉石. 住宅复合型厨房空间研究 [J]. 建筑学报，2003，3：37-39.

[82] 龚德才，徐飞. 南通图书馆古籍书库的防霉处理 [J]. 东南文化，1991，5：308-310.

[83] 周西文，王雨，马爱华. 转轮除湿/冷辐射吊顶空调系统及其研究进展 [J]. 制冷与空调，2008，22（3）：87-91.

[84] 陈悦，林海江，袁东，等. 上海市部分空调系统微生物污染状况的初步调查 [J]. 环境与职业医学，2004，21（3）.

[85] 白艳，郑晨. 空调清洗行业现状分析及发展对策探讨 [J]. 绿色科技，2012，1：119-121.

[86] 风机盘管干工况运行的空调系统研究 [D]. 哈尔滨：哈尔滨工业大学，2009.

[87] 张宝刚，郝文刚，刘鸣，张志刚，葛小榕，陈庆周. 无损检漏技术理论研究及案例分析 [J]. 四川建筑科学研究，2016，42（5）：32-36.

[88] 孙俊权，周美华. 浅析建筑工程渗漏原因与预控措施 [J]. 建设监理，2014，2：69-73.

[89] 金毅. 上海地区居住类房屋渗水现象的分析 [J]. 住宅科技，2010，30（8）：18-21.

[90] 李艳. 房屋渗漏成因及处治办法 [J]. 建材与装饰，2008，6：138-139.

[91] 葛彦斌. 谈商品房屋面与墙面渗漏的维修方法 [J]. 山西建筑，2016，42（17）：105-106.

[92] 郑忠宝. 墙体渗水及室内发霉长毛的原因及处理方案 [J]. 黑龙江科技信息，2014，17：179.

[93] 张勇一，肖念婷. 浅谈家装工程中的防水问题 [J]. 中国住宅设施，2009，12：50-52.

[94] 张裕民，李淑梅，吕文慧. 浅谈冬季室内生物性污染及预防 [J]. 环境保护科学，1990，1：32-34.

[95] 孔凡红. 节能建筑围护结构热质耦合传递的影响综述 [J]. 太阳能学报，2012，33（S1）：91-97.

[96] 姜子良，胡来全. 建筑物的发霉污染与防霉施工 [J]. 建筑施工，1993，1：30-31.

[97] 徐田，席琛. 谈夏热冬冷地区建筑围护结构的构造设计 [J]. 山西建筑，2013，39（28）：176-177.

[98] 陈欢，李维. 固体吸附除湿在集中空调系统中的适用性分析 [J]. 暖通空调，2011，41（4）：120-122.

[99] 陈振基. 南方地区围护结构的节能方法 [J]. 墙材革新与建筑节能，2007（5）：18-19.

[100] 宋建荣. 夏热冬冷地区建筑节能设计现状和问题探讨 [J]. 建筑设计管理，2010，27（9）：36-38.

[101] 贾春霞，李忠，冯爱荣，张明珍. 闽南地区既有农房绿色改造技术及工程应用 [J]. 新型建筑材料，2018，45（7）：78-81.

[102] 唐平安，凌云，曹荣光. 夏热冬暖地区住宅建筑节能措施 [J]. 建筑节能，2007，4：18-21.

[103] 陈欢，李维. 固体吸附除湿在集中空调系统中的适用性分析 [J]. 暖通空调，2011，41（4）：120-122.

[104] 张晓冬，朱玉光，陈爱芹. 工业水处理常用杀菌剂的调查研究 [J]. 广东化工，2014，41（6）：141-142.

[105] 郑广辉. 防霉涂料的施工应用技术 [J]. 现代涂料与涂装，2011，14（6）：28-30.

[106] 中国建筑标准设计研究院 等. JGJ 298-2013. 住宅室内防水工程技术规程 [S]. 北京：中国建筑工业出版社，2013.

第6章 建筑设备主动式控制技术

6.1 通风稀释技术

当室内出现微生物污染时，通风空调系统除了传统的调节温度等功能之外，还要承担起保护人体健康和安全的重任。但是通风对于室内微生物污染传播具有两面性：加大通风量可以稀释微生物浓度以降低污染物传播风险，但若出现通风设计或运行的问题，可能会不利于阻止污染物在室内不同位置或不同房间之间的传播。因此，单纯的通风不能有效解决室内微生物污染的控制问题。因此，如何最大限度减少污染物在室内传播而引起的感染风险，是密闭环境通风设计运行的新挑战。

基于室内可能已经出现微生物污染的情况下，本节从工程实际应用角度分析通风对微生物污染的控制作用及影响因素，并给出相应的分析案例及数值模拟结果，希望能为相关人员提供一些有用的参考。

6.1.1 通风作用

呼吸道传染病的传播会受到空调气流组织的影响，室内通风不畅时，容易造成呼吸道传染病的传播。通风是营造良好人工环境非常重要的一环，常见的人工环境有公共建筑、住宅和各种交通工具等。传统意义上的通风主要目的是提供人员呼吸所需要的氧气，同时稀释人体排出的废气，降低其重新被人体吸收带来的危害。人的呼吸量其实很小，一个静坐的人的呼吸量只有 $0.27 \sim 0.33 \mathrm{m^3/h}$。但由于人体排出的各种废气对室内空气品质有很大的影响，因此新风除了满足基本氧气需求之外，主要用于稀释人员散发的各种废气，包括 CO_2 等无机化合物及丙酮等有机化合物，这也是现有通风标准的主要依据。

通风是房间排出空气同时又补充空气的过程，在现代建筑中最重要的是将温度和湿度维持在一个合适的范围内，保持室内人员的舒适度；同时能够提供新鲜的空气来满足居住者呼吸的需要；最重要的是通风还能有效排除可能会对居住者造成健康危害的室内空气微生物。

空气中存在各种各样的颗粒物，它们的粒径分布也不同（图 6-1），病毒颗粒粒径在 $0.01 \sim 0.5 \mu m$ 之间，新型冠状病毒的粒径在 $0.08 \sim 0.16 \mu m$ 之间。但是病毒颗粒并不是单独裸露在空气中，一般都是被患者呼出的液滴包裹着。

引入清洁空气以排除、稀释微生物（病毒、细菌），是密闭环境中防止气溶胶传播最主要的方法。一般认为，即使存在气溶胶传播，真正造成人员感染也需要病毒浓度达到一定的阈值。因此，如果通风量足够，病毒浓度就能够被稀释到低于感染阈值，被气溶胶感染的可能性会大大降低。但是由于研究的困难程度和风险很大，对于 SARS、新型冠状病毒等冠状病毒，目前还没有直接的研究得出感染阈值是多少。理论上，如果通风量无限大，任何病毒浓度都能降低到感染阈值之下，这也就是为什么即使在新冠肺炎疫情期间，

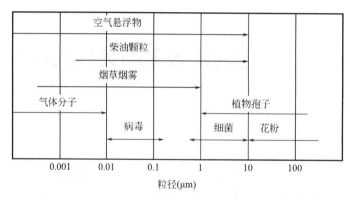

图 6-1 空气中的颗粒物粒径范围

室外大气也被认为是安全的原因。然而由于通风引起的能耗，以及很多实际条件的限制，通风量无限大对于室内环境是不可能做到的。因此，获取合适的通风稀释倍数，从而确定通风量，仍然是控制病毒气溶胶传播的一个主要方法。

6.1.2 通风类型

按照通风动力的不同，通风主要分为自然通风和机械通风。自然通风可在不消耗能源的情况下提供新鲜清洁的自然空气，带走污浊的室内空气，改善室内环境。现代社会各种人工环境的气密性越来越好，人员密度也越来越高，单纯靠自然通风进行"分布式"换气已经无法满足新风量的需求，多种密闭环境中已经普遍使用机械式动力对新风进行补充。

1. 自然通风

通常意义上的自然通风指的是通过围护结构上有目的的开口，产生空气流动。这种流动直接受建筑外表面的压力分布和不同开口特点的影响。压力分布是动力，而各开口的特点则决定了流动阻力。就自然通风而言，建筑物内空气运动主要有两个原因：风压以及室内外空气密度差。这两种因素可以单独起作用，也可以共同起作用。

（1）风压作用下的自然通风

风的形成是由于大气中的压力差。如果风在通道上遇到了障碍物，如树和建筑物，就会产生能量的转换。动压力转变为静压力，于是迎风面上产生正压（约为风速动压力的 0.5～0.8 倍），而背风面上产生负压（约为风速动压力的 0.3～0.4 倍）。由于经过建筑物而出现的压力差促使空气从迎风面的窗缝和其他空隙流入室内，而室内空气则从背风面孔口排出，就形成了全面换气的风压自然通风。某一建筑物周围风压与该建筑的几何形状、建筑相对于风向的方位、风速和建筑周围的自然地形有关。

（2）热压作用下的自然通风

热压是室内外空气的温度差引起的，这就是所谓的"烟囱效应"。由于温度差的存在，室内外空气产生密度差，沿着建筑物墙面的垂直方向出现压力梯度。如果室内温度高于室外，建筑物的上部将会有较高的压力，而下部存在较低的压力。当这些位置存在孔口时，空气通过较低的开口进入从上部流出。如果室内温度低于室外温度，气流方向相反。热压的大小取决于两个开口处的高度差和室内外的空气密度差。而在实际中，建筑师多采用烟囱、通风塔、天井中庭等形式，为自然通风的利用提供有利的条件，使得建筑物能够具有良好的通风效果。

（3）风压和热压共同作用下的自然通风

在实际建筑中的自然通风是风压和热压共同作用的结果，只是各自的作用有强有弱。由于风压受到天气、室外风向、建筑物形状、周围环境等因素的影响，风压与热压共同作用时并不是简单的线性叠加。因此，建筑师要充分考虑各种因素，使风压和热压作用相互补充，密切配合使用，实现建筑物的有效自然通风。

开窗通风可以大幅度稀释室内微生物的浓度，是一种行之有效的防疫措施，但是当相邻房间有微生物感染患者时，应注意空气中携带病毒的颗粒物通过窗户或阳台传播的可能。有报道称，意大利就出现相邻阳台传播新冠病毒的例子。同时，开窗可能会导致室内湿度增加，当采用间歇空调时，要考虑出现冷凝水的可能。

2. 机械通风

机械通风是依靠风机提供的风压、风量，通过管道和送、排风口系统，将室外新鲜空气或经过处理的空气送到人员活动场所；还可以将建筑物内受到污染的空气及时排至室外或者送至净化装置处理后再予排放的通风方式。

根据作用范围的大小、通风功能的不同，机械通风分为全面通风和局部通风两种形式。全面通风是对整个房间进行通风，用送入室内的新鲜空气把整个房间的有害物质浓度稀释到卫生标准的允许浓度以下，同时把室内被污染的污浊空气直接或者经过净化处理后排放到室外大气中去。全面通风包括全面送风和全面排风，两者可同时或单独使用。局部通风是指利用局部气流，使局部地点不受污染，形成良好的空气环境，局部通风包括局部送风和局部排风。

6.1.3　影响因素

室内微生物污染净化效果取决于新风量、总的送风量以及内部区域的空气混合情况。毋庸置疑，向室内通入大量新鲜空气可以稀释室内污染物从而降低污染物浓度，但是有研究发现在某些通风形式下，加大系统通风量，反而会增加室内人员受到病菌感染的机会。这说明，在将室内通风系统应用于稀释室内污染物，并以降低其对人员的影响为目的时，应该基于一个重要的前提：适当的通风形式。如果气流组织形式不恰当，则有可能适得其反，扩大污染物的作用范围而增加其危害。

所以在通风的设计中，除了要满足通风量，也要保证合理的气流组织，必要的时候还要进行清洁区、污染区、半污染区的划分。风口的位置设置、室内相对压力的控制都会影响气流组织。总之，要保证空气的流向从清洁区到污染区。

1. 气流组织

有组织通风是控制室内微生物传播、感染的关键手段之一。气流组织的实质是以一股人工气流主动影响另一股气流，也就是以有组织送风气流来排除室内空气微生物。良好的气流组织形式能够做到减轻室内污染物的浓度，降低室内人员职业暴露、减少交叉感染及保障周围人员的安全；不合理的气流组织形式则会加重污染物对人体的危害，造成微生物传播和交叉感染。

微生物污染在室内多以气溶胶形式传播，不同的气流组织形式使其运动和分布规律是不同的，因此需要根据不同的建筑需求，选择合适的气流组织。

（1）混合通风

混合通风是最常见的送风方式，其工作原理是将空气以一股或多股的形式从工作区外以射流形式送入房间，射入过程中卷吸一定数量的室内空气，让回流区在人的工作区附近，从而保证风速合适、温度均匀，图6-2为典型的混合通风原理图。

混合通风以稀释原理为基础，室内温度场均匀，气流强烈掺混，室内空气品质接近于排风。混合通风房间内的温度和人体呼出微生物的浓度分布均比较均匀，可以将浓度迅速稀释至低于感染阈值的水平，受污染源位置影响较小，可以认为其效率较高。它的缺点在于新风与室内的污浊空气混合，将室内污染物从污染区带动到非污染区，污染物充斥整个房间，虽然污染物浓度得到稀释，但容易造成交叉感染。

贴附射流是混合通风的一种特殊形式。贴附射流的优点是射流风速衰减缓慢、热质交换均匀、管道布置简单、易于维修管理。通过贴附射流的气流组织形式，可将室内带有病毒、细菌的飞沫气溶胶排出室外。与传统的混合通风以及置换通风相比，贴附射流更适合小空间使用。典型的贴附射流室内气流示意图如图6-3所示。

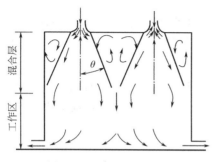

图6-2　混合通风原理图

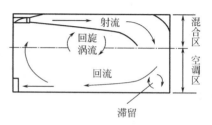

图6-3　贴附射流室内气流示意图

贴附射流较多的被用在医院隔离病房的通风设计中。传染性隔离病房内的患者产生飞沫气溶胶颗粒的主要方式为呼吸、咳嗽和打喷嚏，其粒径分布在$1\sim100\mu m$不等，密度也远大于空气密度，虽然在空气中受到浮力、拖拽力等外力的影响，但总体仍是受重力的影响最大，特别是粒径较大的气溶胶颗粒，在没有气流组织的影响下，主要是沉降到地面。所以世界各国的标准规范中均指出，采用上部（顶棚、侧壁）送风、下部（地面、侧壁）回风的气流组织形式，回风口布置在靠近病床的一侧。经过粗、中、高效三级过滤处理后的清洁空气通过送风口送至病房医护人员停留区域，然后流过病人停留的区域进入排风口，保证气流流动的单向性，保护医护人员安全健康。图6-4为雷神山医院隔离病房示意图，上侧送风和下侧排风的气流组织可以在病床处形成回流区，及时有效地排除病房内的被污染气体。

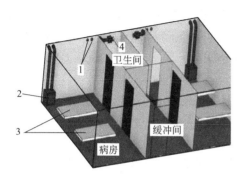

图6-4　雷神山医院隔离病房示意图
1—送风口；2—病房排风口；
3—床位；4—卫生间排风口

（2）个性化送风

个性化送风系统是Fanger教授于1999年提出的一种新型送风系统，其特点是能根据个人的要求而设置风口、风量或送风角度等，能满足室内人员的不同需求，能源利用效率高，避免了不必要的浪费。个性化送风系统可以将处理后的空气直接送达人员的呼吸区，空气新鲜，可单独、灵活地控制，有助于提高呼吸区的空气质量。

个性化送风系统可以定义为：使用者能够对小的局部区域（通常是工作地点）进行单独控制，同时在建筑的大空间里能自动保持一个可以接受的背景环境的空调系统。当用于办公室时，个性化送风系统的风口通常就设在桌面上，故也称为桌面送风。个性化送风末端方式主要包括个人环境单元（PEM）、可移动式风口（MP）、电脑显示器风口（CMP）、垂直桌面格栅（VDG）以及水平桌面格栅（HDG）五种方式，其布置方式如图 6-5 所示。

（3）置换通风

这种通风方式是将新鲜空气以低速（小于 0.5m/s，略小于室内设计值）直接送入工作区，空气在地板上形成一层薄薄的空气湖。在室内人员、设备等热源的作用下，产生向上的对流气流，气流以类似层流的活塞流状态缓慢向上移动并不断卷吸周围的空气，到达一定高度后，受热源和顶板的影响，发生紊流现象，出现紊流区。当热源也是污染源时，对流将使污染物一并卷吸至房间上部并从上部排风口处排出。因此，空调房间将会分成空气污染严重且温度较高的上区和空气质量较好温度适宜的下区。从理论上讲，只要保证人员工作区域处于分层高度以下，风速低于 0.2m/s（没有明显的吹风感），清洁空气直接送入工作区先经过人体，就能保证工作人员处于一个相对清洁的空气环境中，从而有效地提高工作区的空气品质，其工作原理如图 6-6 所示。

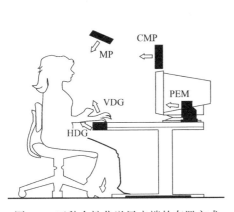

图 6-5　五种个性化送风末端的布置方式

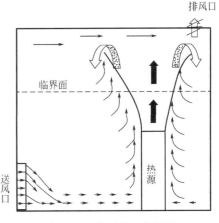

图 6-6　置换通风工作原理

但是有研究发现置换送风会在室内竖向上形成下低上高的温度分层，站立人体呼出的颗粒物在人体呼吸区高度处存在浓度极大值，即出现人体呼出的细小液滴在某一高度空间长时间较高浓度聚集的"自锁现象"，如图 6-7 所示。

（4）垂直单向流

垂直单向流是洁净室应用最为广泛的一种气流流型。在洁净室内，高效空气过滤器（或超高效空气过滤器）布置在顶棚或侧面，从送风口到回风口，气流流经途中的断面几乎没有什么大的变化，加上送风静压箱和高效过滤器的均匀作用，使得全室断面上的流速比较均匀，而至少在工作区内流线单向平行，没有涡流。干净的空气不是一股或几股，而

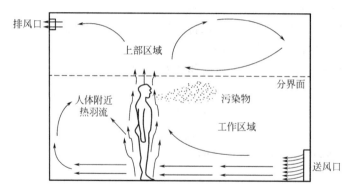

图 6-7　置换送风房间内污染物自锁现象示意图

是充满全室断面，所以这种洁净室不是靠掺混稀释作用，而是靠推出作用将室内的脏空气

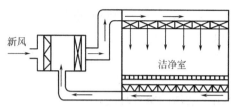

图 6-8　垂直单向流原理图

沿整个断面排至室外，从而达到净化室内空气的目的。空气经架空地板回至循环风机，从而形成上送下回的垂直单向流流型。当房间宽度小于等于 6m 时，也可以在侧墙下部设置回风口，形成上送下侧回的气流流型，其原理图如图 6-8 所示。

单向流洁净室靠送风气流"活塞"般的挤压作用，迅速把室内污染排除。因此这种气流组织形式也被称作为活塞流。单向流的形成除了要满足气流充满洁净室或洁净区，还有三个要素：气流速度、气流的不均匀度、气流的平行度，而且对三要素均有严格的要求。

2. 新风量

新风量是影响室内空气质量的关键设计参数。引入清洁空气通风以排除、稀释微生物（病毒、细菌）是密闭环境中防止气溶胶传播最主要的方法。加大通风，能够有效降低空气中的病毒浓度，从而降低通过气溶胶途径传播感染的可能性。国家标准《室内空气质量》GB/T 18883-2002 规定，新风量不应少于 30m³/（h·人），但是这个数值主要针对室内人员散发的各种废气。《传染病医院建筑设计规范》GB 50849-2014 第 7.3.1 条规定："呼吸道传染病的门诊、医技用房及病房、发热门诊最小换气次数（新风量），应为 6 次/h"，第 7.4.1 条规定："负压隔离病房宜采用全新风直流式空调系统。最小换气次数应为 12 次/h"。对于其他建筑目前还没有相应的标准。

在新冠肺炎疫情期间，政府相关部门、设计院、研究院等相继出台系列应对疫情的集中空调通风系统设计、运行管理规范、标准、导则和通知，例如：《关于印发新冠肺炎流行期间办公场所和公共场所空调通风系统运行管理指南的通知》《关于印发重点场所重点单位重点人群新冠肺炎疫情防控相关防控技术指南的通知》《新型冠状病毒肺炎疫情期间集中空调通风系统风险调查实施技术规范》T/BPMA006-2020、《疫情期公共建筑空调通风系统运行管理技术指南（试行）》、《新型冠状病毒肺炎传染病应急医疗设施设计标准》T/CECS 661-2020、《办公建筑应对"新型冠状病毒"运行管理应急措施指南》T/ASC08-2020 等，都强调了新风的重要性，都要求提高新风量，如果有条件允许可以进行全新风运行。

（1）换气次数

换气次数是指房间送风量与房间体积的比值，单位是 h^{-1}，通俗理解即为房间空气每小时可以置换多少次。一般认为，即使病毒存在气溶胶传播，该途径真正造成人员感染需要病毒浓度达到一定的阈值。因此，如果通风量足够，病毒浓度就能够被稀释到低于感染阈值，通过气溶胶传播的可能性会大大降低。SARS 期间一些研究表明，当新风稀释达到每个病人呼吸量的 10000 倍以上可降低 SARS 感染风险，但是要达到这个标准十分困难。新冠肺炎疫情期间的指南建议换气次数在 $12h^{-1}$ 以上，对于公共卫生间等微生物污染集中的房间：使用人较少的房间换气次数不应小于 $10h^{-1}$，使用人次较大的房间换气次数不宜小于 $20h^{-1}$。

呼吸道传染病感染概率与很多因素有关，如病毒的种类、病人吸入剂量、暴露时间及宿主免疫能力等，其中，微生物活性及感染性、易感人员的抵抗力等参数难以准确确定，因此很难从机理上预测呼吸道传染病的感染概率。目前使用较多的是 Wells-Riley 模型（式（6-1）），以及围绕着 Wells-Riley 模型的假设条件改进的模型。

$$P = \frac{C}{S} = 1 - e^{\frac{-IqpT}{Q}} \tag{6-1}$$

式中　P——感染概率；

　　　C——一次暴发中新产生的被感染人数；

　　　S——总的易感人数；

　　　I——感染人数；

　　　q——一个患者呼出的病原体数量（quanta 值）；

　　　p——人员呼气量，m^3/h；

　　　T——暴露时间，h；

　　　Q——房间的通风量，m^3/h。

常见流行性传染病的 quanta 值如表 6-1 所示。

常见传染病 quanta 值　　　　　表 6-1

疾病名称	人员呼气量(L/min)	描述	quanta 值
肺结核	10	平均	1.26
肺结核	10	办公室暴发案例	12.6
肺结核	10	Laryngeal 案例	60
肺结核	10	插管治疗过程	30840
风疹	5.6	纽约州市郊学校案例	480~5580
风疹	7	墨西哥学校的暴发	60
流感	8	飞机暴发案例	78~126
SARS	6	威尔斯亲王医院病房案例	4680

在广州市疫情防控新闻会上，钟南山院士指出新冠肺炎传染性比 SARS 高。江亿院士通过拟合已知的新型冠状病毒感染案例，初步确定新型冠状病毒的 quanta 值在 14~48 之间。假设一间 $50m^3$ 的房间内有一位患者，呼吸量为 $0.3m^3/h$，暴露时间为 8h，则不同 quanta 值下传染病感染概率如图 6-9 所示。当换气次数为 $30h^{-1}$（即房间通风量为 $1500m^3/h$），新型冠状病毒的 quanta 值分别为 14 和 48 时，感染概率分别为 2.2%和 7.4%。

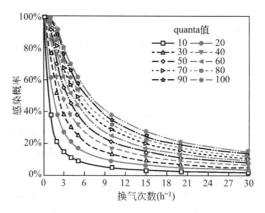

图 6-9　感染概率随 quanta 值及换气次数变化曲线

由图 6-9 可以清晰看出换气次数对呼吸道传染病的控制作用，当室内存在有害微生物污染时，加大通风量能够有效降低被感染概率。

（2）压差控制

微生物污染的蔓延一般需要三个必备条件，分别是传染源、传播途径、易感人群，因此当暴发大规模传染性疾病时，需要对三者进行合理的划分，隔离传染源，切断传播途径，保护易感人群，这样将有效控制传染病的蔓延。对于不同区域压差控制是维持室内洁净度、减少外部污染、防止交叉污染的最重要、最有效的手段。

对普通公共建筑来说，卫生间以及垃圾间等房间，由于生产或活动使得其室内空气内含高危险性的物质（如高传染性高危险的病毒、细菌等），这些房间的压差就需要保持相对负压。

空调系统通过对系统内各区域的送风、回风及排风风量的合理设计和调节来达到各个不同功能房间之间以及室内外压差要求。对于需维持一定压差的房间，进入房间的风量和排出房间的风量是平衡的。

$$SA = RA + EA + LA \tag{6-2}$$

式中　SA——送风量；

　　　RA——回风量；

　　　EA——排风量；

　　　LA——漏风量。当房间对外漏风时，漏风量为正，反之则为负值。漏风量是和房间的对外压差以及房间之间的压差相关的。

对于压差要求严格的房间，为了控制房间压力，可以在各房间中安装压力传感器，在房间的回风管或者排风管上安装电动调节阀。压力传感器实时监测房间压力变化，当房间压力发生变化时，调节阀根据压力变化做出调整，以此保证房间压力。

6.1.4　案例分析

1. 通风稀释病毒

2003 年暴发的 SARS 疫情，我国多个医院实现了零交叉感染率，而又有一些案例出现了通过气溶胶传播导致交叉感染的现象。其中，通风量的区别被认为是医院控制 SARS

交叉感染率的主要原因。SARS 期间，清华大学建筑技术科学系师生深入北京某医院，通过比较不同案例中稀释倍数和交叉感染率的关系，得出了 SARS 的通风安全稀释倍数这一重要结果。

北京某医院 12 名 SARS 患者曾被临时安排在急诊中心附近的走廊里住院治疗，图 6-10 是走廊及相邻房间的示意图。房间 A 和 B 为诊室，分别有 4 个骨科医生在每个房间工作。房间 A 通过窗户直接与室外连通。在这期间，窗户大部分时间都是开着的。房间 B 通过一个中间通道与室外庭院连通。在病人入院到从走廊转移走的 6 天内，没有一名医生直接接触过走廊的患者（这些医生都不是传染病相关的医生）。但几天之后，房间 B 的 4 名医生全部被感染，而房间 A 的医生无一感染。2 个房间唯一的区别就是办公室通风方式的不同，房间 A 通风良好，房间 B 则只能通过一个通道进行通风，并且由于热压作用，气流从走廊流向房间 B。

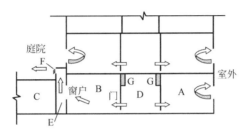

图 6-10　某医院走廊及相邻房间布局及空气流动示意图

注：A，B 为骨科诊室；C 为重症监护室；D 为走廊；E 为夹层；F 为格栅；G 为病床

对房间 B 和走廊 D 进行了病毒传播的回顾性研究，采用模拟计算和现场实验验证相结合的方法。在走廊内放置了模拟病人呼吸产生病毒的无害示踪气体，模拟得到房间 B 等效病毒体积分数（图 6-11），进而转换成该处空气对走廊病人呼吸出来的病毒稀释的倍数。

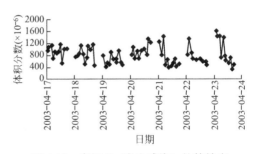

图 6-11　房间 B（发生感染）的等效病毒体积分数模拟结果的

根据等效病毒体积分数，可知房间 B 的病菌浓度稀释倍数（与病人呼吸量相比）为 $1000 \sim 2000$ 倍。在这个稀释倍数下，房间 B 的医生们都感染了 SARS 疾病，因此说明这个稀释倍数对于防止 SARS 病毒传播是不够的。

那么，多大的稀释倍数就够了呢？在同一医院，还有一个零感染的案例正好可以用来回答这个问题。该医院的一间重症监护室安置了 20 个 SARS 病人（总呼气量 $6m^3/h$），同时房间的空气被源源不断地排到图 6-12（a）所示的庭院中，排风量为 $2700m^3/h$，疫情初期尚未意识到 SARS 的严重性，未做其他处理，因此排风等效病毒体积分数为 450×10^{-6}，这个情况持续了 9 天。很多其他的房间当时也向庭院开窗，但并没有任何人被感染上 SARS。同样使用模拟计算和现场回顾验证相结合的方法，得到窗户附近的等效病毒体积分数参考值低至 $40 \times 10^{-6} \sim 100 \times 10^{-6}$，即病毒稀释倍数为 $10000 \sim 25000$ 倍之间。因此得出结论，在稀释倍数为 10000 倍以上时，SARS 感染的可能性极低。

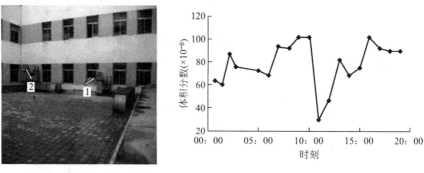

图 6-12　医院庭院工作区窗户附近（没有发生感染）等效病毒体积分数模拟
(a) 实景图；(b) 模拟结果
1-新风口；2-排风口

2. 通风不当

2020 年 4 月 2 日，广州市疾病预防控制中心研究人员 Lu J 等人撰写、刊登在《Emerging Infectious Diseases》杂志的文章认为，新冠病毒可通过空调气流传播（图 6-13）。文献以广州某 89 人餐厅为例进行分析，所得结论是：在这次疫情暴发中，飞沫是由空调通风传播的，感染的关键因素是气流的方向。这项研究有局限性，因为没有进行模拟空气中传播路径的实验研究，也没有对鼻咽拭子样本呈阴性的无症状家庭成员和其他食客进行血清学研究以评估感染的风险。

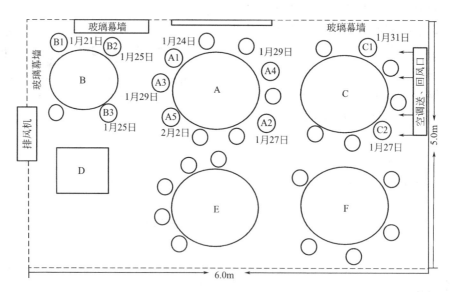

图 6-13　新冠病毒在餐厅中的传播途径
注：1. 图中日期为患者确诊时间；
2. B 家庭成员：B2 和 B3 是由患 A1 还是 B1 感染未确定；
3. C 家庭成员：C2 是由患者 A1 还是 C1 感染未确定

为弥补上述文献的不足，LI Y G 等收集了流行病学数据，获得了一段该 89 人餐厅的视频记录和餐馆内顾客座位安排，并测量了热示踪气体的扩散情况，以代替从疑似病人呼出的飞沫，采用计算机模拟的方法对飞沫的扩散进行了模拟。比较了随后感染病例的室内位置和模拟携带病毒的气溶胶示踪剂的传播情况，采用示踪衰减法测定通气速率，图 6-14 为该餐厅受污染气流包络线。在 A，B，C 家庭就餐区域（图 6-13），在热烟羽和空调空气射流的相互作用下，新冠病毒感染者呼出的气流先下降后上升。高动量的空调送风将被污染的空气带到顶棚的高度。当到达对面的玻璃窗时，气流向下弯曲，并从较低的高度返回。在每一张餐桌上，由热食和人体产生的热气流驱动被污染的空气向上，剩下的空气返回到风机盘管，形成一个再循环区或气流层。该餐厅之所以出现聚集性感染是由于：1）餐厅采用风机盘管空调机组，空调送风和回风加快了新冠病毒传播；2）感染区每人的新风量为 $3.7m^3/h$，远低于 ASHRAE 62.1-2019 标准规定的 $28.8m^3/h$；3）餐厅的排风机均关闭；4）每张餐桌之间的距离约为 1m；5）餐厅的感染区和非感染区之间并无物理间隔，非感染区虽然也有风机盘管机组运行，服务员穿梭于感染区和非感染区之间，但这些区域并无人感染，主要是由于感染区的病毒浓度明显高于非感染区，同时停留的时间不同所致。所以 LI Y G 等人的研究结论是：通过流行病学分析、现场实验示踪剂测量和气流模拟支持了新冠病毒于 2020 年 1 月 24 日在通风不良和拥挤的某餐厅大范围气溶胶传播的可能性。为防止新冠病毒传播，至关重要的是要防止过度拥挤，并在建筑物和交通工具舱内提供良好的通风。

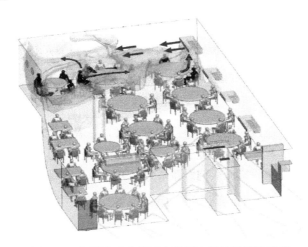

图 6-14 新冠病毒在餐厅中传播途径的计算机模拟

注：最深色人体为感染者，次深色为被感染者，浅色为未感染者。

6.2 空气净化技术

6.2.1 空气过滤

空气过滤是让空气经过纤维过滤材料，将空气中的颗粒污染物捕集下来的净化方式。空气过滤不仅可以过滤颗粒污染物，而且可以过滤细菌和病毒，这是因为细菌和病毒这类微生物在空气中是不能单独存在的，常在比它们大数倍的尘粒表面发现。因此，过滤灰尘的同时也就过滤掉了大量细菌和病毒。

纤维介质过滤理论的研究工作始于 Albrecht（1931）对颗粒物撞击圆柱体的轨道计算，由于 Langmuir（1942）对过滤器中扩散机理的开创性研究，被尊为过滤理论的奠基人。

纤维介质对含尘空气的过滤机理是错综复杂的，是下列效应的综合结果：惯性效应、拦截效应、扩散效应、静电效应、重力效应、热升力效应、范德瓦尔斯力效应等，在一般情况下，前三项是最基本的因素。

（1）拦截效应

在纤维层内纤维错综复杂地排列形成无数的网格，当某尺寸的微粒沿流线刚好运动到纤维表面附近时，若从流线到纤维表面的距离等于或小于微粒的半径，微粒就在纤维表面沉积下来，这种作用称为拦截效应，同时筛子效应也是拦截效应的一种，或被单独称为过滤效应。当微粒的尺寸大于纤维的网眼时，微粒就不能穿透纤维层，如图 6-15 所示。

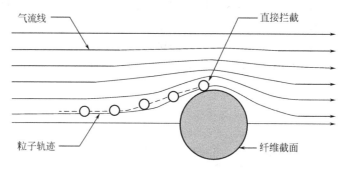

图 6-15　拦截效应示意图

（2）惯性碰撞

由于纤维排列复杂，所以气流在纤维层内穿过时，其流线要屡经激烈的拐弯。当微粒质量较大或者速度（可以看成气流的速度）较大，在流线拐弯时，微粒由于惯性来不及跟随流线同时绕过纤维，因而脱离流线向纤维靠近，并碰撞在纤维上而沉积下来，这被称为惯性效应，如图 6-16 所示。

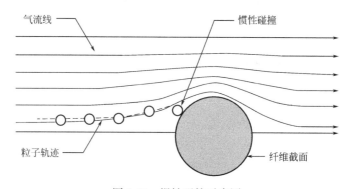

图 6-16　惯性碰撞示意图

（3）扩散碰撞

由于气体分子热运动对微粒的碰撞使微粒产生布朗运动，由于这种布朗运动，较小粒子随流体流动的轨迹与流线不一致。粒子的尺寸越小，布朗运动的强度越大，在常温下，$0.1\mu m$ 的微粒每秒钟扩散距离可达到 $17\mu m$，这就使粒子有更大的机会接触并沉积到纤维表面。但直径大于 $0.5\mu m$ 的粒子布朗运动就会减弱许多，就不能单靠布朗运动使其离开流线而碰撞到纤维的表面，如图 6-17 所示。

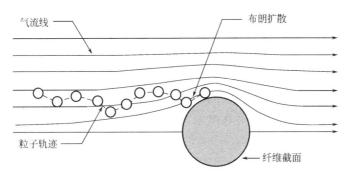

图 6-17 布朗扩散示意图

（4）重力效应

微粒通过纤维层时，在重力作用下微粒脱离流线而沉积下来。粒子的粒径越小，重力的作用就越小，一般来说对 $0.5\mu m$ 以下的微粒重力作用可以忽略不计。

（5）静电效应

由于摩擦，使纤维和微粒都可能带上电荷，或者在生产过程中使纤维带电，从而产生吸引微粒的静电效应。但若是摩擦带电，则这种电荷不能长时间存在，电场强度也弱，产生的吸引力很小。

综上所述，对于高效和超高效玻璃纤维滤纸对过滤有作用的主要机理是布朗扩散、拦截效应，这两种机理的区别就在于粉尘粒子的大小。一般讲，中等大小的粒子则因过滤材料拦截效应而被过滤掉；粒径非常小的粒子布朗扩散比较强烈，通常因扩散到过滤材料中发生碰撞或粘附而被收集。

各种过滤机理的综合效应如图 6-18 所示，综合过滤效率如图中最上面一条曲线所示。

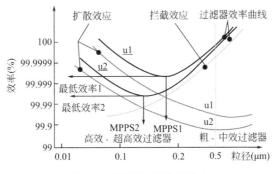

图 6-18 过滤机理综合效应

空气过滤结构简单，在集中、半集中空调系统中应用较广泛，其缺点是由于空气阻力较大，使能耗较高，过滤器需定期更换。

6.2.2 静电沉积

由于辐射、摩擦等原因，空气含有少量的自由离子，单靠这些自由离子是不可能使含尘空气中的尘粒充分荷电的。净化器内部设置了高压电场，在电场作用下空气中的自由离子将向两极移动，外加电压越高，电场强度越大，离子的运动速度越快。由于离子的运动在极间形成了电流，开始时，空气中的自由离子少，电流较小。当电压升高到一定数值后，电晕极附近离子获得了较高的能量和速度，它们撞击空气中性分子时，中性分子会电离成正、负离子，这种现象称为空气电离。空气电离后，由于连锁反应，在极间运动的离子数大大增加，表现为极间电流（电晕电流）急剧增大。当电晕极周围的空气全部电离后，形成电晕区，此时在电晕极周围可以看见一圈蓝色的光环，这个光环称为电晕放电。

为了保证净化器的正常运行，电晕的范围一般应局限在电晕区。电晕区以外的空间称为电晕外区。电晕区内的空气电离之后，正离子很快向负极（电晕极）移动，只有负离子才会进入电晕外区，向阳极运动。含尘空气通过净化器时，由于电晕区的范围很小，只有少量的尘粒在电晕区通过，获得正电荷，沉积在电晕极上。大多数尘粒在电晕外区通过，获得负电荷，最后沉积在阳极板上。因此，阳极板称为集尘板。因为空气中的细菌大多附着在尘埃颗粒上，空气中的微粒数的减少就标志着细菌等微生物的减少，即在除尘的同时除菌。

静电沉积技术去除空气中的颗粒物效率很高，除尘效率可高达90％以上，能够捕集小至 $0.01\sim0.1\mu m$ 的微粒，压力损失小。但是需要高压电源，集尘量小，一般 $1\sim2$ 周需将集尘装置清洗一次。依据国家标准《家用和类似用途电器的安全　空气净化器的特殊要求》GB 4706.45-1999 中规定，要求出风口臭氧浓度不得大于 $0.1mg/m^3$。

除尘效率的影响因素为：1）空气参数，包括空气的温度、湿度、流量和流速，除尘效率与两极板间的平均气流速度成反比，速度增加使除尘效率降低；2）颗粒物的特征，包括粒子的形状、大小、密度、电阻率和浓度，粒子带电量与粒子的电阻率有关，一般状况下，仅适合收集 $10^5\sim10^{10}\Omega\cdot cm$ 的颗粒物；3）结构因素，颗粒物粒子荷电量的大小与电晕放电形式有关，还与集尘极板的长度、面积、两极板间距和供电方式有关；4）操作条件，如与工作电压等因素有关。

6.3 消毒灭菌技术

6.3.1 物理方法

1. 紫外线照射法

紫外线杀菌消毒的原理是：利用适当波长的紫外线破坏微生物机体细胞中的 DNA 或 RNA 的分子结构，造成生长性细胞死亡和（或）再生性细胞死亡，从而达到杀菌消毒的效果。由于紫外线易对人体产生负面影响，该方法在暖通空调领域应用并不多，一般选择在空气处理机组或风管内设置紫外线除菌装置来达到消毒效果。

根据产生生物效应的不同，紫外线划分为 A、B、C 三个波段，C 波段（UV-C）被称为消毒紫外线，其波长范围在 290～100nm，微生物细胞中的核酸、嘌呤、嘧啶及蛋白质等物质对波长 253.7nm 的紫外线吸收能力很强。经过紫外线的照射，空气中微生物细胞体内相邻两个胸腺嘧啶分子间容易形成二聚体，破坏体内 DNA 复制和蛋白质合成，干扰微生物的繁殖，使其失活。

2. 激光照射法

原子中的电子吸收能量后从低能级跃迁到高能级，再从高能级回落到低能级的时候，以光子的形式放出的能量称为激光。激光照射消毒装置可装于空调系统风管中，对空气进行净化。

激光能量高度集中，杀菌指向性强，对细菌、病毒等微生物组织破坏的机理有 3 种：1）光致热作用：导致细胞组织分裂，光化效应导致生物体发生分解反应等使细菌死亡。2）化学作用：引起细胞分子化学键的断裂、催化作用或生成游离基团，使微生物死亡。3）冲击效应：将微生物压缩变形以至破裂。

3. 微波辐射法

微波是一种电磁波，消毒中常用的频率为（915±25）MHz 及（2450±50）MHz。目前对微波消毒的主要观点包括微波的热效应（由分子热运动产生的效应）和非热效应（没有明显温度变化或者温度处于亚致死情况时，细胞发生的生理、生化和功能上的变化）。该净化方法可通过在风管中增设微波磁控管，对空调系统风管中的送回风进行消毒。

现有研究发现，单纯热效应或非热效应都不能解释微波的消毒特性，微波快速广谱的消毒作用是由复杂的综合因素作用的结果。微波辐射杀菌消毒的综合效应机理有 3 种：1）微波的快速穿透作用和直接使分子内部摩擦产热，分子内部持续高温干扰其生存环境而灭活。2）微波的场效应：生物体处于微波场中，微生物受到冲击和振荡，破坏细胞外层结构，使细胞通透性增加，破坏细胞内外物质平衡，出现细胞质崩解融合致使微生物死亡。3）量子效应：微波场中量子效应主要是激发水分子产生过氧化氢和其他自由基，形成细胞毒作用，这种作用可使细胞内各种蛋白酶、核酸等遭到破坏。

4. 等离子体消毒净化法

等离子体是指高度电离的气体云，由气体在加热或强电磁场作用下电离而产生，主要由电子、离子、原子、分子、活性自由基及射线等组成，是固、液、气三态以外的新的物质聚集态。因其正电荷总数和负电荷总数在数值上相等，所以称其为等离子体。

等离子体的发生方法有放电法、射线辐照法、电离法和激光法等。等离子体杀菌消毒原理为其自体包含活性氧原子、氧分子且可产生辐射，与微生物的细胞膜、DNA 及蛋白质产生物理—化学反应使其发生变性或被高速粒子击穿而失活。

等离子体消毒净化法并不是单纯的化学反应，由于等离子体发生方法不同，消毒净化类型也不同，是一种综合性强且普适性强的空气净化方法。该净化技术能在有人的场合持续消毒灭菌，适用于手术过程中有效地控制细菌总数。

6.3.2 化学方法

1. 气溶胶喷雾法

气溶胶喷雾法是指用气溶胶喷雾器喷雾消毒液对空气或物体表面消毒处理，喷雾中雾

粒直径 $10\mu m$ 以下者占 90% 以上。由于所喷雾粒小，浮于空气中易蒸发，可兼备喷雾和熏蒸之效。喷雾时，可使用 QPQ-1 型喷雾器或产生直径在 $10\mu m$ 以下雾粒的其他喷雾器。适用消毒药物有过氧乙酸、过氧化氢、二氧化氯等。气溶胶喷雾法大多用于终末消毒，即终止传染状态后消灭遗留在相关场合的致病微生物。

2. 光催化氧化法

光催化氧化法是气体动力学的研究内容，最初在建筑装修领域降解挥发性有机化合物 VOC 使用。相比于单分子存在的 VOC 气体，微生物具有多层膜结构，由各种有机分子组成。其降解原理可以归结为一个相似的过程：激发、结合、电子空穴捕捉以及活性氧化物通过破坏相关化学键从而实现对有机物质的分解。该净化方法主要应用于医院、食品加工生产线等需要对微生物严格控制的场合，可与建筑通风系统相结合，也可作为便携净化器，形式较为灵活。

光催化氧化法常用降解手段有 3 种：1）氧化呼吸酶抑制生物的呼吸作用。2）氧化并破坏细胞壁、细胞质膜致使微生物半渗透性丧失使微生物失活。3）破坏微生物核酸使其遗传物质的复制和代谢机能受到抑制，以致微生物完全失活。

适用光催化氧化净化法的化学材料有二氧化钛、氧化锌、硫化镉和三氧化钨等。

3. 臭氧消毒净化法

臭氧是化学实验室常用的强氧化剂，具有广谱灭活微生物的作用且灭活迅速。臭氧消毒法是指用臭氧发生器发生的臭氧对空气进行消毒净化处理。该净化方法可有效缓解直接蒸发冷却式空调循环冷却水系统中菌藻滋生、腐蚀和结垢等问题。

臭氧消毒灭菌过程属于生物化学氧化反应。净化原理有 3 种：1）氧化分解微生物内部合成葡萄糖所需的酶，使其灭活死亡。2）破坏微生物细胞器的 DNA（脱氧核糖核酸）或 RNA（核糖核酸），破坏其新陈代谢系统使微生物死亡。3）穿透细胞膜组织，作用于外膜的脂蛋白和内部的脂多糖，使细菌发生通透性畸变而溶解死亡。

虽然臭氧可对绝大多数微生物进行灭活，但由于其具有强氧化性，臭氧对多种物品有损坏，浓度越高损害越重，除此之外，臭氧还对人体有强刺激作用，会引起肺水肿和哮喘等病症，应慎用此种净化手段。

4. 抑菌涂层法

空调的蒸发器、接水盘滤网都是容易滋生细菌霉菌的部位，为了抑制细菌霉菌的滋生，可在这些部件上加涂抑菌材料，抑菌涂层是常用的抑菌手段。常见抑菌涂层材料为 Ag^+，其抑菌机理是接触微生物后，导致微生物的蛋白质遭到破坏，干扰遗传物质的合成从而造成微生物死亡。其接触原理基于电吸附，微生物细胞含有负电荷，抑菌材料带有正电荷。除此之外，Ag^+ 具有较强的氧化性，微生物被灭活后会从其体内游离释放出，继续与其他微生物体产生氧化反应再度除菌消毒，周而复始地产生净化作用。

6.4　气流组织优化设计技术

6.4.1　概述

大多数空调与通风系统都需向房间或被控制区域送入和（或）排出空气，不同形状的房间、不同的送风口和回风口形式和布置、不同大小的送风量等都影响着室内空气的流速分布、温湿度分布和污染物浓度分布。室内气流速度、温湿度都是人体热舒适的要素，而污染物的浓度是空气质量的一个重要指标。因此，要使房间内人群的活动区域（称工作区）成为一个温湿度适宜、空气质量优良的环境，不仅要有合理的系统形式及对空气的处理方案，还必须有合理的气流分布（Air distribution，或称空气分布）。

许多学者从不同的角度提出了对气流组织的要求与评价。例如，对有害污染物发生的车间，用有关污染物方面的指标来评价气流组织的效果，如污染物最大浓度区（应小于容许浓度）的当量扩散半径（相当球体的半径），实际的不均匀分布工作区的平均浓度与排风浓度比值等。

对气流组织的要求主要针对人员停留区或工作区（以下都称为"工作区"）。美国ANSI/ASHRAE 标准定义工作区通常为距地面 1.8m 以内、距外墙（窗）或供暖通风或空调设备 1m 和距内墙 0.3m 的区域。工艺性空调房间视具体情况而定。

6.4.2 评价指标

1. 通风效率

通风效率是表示送风排除热和污染物能力的指标，就排热性能而言也称温度效率，对排除污染物来说也称排污效率，一般用 E_v 来表示。对相同的污染物，在相同的送风量时能维持较低的室内稳态浓度或能较快地将室内初始浓度降下来（非稳态）的气流组织，其排污效率就高。在衡量室内污染浓度变化时，常用稳态的工作区相对效率来反映最终能达到的浓度水平，用非稳态（瞬态）效率来反映浓度变化的快慢。

当送入房间空气与污染物混合均匀，排风的污染物浓度等于工作区浓度时 $E_v=1$，一般情况下 $E_v<1$，但当清洁空气由下方直接送到工作区时，工作区的污染物浓度可能小于排风的浓度，则 $E_v>1$。E_v 不仅与气流分布密切相关，还与污染物的分布有关，如当污染物位于排风处，则 E_v 增大。同时 E_v 也是个经济指标，E_v 越大，表明排出同样的发生量污染物所需的新鲜空气量越小，能耗越小，设备费用和运行费用也就越低。

2. 空气龄

空气的新鲜状况，可以用房间的换气次数来描述，但换气次数并不能表达真正意义上的空气新鲜程度，而空气龄恰好能够反映出这一点。所谓空气龄，从表面意义上讲是空气质点自进入房间至到达室内某点所经历的时间，实际意义是指室内旧空气被新空气所代替的速度。对于室内气流分布情况以及空气出入口不十分确定的房间空气龄，常采用示踪气体浓度自然衰减法来测定。

在容积为 V 的房间内定义示踪气体，在 A 点起始时浓度为 $c(0)$，然后对房间进行送风，每隔段时间测量 A 点的示踪气体浓度，由此获得 A 点的示踪气体浓度的变化规律 $c(\tau)$，则 A 点的平均空气龄为：

$$\tau_A = \frac{\int_0^\infty c(\tau)\mathrm{d}\tau}{c(O)}$$

全室平均空气龄定义为全室各点局部平均空气龄的平均值，即：

$$\bar{\tau} = \frac{1}{V}\int_V \tau \mathrm{d}V$$

3. 换气效率

换气效率是空气最短的滞留时间 τ_n 与实际全室平均滞留时间 $\bar{\tau}_r$ 之比，用 η_a：

$$\eta_a = \frac{\tau_n}{\bar{\tau}_r} = \frac{\tau_n}{2\bar{\tau}}$$

换气效率是衡量室内某点或全室空气更换效果优劣的指标。换气效率越高，意味着入室空气停留时间越短，表明它的清洁度越高，是气流本身的特性参数，它不代表排除污染物的能力。

η_a 是理论上的最短滞留时间，其空气龄为 $\tau_n/2$，则 η_a 可定义为最理想的平均空气龄（$\tau_n/2$）与全室平均空气龄（$\bar{\tau}$）之比，它反映了空气流动状态合理性。最理想气流分布 $\eta_a = 1$，一般情况下 $\eta_a < 1$。

6.4.3　民用建筑气流组织

空调房间对工作区内的温度、相对湿度有一定的精度要求，除要求有均匀、稳定的温度场和速度场外，有的还要控制噪声水平和含尘浓度。这些都直接受气流动和分布状况影响。这些又取决于送风口的构造形式、尺寸、送风温度、速度和气流方向、送回风口位置等。应该根据空调要求，结合建筑结构特点及工艺设备布置等条件，合理确定气流组织形式。

1. 顶部送风系统

（1）上送风下回风

上送风下回风是最基本的气流组织形式（图 6-19）。空调送风由位于房间上部的送风口送入室内，而回风口设在房间的下部。送风在进入工作区前就已经与室内空气充分混合，易于形成均匀的温度场和速度场；能够使用较大的送风温差，从而降低送风量。

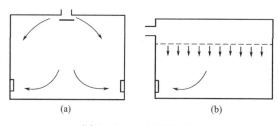

图 6-19　上送风下回风

（a）上送、下侧回；（b）孔板顶棚送、下侧回

（2）上送风上回风

送回风管叠置在一起，明装在室内，气流从上部送下，经过工作区后回流向上进入回风管（图 6-20）。如果房间进深较大，可采用双侧外送式或双侧内送式，这三种方式施工都较方便，但影响房间净高的使用。如果房间净高度许可，还可设置吊顶，将管道暗装，或采用送吸式散流器，这种布置适用于有一定美观要求的民用建筑。

（3）中送风

对于高大空间的空调房间，采用前述方式要求送风量大，空调耗冷量、耗热量也大。因而可在房间高度的中部位置，用侧送风口或喷口送风的方式（图 6-21）。中送风形式是

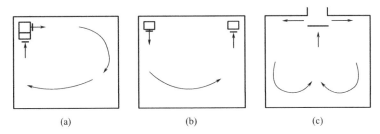

图 6-20　上送风上回风

（a）单侧上送上回；（b）异侧上送上回；（c）散流器上送上回

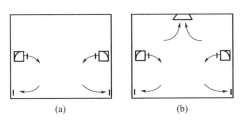

图 6-21　中送风

（a）中送风下回风；（b）中送风下回风加顶部排风

将房间下部作为空调区，上部作为非空调区。在满足工作区空调要求的前提下，有显著的节能效果。

2. 侧送风系统

图 6-22 给出了 7 种侧送风的气流分布模式：

图 6-22（a）为上侧送，同侧下部回风，送风气流贴附于顶棚，工作区处于回流区中。送风与室内空气混合充分，工作区的风速较低。温湿度比较均匀，适用于恒温恒湿的空调房间。排出空气的污染物浓度和温度基本上等于工作区的浓度和温度，因此通风效率 E_v 和温度效率 E_T 接近于 1；但换气效率 η_a 较低，大约小于 0.5。

图 6-22（b）为上侧送风，对侧下部回风。工作区在回流和涡流区中，回风的污染物浓度低于工作区的浓度，$E_v < 1$。

图 6-22（c）为上侧送风，同侧上部回风。这种气流分布形式与图 6-22（a）相类似，但 E_v 要稍低一些，η_a 一般在 0.2~0.55。

图 6-22（d）、（e）的模式分别相当于两个图 6-22（a）、（c）气流分布的并列模式。它们适用于房间宽度大，单侧送风射流达不到对侧墙时的场合。

对于高大厂房，可采用中部侧送风、下部回风、上部排风的气流分布，如图 6-22（f）所示。当送冷风时，射流向下弯曲。这种送风方式在工作区的气流分布模式基本上与图 6-22（d）相类似。房间上部区域温湿度不需要控制，但可进行部分排风，尤其是热车间中，上部排风可以有效排除室内的余热。

图 6-22（g）是典型的水平单向流的气流分布模式。两侧都应设置起稳压作用的静压箱，使气流在房间的断面上均匀分布。在回风口附近，空气的污染物浓度等于排除空气的污染物浓度，$E_v = 1$；而在气流的上游侧，E_v 都大于 1；在靠近送风口处，$E_v \to \infty$。水平单向流的换气效率 $\eta_a = 1$。这种气流分布模式多用于洁净空调。

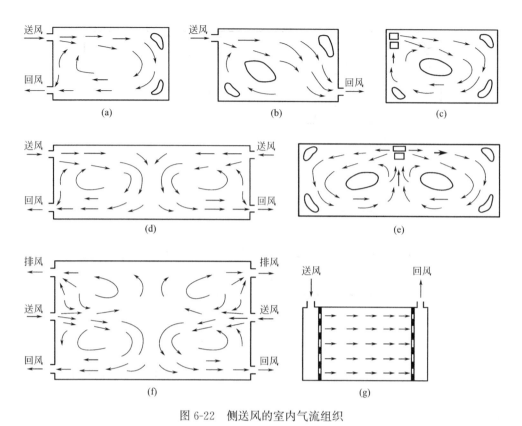

图 6-22　侧送风的室内气流组织

（a）上侧送，同侧下回；（b）上侧送，对侧下回；（c）上侧送，同侧上回；（d）双侧送，双侧下回；

（e）上部两侧送，上回；（f）中侧送，下回，上排；（g）水平单向流

3. 下送风系统

此种方式送风直接进入工作区，为满足生产或人的要求，送风温差必然远小于上送方式，因而加大了送风量。同时考虑到人的舒适要求，送风速度也不能过大，一般不超过 $0.5\sim0.7\mathrm{m/s}$，这就必须增大送风口的面积或数量，给风口布置带来困难。此外，地面容易积聚脏物，将会影响送风的清洁度。但下送风方式能使新鲜空气首先通过工作区。同时由于是顶部排风，因而房间上部余热（照明散热、上部围护结构传热等）可不进入工作区而被直接排走，排风温度与工作区温度允许有较大的温差。因此在夏季，从人的感觉来看，虽然要求送风温差较小（例如 2℃），却能达到温差较大的上送下回方式的效果，这就为提高送风温度、使用温度不太低的天然冷源（如深井水、地道风等）创造了条件。

图 6-23 为两种典型的下部送风的气流分布图。图 6-23（b）是下部低速侧送的室内气流分布。送风口速度很低，一般约为 $0.3\mathrm{m/s}$。送风温度约低于工作区温度 $3\sim6$℃。温度低、密度大的送风气流沿地面扩散开来，在地面上形成速度小、紊流度低的低温"空气湖"。接近热源（人体、计算机等热物体）的空气受热后形成自然对流热射流，称羽流（Plume）。羽流卷吸周围空气及污染物向上升，从上部的风口排出房间。如果热源的羽流所卷吸的空气量小于下部的送风量，则该区域内的气流保持向上流动；当到达一定高度后，卷吸的空气量增多而大于下部送风量时，则将卷吸顶棚返回的气流，因此上部就有回

流的混合区，如图 6-23（a）中虚线以上区域。当混合区在 1.8m 以上（坐姿工作时 1.1m 以上）时，将可保持工作区有较高空气质量。

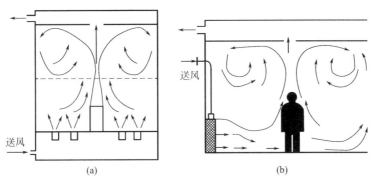

图 6-23　下部送风的室内气流分布
(a) 地板送风；(b) 下部低速侧送风

这种气流分布模式称为置换通风（Displacement Ventilation）。"置换"的意思是用送入空气置换工作区的空气。置换通风气流分布的特点是：1）室内产生热力分层，即分成上、下两区，下部工作区的气流近似向上的单向流，空气清洁，温度较低；上区出现污染气流返回、混合，其温度和污染物的浓度都较高。2）通风效率 E_v 和温度效率 E_T 都很高，换气效率 $\eta_a = 0.5 \sim 0.6$。3）由于送风温差小，故抵消房间冷负荷的能力低。4）送风口设在下部，在风管布置、与室内装修配合方面有一定困难。

图 6-23（a）为地板送风的气流分布。地面需架空，下部空间用作布置送风管，或直接用作送风静压箱，把空气分配到若干个地板送风口。地板送风口可以是旋流风口（有较好的扩散性能），或是格栅式、孔板式的其他风口。送出的气流可以是水平贴附射流或垂直射流。射流卷吸下部的部分空气，在工作区形成许多小的混合气流。当小型的地板送风口送风速度小于 2m/s，且布置均匀时，也像低速侧送风一样，形成置换通风模式。应该指出，无论侧送风还是地板送风，当送风速度过大或工作区的气流分布很不均匀时，都有可能破坏上、下热力分层，上部的污染热空气被卷吸到下部工作区，减弱了送风气流在工作区的置换作用，甚至不是置换通风了。在高冷负荷密度的计算机房、程控机房等场所，即使形成不了置换通风的气流分布模式，采用地板送风仍然是一种最佳选择。它可以把冷风直接送入机柜，有效地将热量带走，并辅以其他地方的地板送风口，仍可以使工作区获得清洁的、良好的热环境。

下部送风的垂直温度梯度都较大，设计时应校核温度梯度是否符合相关要求。另外，送风温度也不应太低，避免足部有冷风感。下部送风适用于计算机房、办公室、会议室、观众厅等场合。污染物密度大于空气密度时，不宜使用下部送风。

下部送风除了上述两种模式外，还有座椅送风方案，即在座椅下或椅背处送风。这也是下部送风的气流分布模式，通常用于影剧院、体育馆的观众厅。

4. 置换通风系统

置换通风的基本特征是垂直方向会产生热力分层现象。置换通风下送上回的特点决定了空气在垂直方向会分层，并产生温度梯度。如果在底部送新鲜的冷空气，那么最热的空气层在顶部，最冷的空气层在底部。置换空气在垂直方向汇入上升气流，由于送风量有限，在某一高度送风会产生循环。把产生循环的分界面高度称为"分界高度"。这样就形成了两个区域的气流形式，底部区域是相对清洁的空气，上部区域存在更多的污染。所以为了获得良好的空气品质，通风量必须满足一定要求，以使"分界高度"高于人员活动区，这样人们便处于清洁区（图 6-24）。

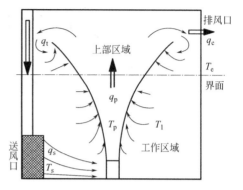

图 6-24　置换通风的原理

通过对两种通风方式的特征、通风效果、室内空气品质及能耗的比较，可以看出置换通风具有以下优点：置换通风比传统的混合通风具有更高的换气效率和通风效率；置换通风比混合通风具有更高的室内空气品质和舒适性；置换通风比混合通风的节能效果更好。

通过对置换通风和地板送风的基本原理、气流组织形式、通风效率、空气品质和热舒适度的比较，得到以下结论：与置换通风相比，在处理较大负荷时，地板送风具有优势；与置换通风相比，地板送风可以提高地板附近空气温度，并减小沿垂直方向的温度梯度；与传统送风方式相比，地板送风可以提高房间空气交换效率和室内空气品质，但逊于置换通风；地板送风散流器的个性化控制可以显著提高办公人员对环境的满意程度；地板送风散流器周围气流速度较大，一定程度上影响了人员的舒适性。送风速度在活动区的影响范围，以及对人员舒适性影响程度等方面的问题尚需进一步研究。

6.4.4　生物洁净室气流组织

1. 生物洁净室的特点

生物洁净室是指空气中微生物作为主要控制对象的洁净室。对于浮游在空气中的微生物来说，如细菌、立克次体和病毒等，在空气中难于单独生存，而是以群体存在，大多附着在空气中的尘埃上，形成悬浮的生物粒子。细菌单个大小约为 $1 \sim 100 pm$，病毒单个大小约为 $0.008 \sim 0.3 pm$，立克次体单个大小介于细菌与病毒之间，它们群体生存并附着于尘埃上时，一般约为 $5 \sim 10 \mu m$，因此空气通过亚高效过滤器（对 $\geqslant 0.5 pm$ 粒子的计数效率 $\geqslant 95\%$，$< 99.9\%$）后，可视为无菌空气。洁净室出现后，很快被应用到生物洁净技术中。生物洁净室主要用于制药、无菌动物饲养、医院中手术室、烧伤病房、白血病房、食品生产、高级化妆品生产等。我国的制药生产中应用生物洁净室已很普遍。

2. 生物洁净室气流组织

对于一般的空调系统，为了增强空调房间内送风与室内主气的混掺作用以有利于温度场的均匀，通常采用紊流度大的气流组织形式，以便在室内尽量造成二次诱导气流、向上气流以及一定的涡流；而对于净化空调系统，洁净室内的气流组织则要求紊流度小，以避免或减少尘粒对工艺过程的污染。一般应遵循下列原则：尽量防止尘粒的二次飞扬，以减少尘粒对工艺过程的污染机会；尽量减少涡流，以避免将工作区以外的尘粒带入工作区；工作区的气流速度应满足空气洁净度和人体健康的要求，并应使工作区气流流向单一。

气流组织对洁净室等级起着重要的作用。根据气流的流动状态分，目前采用的气流组织形式主要有非单向流和单向流两类。

（1）非单向流洁净室

非单向流形式主要是利用洁净空气对尘粒的稀释作用，使室内的尘粒均匀扩散而被"冲淡"。送、回风方式一般采用顶送下回，气流自上而下，与尘粒的重力沉降方向一致（图6-25）。

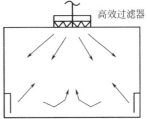

图6-25 非单向流洁净室

送风口经常采用带扩散板（或无扩散板）高效过滤器风口或局部孔板风口。在洁净度要求不高的场合也可采用上侧送风下回风的方式。

非单向流形式由于受到送风口形式和布置的限制，室内的换气次数不可能太大（相对于平行流而言），并且室内还会有涡流，使室内工作区的洁净度通常能维持在 $1000\sim100000$ 级的水平。非单向流形式的洁净室构造简单，施工方便，投资和运行费用较小，因而应用很广泛。

（2）单向流洁净室

单向流形式有垂直平行流和水平平行流（图6-26），单向流的主要特点是在洁净室顶棚或送风侧墙上满布高效过滤器，所以送入房间的气流充满整个洁净室断面，并且从出风口到回风口，气流的断面几乎不变，即流线几乎平行，没有涡流。此外，由于送风静压箱和高效过滤器的均压均流作用，使气流断面上的流速均匀。送入房间的气流，像"活塞"那样把室内随时产生的尘粒迅速压至下风侧，然后排走。由于平行流形式要求室内断面上具有一定的风速，所以室内的换气次数可高达每小时数百次，从而可使室内达到非常高的洁净程度（100级或更高的洁净度）。此外，单向流形式的洁净室自净时间（自系统启动起，至室内含尘浓度达到稳定值时所需的时间）短，为 $1\sim2\text{min}$。

由于水平单向流洁净室的气流方向与尘粒的重力沉降方向不一致，所以室内断面风速略大于垂直平行流的断面风速，以避免尘粒出现沉降的现象。此外，水平单向流沿着气流的方向洁净度逐渐降低，在布置工艺时应加以注意。

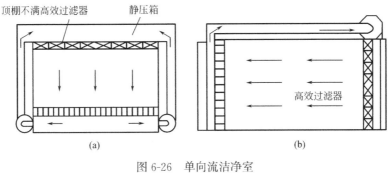

图6-26 单向流洁净室

（a）垂直平行流；（b）水平平行流

洁净室的流型基本上是上述两种类型，但是实际应用时可演变出很多形式。洁净室可以是单向流和非单向流组合在一起的混合流型，以在局部区域（单向流部分）实现高级别的洁净度。例如，在洁净室中设水平单向流的"隧道"（一侧敞开），洁净室的其余部分是有涡流的非单向流流型，从而实现"隧道"部分达到5级以上洁净度，工作台就设在"隧道内"。

6.4.5　气流组织优化设计案例

1. 医院普通三人间病房

选用某医院的三人间病房作为物理模型，对室内微生物污染扩散进行模拟。房间长宽高为3.7m×8.2m×3.9m，假设人体模型为长宽高为0.2m×0.2m×1.7m。其中湍流模型选用标准模型来计算充分发展的湍流运动。病人呼吸产生的污染物，选取头部口鼻面作为污染物散发源（0.02m×0.02m），呼吸时气流速度为0.2m/s，因此呼吸气流流量为$1.8×10^{-4}m^3/s$，污染物颗粒散发数目为50个/s，质量流量为$2.1×10^{-13}kg/s$，密度为$1003kg/m^3$，则污染物的体积流量为$2.09×10^{-16}m^3/s$，颗粒物的体积分数远远小于10%，因此选用离散项模型模拟飞沫扩散。分别采用上送上回及侧送上回两种方式，对污染物扩散进行，房间物理模型如图6-27所示。

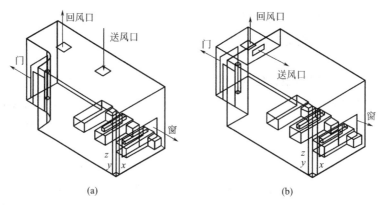

(a)　　　　　　　　　　　　(b)

图6-27　病房简化物理模型

（a）上送上回；（b）侧送上回

（1）上送上回

上送上回气流组织条件下，将送风口设置在房间中间，风口尺寸为0.6m×0.6m，房门开启，房间内人员在病房的安置如图6-27（a）所示。

室外计算干球温度为30.8℃，室外计算湿球温度为23.6℃；空调计算日均温度为25.8℃，房间内设置送风口为风速为1.2m/s，温度为22℃。由于坐姿情况下，口鼻呼吸区高度为1.2m，高度1.2m处污染物分布如图6-28（a）所示，房间内污染物分布较为均匀，污染物总数目较多，在门附近及病床上分布较为密集，这是由于这些地方病人作为污染源，呼吸将会产生飞沫污染物，使得局部污染物浓度增加。根据$Z=1.2m$高度处的速度场分布［图6-28（b）］，可以看出送风口周围风速较高，速度梯度较大，送风口处产生的气流冲向地面，一部分在房间沿地面和墙壁向顶棚流动，一部分从地面向房间门口处流去，如图6-28（c）所示，病房内病床附近气流较强，同时门所在位置风速为0.2~0.4m/s，这意味着门口处将会有一部分污染物逃逸。

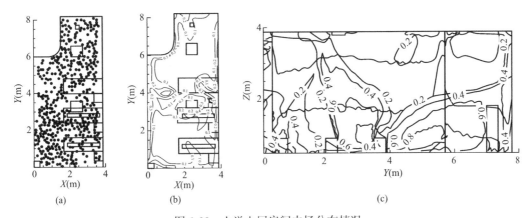

图 6-28 上送上回房间内场分布情况

(a) $Z=1.2$m 污染物分布；(b) $Z=1.2$m 速度场；(c) $X=1.8$m 速度场

（2）侧送上回

侧送上回气流组织条件下，将送风口设置在房间侧壁，风口尺寸为 1.2m×0.3m，回风口设置在房间内走廊，风口尺寸为 0.6m×0.6m，房门开启，房间内人员在病房的安置如图 6-27（b）所示。

工况设置与上送上回房间相同，房间内设置送风口风速为 1.2m/s，温度为 22℃。高度 1.2m 处污染物分布如图 6-29（a）所示，房间内污染物总数目较多，在门附近及窗户附近分布较为密集，这是由于室内气流从侧送风口吹向窗户方向；可由图 6-29（b）可知，窗户附近风速较大，而在门口处风速较小；从图 6-29（c）可知，由于窗户及墙壁的阻挡，气流在病床附近和病床上方形成了涡旋，使得仅有一小部分污染物随着气流组织从门口逃逸出去。

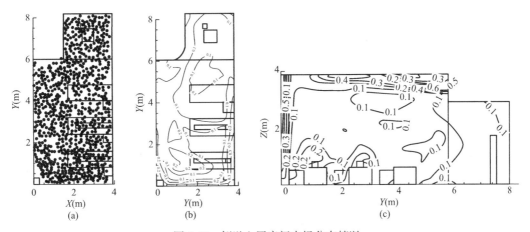

图 6-29 侧送上回房间内场分布情况

(a) $Z=1.2$m 污染物分布；(b) $Z=1.2$m 速度场；(c) $X=1.8$m 速度场

综上所述，相同工况下，侧送上回房间与上送上回房间相比，污染物逃逸数目较少，能够减少与相邻房间交叉感染的风险，同时病床附近风速较低，有利于提高室内人员舒适度，但是不利于室内污染物的排出。在实际运用时应该综合考虑。

2. 医院双人间负压隔离病房

病房尺寸：长度（Z）×宽度（X）×高度（Y）＝6.6m×5.4m×3m。所有的墙都被考虑为是绝热的。房间顶部由风机过滤单元（Fan Filter Unit）将外部空气吸入并经过高效过滤器（HEPA）过滤。房间布置成典型病房场景：两张病床，两个病人人体模型，两个医护人员人体模型（HCW）。

为了考虑后面的壁面沉积，简化了各个墙壁的名称，其中X-和Z-代表靠近污染源的后墙和右墙，X+和Z+代表远离污染源的两个侧墙。过滤后的空气使用单侧下向送风和双侧下向送风气流组织送入室内，如图6-30所示。房间顶部送风孔板尺寸为0.54m×0.54m；高效出风口尺寸为0.984m×0286m。所有实验中的通风率都保持在12ACH左右，送风温度17.9℃。工况1风速0.25m/s，工况2风速0.31m/s。

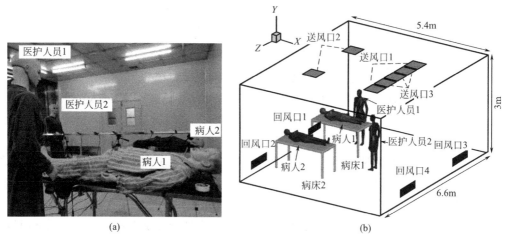

图6-30　双人间病房模型

（a）实验室布置图；（b）数学模型布置图

两种气流组织形式的风速验证结果如图6-31所示，可以看出，模拟结果与不同位置风速的实测结果基本吻合。

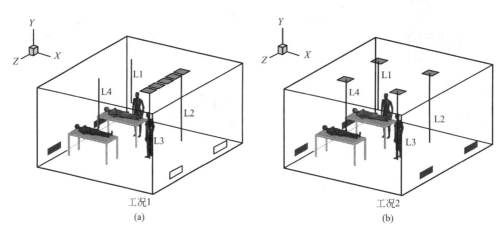

图6-31　两种气流组织四条测线实验与模拟风速验证（一）

（a）工况1测点布置；（b）工况2测点布置

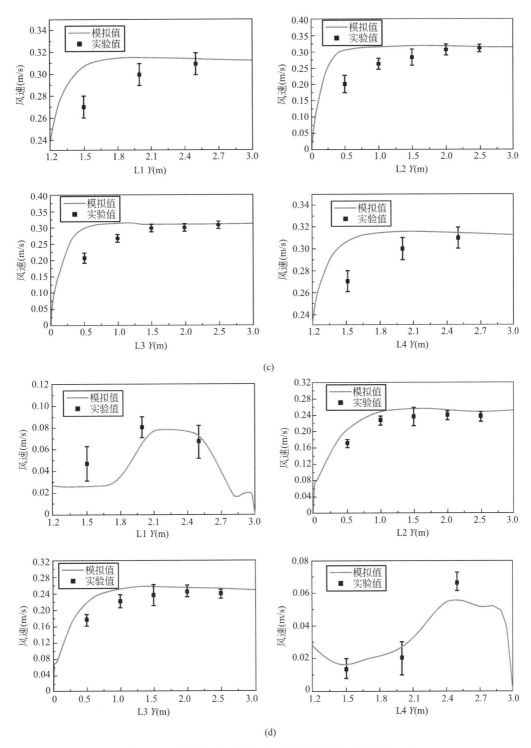

图 6-31 两种气流组织四条测线实验与模拟风速验证（二）

（c）工况 1 风速验证；（d）工况 2 风速验证

　　单侧下向送风工况下 $Z=3.4\text{m}$ 的矢量流线图如图 6-32（a）所示，可以看到单侧下向送风在垂直送风到地板之后分流撞到前后墙壁形成回卷气流，气流继续沿墙壁向上运动至顶棚，一部分形成涡流，另一部分继续运动到送风区域后再次回流。图 6-32（b）双侧下向送风是工况下 $Z=2.2\text{m}$ 处的流线矢量图，可以看到双侧下向送风一侧在垂直送风到地板之后分流撞到后墙壁和病床形成回卷气流，另一侧气流同样在左侧形成涡流区，靠近释放源的墙壁角落形成的涡流首先对气溶胶颗粒的排出起了阻碍作用。

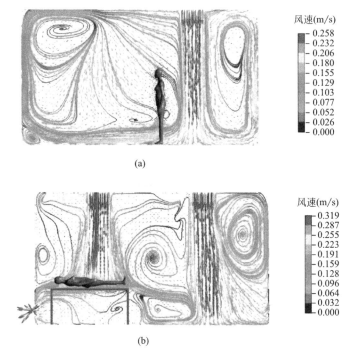

(a)

(b)

图 6-32　病房流量矢量图

(a) 工况 1：$Z=3.4\text{m}$ 流线矢量图　(b) 工况 2：$Z=2.2\text{m}$ 流线矢量图

　　900s 过程中四种工况的沉积率、去除率、悬浮率如图 6-33 所示。沉积率即沉积颗粒总数与释放颗粒总数的比值。同理，排出颗粒、悬浮颗粒与释放颗粒总数的比值为排出率和悬浮率。可以看到工况 1 和工况 3 排出效果远高于工况 2 和工况 4，表明单侧下向送风在污染物有效排出效果上比双侧下向送风排出效果要好。同时增加了隔断让两种气流组织形式下的沉积率都有少量增加。悬浮率有略微下降。

　　四种工况生物气溶胶时空分布如图 6-34 所示。生物气溶胶是有粒子产生时着色的。由图 6-34（a）可知，在 40s 和 80s 时颗粒随着气流沿回风口侧墙壁向上运动。接着颗粒运动至顶棚继续向前运动，触碰到送风区域后分成两部分：小部分向病人 2 侧扩散，大部分颗粒受病人 1 侧涡流影响向病人 1 右侧扩散，触碰到墙壁 Z-后沿墙壁继续向送风口侧运动，受送风口右侧涡流影响开始向整个房间扩散。由图 6-34（b）可知，在 40s 时一部分颗粒排出，另一部分颗粒受气流影响沿着 X-墙向病人 1 右侧运动。80s 时受病人 1 右侧涡流影响沿房间角落向上运动，撞击到顶棚后颗粒开始分流向两侧扩散。颗粒继续运动后受多处送风造成的涡流影响继续向房间各处扩散，在 300s、500s 的颗粒扩散

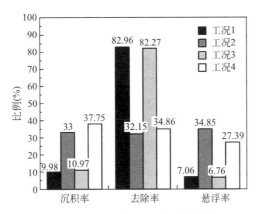

图 6-33 900s 时病房颗粒物分布情况

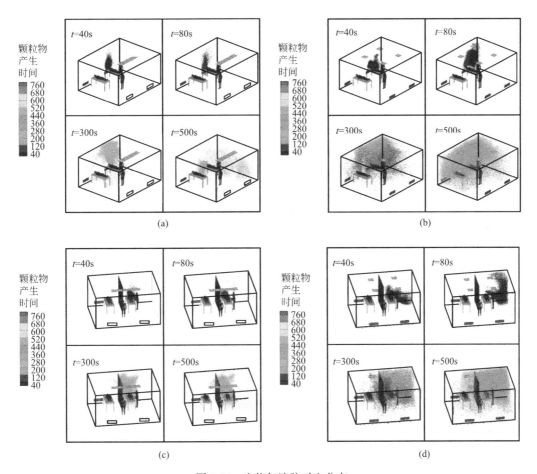

图 6-34 生物气溶胶时空分布

（a）工况 1 不同时刻病房内颗粒物分布；（b）工况 2 不同时刻病房内颗粒物分布；
（c）工况 3 不同时刻病房内颗粒物分布；（d）工况 4 不同时刻病房内颗粒物分布

过程中最终扩散到了整个房间。图 6-34（c）（d）是工况 3 和工况 4 的气溶胶分布规律。工况 3 和工况 4 是在工况 1 和 2 的基础上增加了隔断。可以看到在工况 3 中，向病人 2 侧运动的颗粒被送风区域和隔断阻碍，在 300s 时仅有少量的颗粒扩散到了病人 2 这一侧，在 500s 被隔断分割开的病人 2 侧的颗粒数量明显少于工况 1 中同时刻。工况 4 中颗粒最开始的运动轨迹和工况 2 类似，但在 300s 后，大部分向病人 2 侧扩散的颗粒在隔断的阻碍下回流，少部分越过隔断和送风区域运动到了病人 2 侧，随着时间的增加，病人 2 侧生物气溶胶颗粒数也在持续增加，但与工况 2 相比，病人 2 侧浓度得到了显著降低。在一定程度上说明了物理隔断在阻碍污染物扩散上具有积极作用。

3. 生物安全三级实验室

以我国某生物安全三级实验室（以下简称 P3 实验室）内设备布局对主气流携带特性及微生物沉积过程的影响为例，简要说明气流组织优化设计应注意的问题。

（1）CFD 模型建立

通过采用 CFD 模拟方法对 P3 实验室流场及生物气溶胶传播扩散进行模拟，模型尺寸如图 6-35 所示，得到了 P3 实验室的气流模式及微生物粒子随气流运动轨迹。微生物粒子运动受气流涡流影响较大，使粒子室内存留时间延长，不利于微生物去除。

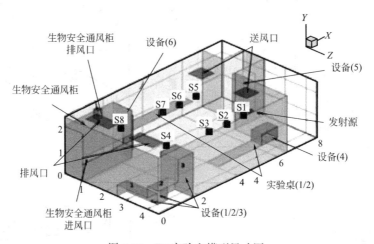

图 6-35　P3 实验室模型尺寸图

气流组织的模拟采用了 RNG k-ε 湍流模型。该湍流模型能够精确计算室内气流的速度和温度分布，并且考虑了较小尺度运动的影响。计算公式如下：

$$\frac{\partial (\rho k)}{\partial t} + \frac{\partial (\rho k u_i)}{\partial x_i} = \frac{\partial}{\partial x}\left[\left(\mu + \frac{\mu_t}{\sigma_k}\right)\frac{\partial k}{\partial x_j}\right] + P_k - \rho \varepsilon$$

粒子运动采用单项耦合拉格朗日方法，并且采用随机游走模型来考虑湍流对粒子扩散的影响。计算公式如下：

$$\frac{du_p}{dt} = F_D(u - u_p) + \frac{g(\rho_p - \rho)}{\rho_p} + F_e$$

（2）微生物散发实验

微生物释放特性如表 6-2 所示。

微生物释放特性   表 6-2

微生物	粒径 (μm)	释放量 (个)	密度 (kg/m³)	释放速度 (m/s)	持续时间 (s)	发射源位置
黏质沙雷氏菌菌液	0.760	1030000	1000	0.53	一次性释放	S1
噬菌体	0.696	1060000	1000	0.53	一次性释放	S1

实验中，气溶胶发生 10min 后，用 APS3321 测试气溶胶总粒子浓度，同时开启四个 Andersen 六级采样器，采样流量为 28.3L/min，采样时间 1 为 0.5min，2 为 5min，3～4 均为 10min，即对微生物气溶胶的追踪时间超过 10min，因此非稳态数值计算中，时间步长设置为 1s，总计算时长为 900s，即 15min，这样既可以准确提取相关采样点数据进行对比验证，也可以对气溶胶颗粒的扩散规律进行充分的跟踪研究。

（3）速度场模拟与实验对比分析

通过 CFD 方法对 P3 实验室室内气流和微生物粒子运动进行模拟，得到了实验室流场分布图和微生物颗粒空间分布，进而得到了不同浓度颗粒云在室内扩散传播的路径及规律，对比微生物颗粒在室内不同壁面的沉积位置，分析得到了室内主气流扩散路径及相关携带特性，并对影响主气流携带特性的相关因素及其影响程度进行了分析探讨。

实验室流场验证的主要目的是保证连续相流数值计算的准确性。由于该模型中离散相颗粒的运动受连续相流的影响最大，因此建立一个精确的连续相计算模型是研究气溶胶微生物分布扩散的关键。流场的验证主要是通过在 4 个空气扩散器（两个进风口和两个空气出口）下不同位置的风速来进行的。如果实验值与测量数值结果相差不大，则认为室内流场边界几乎是合理的。

图 6-36 给出了风口正下方 0.1m 处平面速度场的验证情况，数据通过多功能通风参数表测得。图 6-37 给出了风口下方其他位置处平面速度场验证（数据通过多功能通风参数表测得）。可以看出，模拟结果与不同位置的风速测量结果基本一致，表明数值计算模型对连续相流场的模拟是准确可靠的，两者之间的误差主要是由于实际流场是湍流的，数值计算模型对扩散器模型和其他边界条件处理都有许多简化。图 6-38 给出了室内送风口截面速度场（稳态及非稳态）云图、流线图。

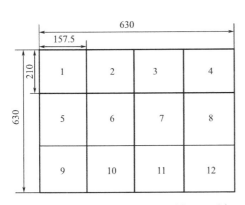
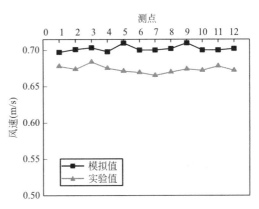

图 6-36　风口正下方 0.1m 位置处平面速度场验证

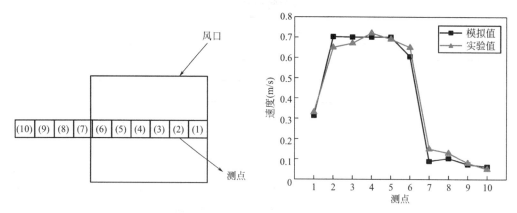

图 6-37　风口速度场验证

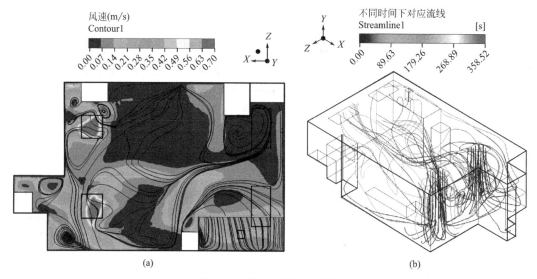

(a)　　　　　　　　　　　　　　　(b)

图 6-38　截面云图、流线图

(a) $t=30s$、$Y=0.9m$ 截面非稳态云图；(b) $t=30s$ 非稳态流线图

（4）微生物污染浓度场模拟与实验对比分析

图 6-39 给出了排风口气溶胶去除率及不同采样点浓度随时间变化关系，从图中可以看出：

1）黏质沙雷氏菌和噬菌体的气溶胶浓度在 25～35s 达到最大值，随后显著降低，同时 S2 浓度逐渐增加，表明释放 25～35s 后，气溶胶浓度将达到 S1，但由于释放源为阶段性释放源，而不是恒定的排放源，气溶胶团簇将在 5s 左右通过定向气流进入 S2。

2）S3 和 S4 在释放后 40～50s 达到最大值，但与释放源浓度相比，浓度下降了很多。

3）结果表明，在 S2 释放后，气溶胶粒子具有明显的非定向扩散，浓度明显衰减。推测其主要原因是定向气流携带粒子云的涡流干扰，当定向气流遇到障碍物时，会形成不同程度的边界层分离带和回流区，这将降低定向气流对气溶胶粒子的承载能力，使部分气溶胶通过气流，这一结论可以进一步验证。

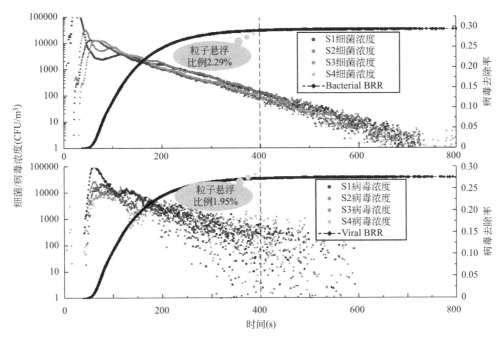

图 6-39　排风口气溶胶去除率及不同采样点浓度随时间变化关系

图 6-40 给出了等值面图及不同截面速度流线图，从图中不同时刻下不同浓度等值面图的演化可以直观地描述气溶胶在实验室中的迁移过程，可以解释空间浓度在 S3 和 S4 处

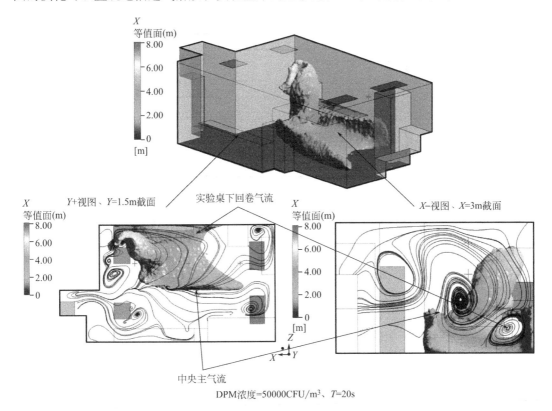

图 6-40　等值面图及不同截面速度流线图

的衰减机理和高浓度区的产生机理。从图 6-40 中可以看出，颗粒云的运动轨迹主要受主气流运动的影响，从气流源到排气出口的运动速度与以往的分析一致，但由于室内壁面和其他障碍物的影响，在速度流线中产生了许多不同尺度的涡旋区域，这里主要有两个大涡区，实验台 1 下的回流区和 X 段的主回流区，前者在实验台 1 以下运动时受壁面和台面的障碍扰动影响，导致气流回流；后者是 Z 向辅助气流与定向主气流相互作用产生的顺时针旋转气流，两者都削弱了定向主流的颗粒携带效应，导致大量气溶胶颗粒分离，并随着涡流运动而长留，形成较小的高浓度残余区。

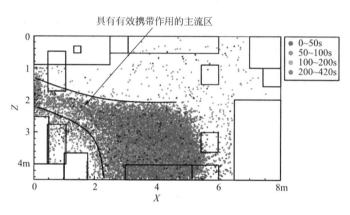

图 6-41　实验室地面不同时间段微生物气溶胶沉积位置分布

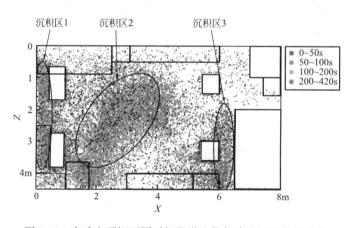

图 6-42　实验室顶棚不同时间段微生物气溶胶沉积位置分布

（5）微生物气溶胶沉积位置分析

图 6-41 给出了实验室地面不同时间段微生物气溶胶沉积位置分布，图 6-42 给出了实验室顶棚不同时间段微生物气溶胶沉积位置分布。由图 6-41 可以看出，关键沉积区位于释放源和排出口之间的带状区域中，因为主气流携带大量附着于地面运动的生物气溶胶粒子，沉积位置与主气流区域的覆盖完全重合，也就是说，它显示了具有有效携带效果的主气流区域的范围。

由图 6-42 可以看出，这些颗粒的沉积是由于室内气流的携带，实验室采用了上送上回通风模式，室内设备众多，导致回流气流的升力很大，对颗粒云有很强的携带作用。

针对实验室内主气流携带特性及扩散路径的研究成果，可以为今后室内气流组织优化及评价提供更为有效的方法和思路，同时也为实验室清洁及安全使用、室内设备布置和建筑布局优化等领域提供具有工程应用价值的参考建议。

6.5　建筑设备系统运行维护技术

建筑设备系统定期保养、及时维修，是维持系统各项性能完好、确保设备正常安全运行、提高使用效率、减少能耗、降低运行成本、保障室内良好的空气质量的必要条件。良好的系统运行维护技术表现5个重要指标（四高一低）：高可靠、高性能、高效率、高品质以及低消耗。运行高可靠性是首要条件，保持系统的部件与配件等高性能，提高系统运行效率，才有可能创造高品质的室内环境，而降低的消耗不仅仅是能源，还包括用材、用水、配件、易耗品等方面。

6.5.1　通风空调系统运行维护技术

通风空调系统的运行维护应按照《空调通风系统运行管理标准》GB 50365-2019、《公共场所集中空调通风系统卫生规范》WS 394-2012 进行，也可参照 ASHRAE 180-2018《商业建筑 HVAC 系统检查和维护标准实施细则》（Standard Practice for the Inspection and Maintenance of Commercial Building HVAC Systems），这是运行维护工作的依据。

室内温湿度、尘埃浓度（$PM_{2.5}$）、TVOC、新风量控制技术已经十分成熟。但在高品质的室内环境方面，主要问题出在生物性污染，而生物性污染最典型的表现：室内出现一股令人不愉快的异味（如霉味）、打喷嚏、眼睛发痒、精神不佳等，严重的会出现不明发热、过敏症、出现有害气体（如微生物繁殖所产生的挥发性有机物（Microbial Volatile Organic Compounds，MVOC））、微生物污染（如军团病），甚至引起室内人员呼吸道疾病等。

生物性污染常常是因为空调系统的不合适运维，会在空调箱和管道内表面潮湿、冷却去湿盘管、冷凝水盘与排水水封、加湿器及其存水容器、受潮空气过滤器表面等处促成微生物不断积存和繁殖。特别是真菌类，在不利的状态下会以孢子存在，有很长的潜伏期，可导致持续的潜在风险。只要条件合适，就会大量繁殖。当空调箱在整个系统停机期间，由于室外空气渗入、箱内温度回升以及积存的冷凝水不断蒸发，箱内空间成为微生物繁殖的理想场所，常常会大量滋生微生物，在微生物繁殖过程中会产生多种代谢物，如气味、毒素、过敏物质（如细胞膜、碎屑及尸体）。大多数代谢物的粒径很小，很容易穿透空气过滤器，对人的危害不亚于活的细菌，这就是空调系统的二次污染。当再次开机时会现霉味或其他令人不愉快的异味，这些微粒会使过敏人群打喷嚏、眼睛痒，这称为开机暴发性微生物污染。尽管对此国外标准都提高了末端空气过滤器的效率，但是末端高效过滤器可以滤掉细菌（其实是带菌粒子），不能全部过滤掉细菌的所有代谢物（如气味、过敏原、碎屑等）。因此，片面理解过滤除菌，运维工作只靠末级过滤器把关，消除不了空调系统二次污染，同样存在着生物性污染风险。需要采取与传统观念不一样的思路来控制空调系统的二次污染。

1. 运维工作重点与对策

运维工作重点及良好的运维对策是控制空调系统的二次污染，控制空调系统的二次污染首先要消除空调系统中积尘、积水的一次污染。消除尘埃的方法较为简单，而消除积水与高湿度就较为困难。因为在空气处理过程中，如冷却除湿、加湿等，不断出现高湿度与凝水。不同温湿度两股气流混合，出现露点而凝水，如热回收装置、静压箱等。因此控制二次污染的关键是消除高湿度与凝水这样的诱发因子。这样将空调系统的运维关键归纳为湿度控制的简要理念，这就是运维工作的"预先防控"对策。而不是常规的靠对系统清洗、消毒、杀菌来消除生物性污染的措施，我们称之为"事后弥补"。

"预先防控"对策是破坏微生物在空调系统中定植、生长繁殖、传播生物性污染这一传染链。运维工作就是不让微生物在系统定植，万一定植不让它繁殖，即使繁殖阻断它传播，从而解决空调系统的二次污染。运维工作经历了四代控制理念：

第一代控制理念：对室内与通风空调系统频繁进行化学消毒杀菌，消除系统与机组的微生物污染，以控制室内环境的微生物浓度。强调化学消杀是微生物控制的最有效手段。

第二代控制理念：采用了除空气过滤器外的各种物理手段对系统中已存在病菌进行消杀，如紫外线、光触媒、负离子、等离子等电消毒装置，以替代化学消毒。

第三代控制理念：破坏或消除细菌滋生的条件，抑制或降低细菌发生，切断空调系统所有潜在的污染传播途径。提出控制微生物繁殖比消杀微生物更重要。

第四代控制理念：重点转向水分控制（Water Management），提出水分是空调系统污染的重要诱发因素。采取综合措施，全过程、全方位实施在系统层面上的"湿度优先控制"，控制与尽快排出空调系统与机组中高湿度与冷凝水，不出现积水。维持整个系统清洁干燥。

由于控制理念的转变、思路的突破，使得运维工作对控制空调系统的二次污染更有成效。运维工作思路从传统的"提高热湿交换效率"转换到"消除微生物滋生"上来。否则，运维思维不转换是难以消除二次污染的。这主要从空调系统和系统部件两个方面着手。

2. 解决空调系统二次污染的运维措施

运维工作的意义在于为空调系统建立保障体系。运维工作的重点在于解决空调系统的二次污染，运维工作的目标是维持空调系统清洁干燥。

（1）合适的空调系统是良好的运维工作的物质保证，是有效"解决空调系统的二次污染"的前提。但是运维工作不同于设计，只能被动地接受既有的空调系统。为此，先要巡视既有的空调系统，对一些不合适的地方进行局部整改，对不合规的零部件进行更换。

1）空调机组内表面及内置零部件表面应选用耐消毒药品腐蚀的材料或面层，表面应光洁。内部结构及配置的零部件应便于消毒、清洗并能顺利排除清洗废水，不易积尘、积水和滋生细菌。

2）内置表面冷却器的冷凝水排出口宜设在正压段，否则应设能防倒吸并在负压时能顺利排出冷凝水的装置。凝结水管不应直接与下水道相接。

3）新风机组和空调机组内各级空气过滤器前后应设置压差计。如室内设置安装过滤器的各类风口，宜各有 1 个风口设测压孔，平时应密封。

4）不应采用淋水式空气处理器。当采用表面冷却器时，对于无新风集中除湿的空调机组通过其盘管所在截面的气流速度不应大于2m/s。避免安装挡水板。

5）空调机组中的加湿器不应采用有水直接介入的形式，宜采用干蒸汽加湿器。加湿水质应达到生活饮用水卫生标准。加湿器材料应抗腐蚀，便于清洁和检查。

6）空调机组中加湿段与其后的功能段之间应有足够的距离。控制系统内的空气相对湿度不宜大于75%。

7）系统内如设置净化装置，则检查是否产生有害气体和物质，是否产生电磁干扰，不得有促使微生物变异的作用。

8）净化空调机组箱体的密封应可靠，密封性能达到设计要求。

9）新风口应采用防雨性能良好的格栅以及后设孔径不大于8mm的网格。进风净截面的速度不应大于3m/s。新风口距地面或屋面应不小于2.5m，应在排气口下方，垂直方向距排气口不应小于6m，水平方向距排气口不小于8m，并在排气口上风侧的无污染源干扰的清净区域。新风口不应设在机房内，且不应设在两墙夹角处。

10）如条件允许，空调机组改为可变新风量运行。过去出于节能考虑，在外界气候合适时变大新风量运行，甚至全新风运行；现在出于疫情防控，根据疫情风险程度与防控要求，随时按需可开大新风量运行。

（2）完成系统与机组整改达标后，系统运维的目标是维持系统高可靠、高性能、高效率与低消耗。这体现在系统与机组的新风、送风与回风风量、余压、温湿度、菌尘浓度、噪声等技术指标，进行实时监测，还要监控冷水水量与水温、加湿量、风机变频器等，发现问题及时调整，同时自动记录存档。

还要重点关注长期保持空调系统的干燥与清洁，这是达到"四高一低"运维目标的必要条件。除尘、不积尘，保持系统与部件清洁主要靠空气过滤器，有条件采用热湿处理部件设置在正压段的空调机组，避免渗漏而积尘。维持空调系统与机组干燥，则优先考虑采用措施将系统与机组空气处理过程中（如冷却除湿或加湿），产生的水分尽快排除，避免水分的产生、飞扬、积存或局部形成高湿度。

重点检查空调机组内是否积水。机组内积水往往涉及凝水盘是否有滞留，冷凝水管路排水是否畅通或排水管水封是否合格。不合格就得采用相应对策。一般来说，空调机组在试验工况下运行，应在3min内排出凝水。

在冬季，空调机组无冷凝水时，要定期检查水封内积水是否干枯，如出现干枯，应及时注入清水。防止机组外空气被吸入机组内。

（3）空气过滤是最基本、有效、经济的措施。没有有效的空气过滤，空调系统内易积尘、滋菌，继而引起二次污染。系统中热交换器会积灰堵塞，运行风量以及供冷/供热能力下降，无法保证空调效果。系统部件、传感器积尘、锈蚀，性能下降，使用寿命缩短。会影响风机运转效率，使得系统风量下降。而且积尘后系统非常难于清洗，且清洗费用高。因此，保持系统内的各级空气过滤器良好状态是第一要素。

近年来，也有将电净化装置设置在空调系统内控制微生物污染，常见的是把紫外线消毒装置安装在盘管的出口侧，抑菌效果比较好，同时又可以加强其对盘管出口侧凝水盘内的辐照效果。紫外灯管合理确切的布置与安装，取决于对空气处理机组结构形式和灯具种类的选择。紫外灯管应该全天全时连续工作。持续的紫外线辐照（记录辐照时间），使得空调机组内部的紫外线保持一定的辐照量，从而可以有效抑制微生物的滋长。

应该定期检查系统内的各级空气过滤器级别或净化装置是否达到设计要求，积尘受潮状况如何，安装质量是否完好。现在机组内空气过滤一般均为一次性的，当空气过滤器达到设计终阻力时，或紫外线消毒装置辐照时间达到使用寿命时要及时更换，以保证各级过滤器在整个使用寿命周期内的净化、过滤的效率不低于其设计效率。

运维工作要注重控制系统内空气相对湿度不宜大于 75%，特别是机组内空气过滤器进口处相对湿度不应高于 75%。如果系统末级过滤器级别高于亚高效过滤，则末级过滤器之前 1~2m 处应设有湿度传感器，实时监控相对湿度。

（4）空调系统运维的另一个控制重点是，维护好空调系统对外的两个进口：新风口与回风口，阻止微生物与尘埃从新风口和回风口进入空调系统是消除微生物在空调系统中繁殖、降低微生物传播的最有效手段。

检查新风口与回风口设置的空气过滤器是否达到设计要求、符合相应规定。雾霾、沙尘等大气污染使人重视新风过滤，但要控制微生物污染更要关注回风过滤。

一般民用建筑内新风口与回风口处设置的空气过滤器常常是可清洗重复使用型。新风过滤器春秋两季每周至少清洁一次，其他时间可适当延长几天。但是如遇飘絮和沙尘季节应每周清洗一次。清洗滤网应在非工作日或夜间进行，关闭空调机组，滤网用清洁剂冲洗后，晾晒干 1h，方可安装使用，防止滤网滴水造成污染。

回风过滤器需要每个月取下清洁一次。在非工作日或夜间打开回风百叶，取下过滤网，用清水冲洗、消毒、晾干后，再装入回风口，并将回风百叶复位即可。

（5）控制空调系统的二次污染，对系统中其他装置、机组中的各个部件也有一定的要求，通用要求如下：

1）系统或机组内所有与空气接触的材料需要符合卫生要求（材质不得有利细菌滋生、不得产生异味），且能够耐受消毒清洗剂的腐蚀。

2）装置与部件制作以不易积尘、积水滋菌为原则。内壁与部件表面光滑、不易积尘；拆卸方便，利于更换清洗等；凝水盘要大坡角设计方便冷凝水迅速排出。

3）密封性能良好，要达到设计要求，采用环保无异味的密封材料。特别要注意系统的检查孔、检修孔、清扫孔、测量孔等位置的密封性，同时检查空调机组所有接缝处耐老化的密封胶条性能。

关键部件要求如下：

1）风机是整个风系统的核心部件，应定期对风机进行巡查及日常维护保养。风机常常变频运行，运行时宜设置合理的变频范围，运行过程中通风空调系统风机的单位风量耗功率应符合现行国家标准《公共建筑节能设计标准》GB 50189 的有关规定。

2）通风空调系统使用的各类风阀性能应稳定可靠，至少应每年检查一次。

3）电加热器是空调系统风险较高的部件，应定期检查其性能。每月应检查电加热组件的外观状况、发热单体性能、各连接件紧固性。每三个月宜检查保护功能（保护功能包括失风联锁保护、电加热过热保护等）的可靠性。推荐采用 PTC 陶瓷加热器降低风险。

4）热交换盘管是关键部件，往往有检视窗，要每天检查巡视。人们往往重视其热湿交换效率，喜欢采用高效换热翅片，常常会造成翅片表面凝水流动不畅，易漂水，甚至会结垢、滋菌。在保证设计热湿交换量的前提下，推荐采用涂亲水膜平翅片的热交换盘管，可极大减少漂水量，避免微生物污染。

5）空调不明发热常常由加湿器引起。因此应定期清洁和检查加湿器。加湿水质应达到生活饮用水卫生标准，晚上将加湿器剩水放掉。最好采用干蒸汽加湿。

6）水泵是水系统的关键部件，要防止水源性微生物污染，应定期对水泵泵体、水泵电机、阀门附件进行巡查及日常维护保养。水管清洗的微生物控制效果大于风管。采用变频运行的水系统，宜设置合理的变频范围，运行过程中热水循环泵耗电输热比不应高于现行国家标准《公共建筑节能设计标准》GB 50189 的有关规定，空调冷热水系统循环水泵的耗电输冷（热）比不应高于现行国家标准《民用建筑供暖通风与空气调节设计规范》GB 50736 的有关规定。

（6）清洗消毒是维护工作的最后一步。空调通风系统与机组运行一段时间后，需要清洗消毒。清洗消毒从理论上或思维逻辑上理解总是正确的和必要的。但是空调系统与机组污染不断地积累，如何认定被污染，需要每年运行季前对空调系统风管内表面与空调送风两方面做评价。当系统风管内表面的积尘量、细菌总数、真菌总数，空调送风的细菌总数、真菌总数、β-溶血性链球菌、嗜肺军团菌、可吸入颗粒物不符合《公共场所集中空调通风系统卫生规范》WS 394-2012 时，需要对空调通风系统进行清洗消毒。如果不超标，一般不要求每年定期清洗消毒一次，更不要求一有积尘就去清洗消毒，靠清洗消毒并不能防范空调系统微生物污染。而且经大量循证，清洗消毒与微生物污染控制的关系不大，但不合适的清洗消毒负面效果倒有证可循。

6.5.2 微生物污染在线预警与实时消毒系统运行维护技术

微生物污染在线预警与实时消毒系统主要涉及两大块：一是空调系统微生物污染全过程在线监控设备，二是微生物污染实时动态消毒设备。如上所述，通风空调系统与空调机组总是慢慢地不断在污染，如何确定到了被定义的"污染"，每年运行季前要花大量人力与财力对空调系统风管内表面与空调送风两方面进行评价。对运维工作来说，如何避免每年对通风空调系统与空调机组大规模清洗消毒，实现在线实时监测微生物污染来替代人工巡视是一种关键的预警技术。通风空调系统与空调设备的积尘只要无存水与高湿度，其实是无关紧要的。因此如何简便实现无害的在线实时消毒系统又是一项运维工作的关键技术。

1. 空调系统微生物污染全过程在线监控设备的运维

运维工作应跳出传统的、靠微生物检测来定量评价微生物污染水平的思路，其实运维工作巡视就是靠人的感觉来评价微生物的污染。如平时我们感觉室内有异味（俗称霉味），或目测表面出现霉点、菌斑或其他表象，相比平时无异味或无表象的状态，从感官上会认为发生微生物污染了，这就是以定性方式进行判别微生物污染的方法，用的是对照方法，而不是靠检测的定量评价。而人工巡视不是查勘所有点，往往是污染易发生的地点，如发湿点（如盘管、加湿器等）、气流涡流或滞留处（如管道弯头、静压箱与机组角落等）、排水地（凝水盘、排水水封、排水地漏等）等，称之为关键点。遵循这个思路，如在系统或机组关键点拍摄无污染图像、预警污染图像与产生污染图像作为对照组，并将关键表象（如霉斑）作为预设的污染特征，存入中央处理器（如电脑）。在关键点设置摄像头进行监测，定期将拍摄图像上传到中央处理器，与对照图像进行对比与判别。这就形成一套在线实时监测空调机组微生物污染的装置，能够在线实时监测空调机组微生物污染程度。一旦判别出关键点出现预警污染图像，甚至产生污染图像，就预先发出微生物污染的警示，提醒要对被污染的目标物进行干预，如消毒、清洗或更换。

利用人工智能识别图像、分析图像、持续跟踪，记录与存档已经十分成熟，甚至能识别人眼难以分辨的微小差异。图像分析自动化提高运维工作效率，使得运维工作实现了在线实时监测空调系统与机组微生物污染，替代了传统人工巡视的运维方法。

在线实时监测空调系统与机组微生物污染的运行工作如下：

（1）拍摄获取空调系统与机组中关键点在预定时间段内的图像，并根据预设的污染特征对各个图像进行判断以及标记，保存标记的图像。

（2）根据标记的各个图像的污染特征，由卷积神经网络进行迭代训练，得到分类模型，存储在中央处理器（或电脑）内。

（3）定时拍摄空调系统与机组中关键点的图像（运维人员根据所管理的系统与机组特点确定时间间隔），图像信号通过互联网发送至中央处理器，存档后提取该图像的污染特征，并载入分类模型中进行分类后判断，得出关键点的微生物污染程度，当关键点的微生物污染程度达到预设的污染风险（预警）等级后发出相应报警信号。

（4）运维人员决策采用相应的措施。平时也可以根据时间间隔存档的图像回放，检讨运维工作，提出改进或完善措施。

这套在线实时监测空调系统与机组微生物污染的运维工作十分简单，只需要保持摄像头清洁。由于图像信号通过互联网发送，无线路维修工作。

2. 空调机组实时消毒系统的运维

空调处理机组一旦出现有微生物污染迹象，就得进行常规的清洗消毒工作实在太费时、费力。如能简便、无害地实现在线实时消毒系统、随时消毒就可以替代定期大规模清洗消毒，这又是运维工作的一项创新。其实运维工作可以在既有的空调机组上稍加改造就能很简便地实施在线实时消毒系统。

在既有空调机组的进出端只要增设一根循环风管（图6-43），按图配上相应的风阀，并插入气态过氧化氢（VHP）输入管。利用既有空气处理机组内置风机作消毒气流循环动力、内置热湿处理装置实施消毒前除湿以及内置传感器及控制系统进行在线过程实时监控。检查原机组加热量，如不足，可在循环管中加设PTC陶瓷加热器（图6-44），当然要按规定做好防火要求，如过热保护，加热器前后0.8m范围内的风管或软接头采用不燃材料与保温材料等。检查原空调机组的各个部件以及风机电机等可否短暂（数分钟）耐65℃高温，否则进行更换。当需要消毒时只要通过自控系统控制相应的风阀和阀门开与关，大型机房可采用由VHP发生系统喷入气态过氧化氢，机组内部持续自循环消毒。如是单台空调机组，可采用单元式VHP发生器（图6-44）。由于VHP能生成大量游离的氢氧基，可以直接攻击微生物的细胞成分使其消亡，其残留物就是水，无毒无味。消毒后只要打开空调机组检修门，恢复原来风阀状态。整个操作简单，省时省工，值得推广。

当在线实时监控系统检测到空调机组微生物污染水平超标，可以在晚间进行在线消毒。在线自控系统控制将需消毒的空调机组及相关的整个系统停运，空调机组进入消毒状态。在线控制将所需消毒的空调机组的气密性风阀E开启，密闭风阀A和密闭风阀D关闭（图6-43），并关闭所需消毒的空调机组蒸汽加湿器进口。由于空调机组将热湿处理装置设置在正压段，凝水排放装置采用球阀，当凝水盘有积水时球浮起，正压迫使凝水排

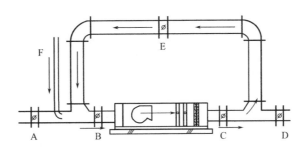

图 6-43 空调机组在线实时消毒系统（系统式 VHP 发生器）
A—进风密闭阀；B—进风调节阀；C—出风调节阀；D—出风密闭阀；
E—气密性自动风阀；F—VHP 进气管

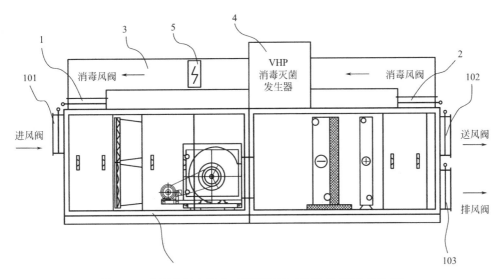

图 6-44 空调机组在线实时消毒系统（单元式 VHP 发生器）
1—出风密闭阀；2—进风密闭阀；3—循环风管；4—VHP 发生器；5—PTC 加热器；
101—机组进风阀；102—机组送风阀；103—机组排风阀

出，无水时球下落关闭出水口，空调机组箱体内压力越大关闭越严密，保证了整个箱体在消毒时的密闭性。

为了提高消毒效果，要将所要消毒的空调机组箱体内空间的相对湿度降下来。当进入消毒模式后，箱体处于密闭状态。先让空调机组用内置风机进行自循环运行，用内置的冷盘管不断降温、除湿与排水。达到稳定状态，浮球下落关闭排水出口。然后开启内置的加热盘管，不断循环加热，利用内置在空调机组内的温湿度传感器在线控制与监测。当相对湿度降到 40%（只要箱体空间内温度不要超过 65℃），在线自控系统开启 VHP 发生器与插入空调机组的进风段 VHP 输送管的密闭阀门。VHP 进入空调机组，遍布整个机组空间，随气流不断地自循环，多次反复流经空调机组的所有部件，杀灭了附着在各种表面上所有微生物。

整个消毒过程中，如需要在线监控空调机组消毒空间内的 VHP 浓度，可以安装 VHP 浓度传感器，只是价格较高。最后可以通过生物指示剂进行验证。至于注入 VHP 的浓度与消毒时间，取决于空调机组污染程度与要达到的消毒灭菌效果。消毒时间一般为 90～120min，VHP 浓度一般为 100mg/L。在有效地完成了空调机组的消毒后，关闭 VHP 输送管的密闭阀门。一般空转 30min 即可打开空调机组所有检修门。第二天早晨关闭检修门，在线自控系统将所有控制密闭阀门和风阀回复到正常运行状态，无需再进行清洗，就可以进入正常运行了。

如果空调机组的消毒时间不允许太长，可以注入浓度高的 VHP（但不超过 400mg/L），这需要在循环风管处增设催化裂解装置，以加快 VHP 分解，迅速将 VHP 浓度降到无害（0.1mg/L 安全水平）。

3. 空调机组实时热力消毒系统的运行维护

由于新冠病毒对热敏感，在 56℃ 的环境下 30min 就能灭活。在线实时热力消毒就利用新冠病毒这一特点，对空调机组的各个部件以及风机电机等采用耐高温品种，空调机组两端采用自动密闭阀 A 与 D，设置自循环管路以及内置 PTC 陶瓷电加热装置 F（图 6-45）。类似图 6-43 的在线消毒装置，采用一套自控装置，需要热力消毒时，在线控制关闭空调机组两端的自动密闭阀 A 与 D，打开设置自循环管路自动密闭阀 E，启动空调机组内置风机和加热盘管，循环运行加热，温度不够时再开启循环风管内置陶瓷电加热 F，使循环风温度到达 56℃，并控制 PTC 加热器保持该温度连续运行 35min，就能完全灭活新冠病毒。然后保持 25min，逐渐冷却，整个运行十分简单。如空调机组只需白天运行，晚上热力消毒后可关闭一晚上，第二天清晨开启。这时只需要在线控制开启空调机组两端的自动密闭阀 A 与 D，关闭设置自循环管路自动密闭阀 E，就完成了热力消毒。无副作用，不需要清洗化学残留。方便、简单，消毒效果有保证，无需依赖于清洗消毒操作人员。

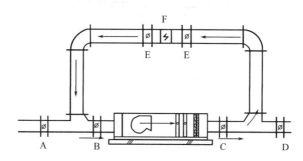

图 6-45　空调机组在线实时热力消毒系统
A—进风密闭阀；B—进风调节阀；C—出风调节阀；D—出风密闭阀；
E—气密性自动风阀；F—PTC 电加热器

综上所述，实施以防控微生物污染为中心的综合保障体系已成为空调系统微生物控制、降低风险的不可替代的有效手段。消除微生物二次污染应成为空调系统运维工作的重点。实施的运维工作旨在建立起一套保障体系的思想，将运维思路从最终结果的控制转变为影响因子的控制、全过程控制、全方位控制。从"事后弥补"被动措施转变为"预先防控"的主动对策。运维工作重点关注水源性污染，全面考虑消除或破坏微生物滋生的条件，抑制或降低微生物发生，切断空调系统所有潜在的污染传播途径，动态维持清洁与干燥状态。这样运维工作才能真正消除二次污染，有效控制微生物污染，保证室内良好的空气品质，真正实现"四高一低"的运维目标。

6.6 公共建筑突发卫生事件控制策略

6.6.1 突发卫生事件

1. 突发卫生事件的定义

我国对公共卫生事件开展大规模研究是从 2003 年开始的，在"非典"暴发前我国也发生过公共卫生事件，但基本都在一定范围内暴发，且能较快地得到控制，从未暴发过波及全国的卫生事件，因此卫生部门在相关方面的应急备案严重不足，甚至对突发公共卫生事件无明确定义，直到 2003 年国务院根据防治非典型性肺炎工作中暴露出的突出问题，制定的《突出公共卫生事件应急条例》（2003 年）的中第二条才对突发公共卫生事件做了明确的定义："突发公共卫生事件，是指突然发生，造成或者可能造成社会公众健康严重损害的重大传染病疫情、群体性不明原因疾病、重大食物和职业中毒以及其他严重影响公众健康的事件。"

根据该条例，从公共卫生角度考虑突发公共卫生事件是指突然发生或者可能发生，直接影响到公众健康和社会安全，需要紧急应对的公共卫生事件，包括生物、化学、核辐射恐怖事件、重大传染病疫情、群体不明原因疾病、严重的中毒事件、影响公共安全的毒物泄漏事件、放射性危害事件、影响公众健康的自然灾害，以及其他严重影响公众健康事件等。2003 年的 SARS 病毒，2009 年甲型 H1N1 流感和 2020 年新型冠状病毒的暴发就是典型的突发公共卫生事件。

2. 突发公共卫生事件的特征

从突发公共卫生事件的定义可以看出，突发公共卫生事件所包含的内容十分广泛，而且随着社会的发展，一些新的类型突发公共卫生事件会不断出现，需要应对的情况也会越来越复杂，需要对公共卫生事件的特征有所掌握。一般而言，突发公共卫生事件具有以下特征：原因的多样性，发生的不可预测性和隐蔽性，突发性，灾难性，不确定性，连带性，信息不充分性。

突发公共卫生事件以上特征决定了其出现的地点难以预测，产生原因难以预测，预防方式难以预测，传播方式难以预测。病毒的种类太多难以全部监控，人为因素难以控制。一旦暴发，产生的危害难以预估。

3. 突发公共卫生事件的危害

每一起灾难性事故与事件都会造成惨重的人员伤亡，巨大的经济损失，以及一系列社会影响。突发事件的种类繁多，从成因上看，可以分为自然性突发事件和社会性突发事件。从危害性上看，可以分为轻度危害、中度危害和重度危害，不同程度的危害造成的影响不同。深入分析灾难性事故与事件的社会危害，可以更深刻地认识到对此类事件进行研究的重要性和迫切性。突发公共卫生事件的危害主要有以下几种：对公共安全的危害，对物质财产的损毁，对社会秩序的危害，对政府形象的危害，对社会心理的危害，对生态环境的危害。

6.6.2　控制策略

公共建筑（如机场候机大厅、体育场馆、影剧院和会议展览中心等）人员密度大、影响广，通常是各种突发性事件的多发地点。例如：1986年9月，苏联剧团在纽约演出时，美国极端组织"保卫犹太人联盟"在剧院内爆炸一枚催泪弹（26人受伤）；1995年日本地铁奥姆真理教沙林毒气案（12人死亡、5000多人中毒）；2003年韩国地铁纵火案（126人死亡）等突发性恐怖事件已经引起人们对公共场所安全的广泛关注。

当在人员集中的公共建筑中遭遇火灾、用生化武器（如毒气弹）制造恐怖突发性事件等时，伤亡者中大多是由于吸入有害气体所致，而有害气体一旦在大空间内蔓延，是非常难以控制的，将带来严重的危害和后果。因此，在发生突发性事件时，从人员疏散的角度出发，能否保证人员在有害气体蔓延前有安全的疏散通道和足够的疏散时间，需要掌握公共建筑中生化恐怖模式，就需要通风系统能够迅速判断出污染源的位置，以及所产生有害气体的扩散机理、分布规律和输运过程，以便确定有效的控制有害气体的方法和组织人员疏散的方式，并通过合理的方式消除室内污染物。

1. 建筑规划

（1）选址与规划

建筑规划时首先要切实选好基地，基地和周围环境不应存在污染源，关注主导风向，切不可因贪图廉价的土地而建设在垃圾堆场上或废气排放附近及下风口。

由于空气具有自由流动性，因此相对其他传播方式而言，通过空气传播的病毒是最难以控制的，但是随着病毒传播的时间和路程加长，其在空气中的浓度也会渐渐降低，甚至可能降到安全浓度范围内。从这个角度考虑，建筑规划中应考虑不同区域之间的距离，以降低通过空气传播途径感染病毒的可能性。例如，传染病医院一般应在城市的边缘部，离闹市区较远，和周围的隔离地带应为10~50m，医院四周应植15~30m的防护林，各病区间距应为30m，侧距为10m。住区与其他区域之间也应参考此规定，尽量保证一定的距离，以防疫病暴发时与相邻区域之间发生相互感染，

（2）平面布局

建筑的体形、布局和间距与气象条件（风向、风速、气压、日照、气温等）共同作用，会影响到污染物在建筑和住区中的传播途径。公共建筑要功能分区合理，房间布置要强调洁污分离、干湿分离、保障卫生的设计原则。首先要保证交通流线的简捷和功能分布的合理，对不同功能的建筑，要有针对性的分析，并进行优化调整。综合分析后采取切实有效的技术措施，防止公共空间的交叉感染，提升健康要素，增强其对突发公共卫生事件的防御性能。

（3）新、排风口位置

新风口的设计应考虑到朝向、室外环境的干净程度，包括与排风口的相对距离等问题。根据当前现行的建筑设计规范，排风口与机械送风系统进风口的水平距离不应小于20m；当水平距离不足20m时，排风口必须高出进风口，并不得小于6m；当排气中含有可燃气体时，事故通风系统排风口距火花可能溅落地点应大于20m；排风口不得朝向室外空气动力阴影区和正压区。

2. 环境监测

环境监测是指运用物理、化学、生物等现代科学技术方法，间断或连续地对环境中的污染物及物理和生物污染等因素进行现场监测和测定，做出正确的环境质量评价。使用相应的检测技术，对环境中的污染因子进行自动、连续检测，当环境中的污染物发生变化时，可以提前预警，预防突发公共卫生事件的发生。

生物监测的方法有很多，其中媒介生物监测和空气生物粒子监测应用较多。媒介生物监测主要是在重点场所和地区对媒介生物如蚊（带马脑炎病毒）、蜱（带森林脑炎病毒、新疆出血热病毒、土拉菌）、蚤（带鼠疫杆菌）等进行种类、密度、带菌（毒）状况和活动情况的监测，及时发现种类、密度异常情况，识别以释放媒介生物为手段的人为蓄意袭击。

空气生物粒子监测的侧重点在对重点场所空气的监测。重点场所空气监测可使用专用的生物粒子监测报警装置，监测空气中生物性粒子的浓度。必要时多点布置，在一定范围内形成网络。生物粒子浓度及 $3\sim20\mu m$ 粒子比例异常增高时仪器会发出报警信息，提示有异常情况发生，以进一步检查是否人为蓄意所为。

3. 源头定位

污染源控制方法是直接对源头进行隔离或消减，阻止污染物进入室内威胁健康人员。因此，室内污染源的快速定位可以从源头上控制污染物扩散，是采取有效控制措施和减轻灾害的前提和关键，是制定应急通风和人员疏散策略的关键环节，可以极大地减少后续措施的工作量。常见的室内源头定位方法有以下两种：

（1）移动机器人探测技术

从 20 世纪 80 年代开始，随着机器人学习、传感器技术和仿生学等学科的快速发展，科学家开始使用装备有气体传感器的移动机器人来模拟生物定位气味源的行为，该项研究被称为移动机器人主动嗅觉技术。关于主动嗅觉技术国外开始相关的研究较早，早期的主动嗅觉定位问题主要为室内环境中的气体源定位，利用在封闭环境中装备气体传感器的移动机器人"主动"发现、追踪、确认气味源。这一问题通常被分解为三个子任务，即烟羽发现、烟羽追踪和气味源确认。烟羽发现是指机器人在搜索环境中以一定的策略来运动，目的是尽可能多地接触到气味烟羽，常见的烟羽发现方法是 Z 遍历算法和 Spiral 遍历算法。

（2）无线传感器网络定位技术

无线传感器网络作为一种信息获取和处理模式，其典型的工作方式为：将大量的传感器节点抛撒到感兴趣的区域，节点通过自组织方式快速形成一个无线网络。在基于无线传感器网络的污染源定位系统中，大量分布于不同监控区域的传感器节点能够测量出节点自身所处位置环境的浓度信息。通过融合这些传感器节点测量的浓度信息可实时监测、分类并判断，从而快速定位污染源位置，提高人们对突发事件的快速反应能力。

该方法属于被动检测，需要布置大量的固定传感器，不能主动探知污染源的泄漏位置，这就意味着一旦发生泄漏的位置处于传感器网络外部，这个方法就不会发挥作用。只有在可以提前预知污染源泄漏位置的情况下，这种方法才可能会奏效。

4. 应急通风

对公共建筑，建筑围护结构极大地限制了室内发生生化恐怖时毒性气体的排放，如地铁站这种封闭性较强的大空间场所一旦遭遇火灾、化学或生化武器的威胁，具有浓度大、蔓延室内各区域时间短等特征。应急通风技术和效率是减少人员伤亡的关键，若没有必要的通风防护措施，建筑内毒性气体将得不到有效控制。

公共建筑一般设置了中央空调系统，突发公共卫生事件发生时，如果不能及时关闭中央空调系统，切断风管通道，中央空调风系统会很快将污染物输送到室内的各个角落，扩大事件的受害范围。因此，必须结合通风空调技术来研究控制或减轻公共建筑突发公共卫生事件的危害。真正对毒剂起到稀释、排除作用的是建筑的自然通风系统和机械排烟系统。利用风压实现自然通风的建筑进深一般不宜超过 14m，大空间的公共建筑进深通常在数十米以上，通风路径过大，依靠自然通风稀释毒剂的效果并不理想，需要结合机械排烟系统来共同组织室内的气流运动，及时抽排更换室内的污染气体。一般情况下，毒气的浓度和密度都比空气大，有毒气体依靠浓度差向周边的气体做扩散运动。有毒气体依靠自身浓度差的扩散能力远小于室内有组织的对流气流运动能力，这正如战场上风向能影响毒气弹爆炸后毒气扩散运动的原理一样。

公共建筑突发公共卫生事件应用通风技术控制污染物输运过程属于应急通风范畴，主要有以下两种方式：

（1）机械排风，自然补风。多用于排出建筑物内部有害气体，降低室内有害气体浓度，减轻有害气体对人员的危害，室内多维持负压状态，由门窗孔洞等自然补风。

（2）机械排风，机械送风。多用于隧道和地下建筑的事故应急通风，由机械排风排出事故发生区域的有害气体，机械送风用来补充部分排出的空气。

在建筑通风领域，多采用前者，也有考虑后者为室内人员尽快提供新鲜空气，减少人员伤亡的探索性研究。但无论采用上述哪种应急通风技术方式，都必须考虑室内气流组织形式对污染物扩散的控制能力。对火灾烟气多采用上排式机械通风方式，对重气（如汽车尾气、氯气等）则采用上、下排结合的通风方式。

目前大空间建筑通常按照防火规范要求设置了上排风方式的排烟系统，这种通风方式对有较强向上运动热羽流火灾烟气的排出有明显的效果，但对不同物理化学特性的毒气（包括火灾烟气）的控制和排出则难以适用（如需要同时兼顾重气和火灾烟气的排出）。

以往通风工程实践表明，在源项附近采用局部通风捕集有害气体，是控制有害气体扩散最有效的通风方式。以局部通风控制有害气体，结合全面通风对室内空气通风换气，是公共建筑排出有害气体危害主要的通风方式。室内通风气流组织通常遵循的原则如下：

（1）如果散发的有害气体温度比周围空气温度高，或受建筑物内部热源影响产生上升气流时，无论有害气体密度大小，均应采用下进上排的气流组织方式。

（2）如果没有热气流的影响，散发的有害气体密度比周围空气密度小时，应采用下进上排的形式；比周围空气密度大时，应从上下两个部位排出，从中间部位将清洁空气直接送至工作地带。

对公共建筑用生化武器（如毒气弹）等制造恐怖所产生毒性气体的排除还没有相应的设计方法和规范，只有针对大空间工厂车间发生偶然事故，突然散发大量有害气体或有爆炸性气体，设置事故通风，根据有害气体最高容许浓度和车间高度，按照一定的换气次数确定换气量，同时对剧毒气体的排放做了具体要求：

（1）当有害气体的最高容许浓度大于 $5mg/m^3$ 时，车间高度在 6m 及 6m 以下者换气

次数不小于 $8h^{-1}$，车间高度在 6m 以上者换气次数不小于 $5h^{-1}$。

（2）当最高容许浓度等于或低于 $5mg/m^3$ 时，上述的换气次数应乘以 1.5。由于还没有相关的设计规范和标准，上述通风量计算方法是否适合公共建筑不同规模恐怖事件中排除有害毒性气体还有待于进一步研究，且问题的关键在于所确定的通风量能否适用于不同类型恐怖袭击。

5. 应急疏散

在突发公共卫生事件发生时，采取应急安全疏散措施能够有效降低伤亡率。应急安全疏散必须保证所有人员在可利用的安全疏散时间内，均能到达安全的避难场所，而且疏散过程不会由于长时间的高密度人员滞留和通道堵塞等引起群众拥挤、踩踏、伤亡等事故。

从室内释放点疏散到室外的距离依赖于多个因素，但释放点到隔离区的推荐距离至少是 60m，这个距离是基于氰化氢小规模释放的情况。在一般情景下，从释放点到人员防护区的距离，即防护作用距离，在白天是 200m，在晚上是 500m。

如果释放在某个房间内，疏散的原则应该是远离这个区域。但在高层建筑中，如果释放点在下部楼层，就无法疏散了。然而，一旦关闭通风系统，人员逃向上部楼层可能得到安全，这是因为几乎所有的生化试剂都比空气重，没有机械通风它们不会轻易扩散到上部楼层。

公共建筑的安全疏散是建筑设计的重点，及时有效的安全疏散可以减少建筑物发生突发事件带来的危险，尤其是对建筑内人员造成的危险，将室内人员及财产沿疏散路线及时顺利疏散到安全地带，是疏散的根本目标。对于公共建筑的疏散设计应满足"及时、安全、便捷、效益"四个基本要求。

对于突发公共卫生事件的紧急疏散程序与消防或者其他应急措施基本相同。疏散路线和紧急出口应该像其他标准的火灾安全程序一样标识清楚。应急疏散标识由图形符号、安全色、几何形状或文字等组成，用以表达特定疏散指示信息，其作用主要分为提供照明、引导疏散方向和减少人员恐慌 3 种。

人员密集场所建筑结构疏散因素分为场所应急疏散设施和辅助疏散设施两大类，其设置应满足以下要求：（1）疏散路线合理；（2）尽量布置环形或双向走道，避免袋形走道；（3）疏散楼梯位置适当；（4）有足够的安全疏散设施；（5）设置室外疏散楼梯；（6）布置辅助安全疏散设施。若不考虑疏散人员个体影响，仅考虑疏散运动过程，则疏散时间的主要影响因素为疏散宽度、疏散距离、疏散路径数量及合理性，定量评估指标以百人宽度指标和最大安全疏散距离为主，应急疏散能力评估项、评估指标详见表 6-3。

人员密集场所建筑结构疏散影响因素　　　　　　　　表 6-3

检查项	分析评估要点	主要评估指标
疏散门	位置、宽度、数量、开启方向等	m/百人、通畅性
疏散通道	数量、宽度、距离、形状、位置等	疏散距离、通畅性、m/百人
疏散楼梯	前庭、坡地、宽度、防烟效果、踏步宽度与形状、上下根连接位置等	通畅性、m/百人、疏散距离
安全出口	位置、形状、数量、宽度、开启方向	通畅性、数量、m/百人
防烟排烟	是否设施完善、处于安全工作状态	有效性、可靠性

续表

检查项	分析评估要点	主要评估指标
疏散照明	数量、位置,是否满足照明要求	最低照度,最少供电时间
疏散标识	位置、尺寸、颜色、亮度等,是否醒目易辨识	至少供电时间,最低照度,不被遮挡覆盖
警报通讯	安装位置、数量等,信息传输是否有效	应急广播可靠性
辅助设施	疏散阳台、避难间、避难逃生口、避难绳、避难逃生袋、滑梯、滑杆、屋顶直升机等	位置、防火要求,疏散可靠性

6. 隔离防疫

由于传染病的蔓延一般需要三个必备条件,分别是传染源、传播途径、易感人群,因此当暴发大规模传染性疾病时,需要对三者进行合理的划分,隔离传染源、切断传播途径、保护易感人群,这样将有效控制传染病的蔓延。为了预防和控制传染性疾病的传播及蔓延,最为有效的屏障就是负压隔离。传染性隔离病房作为医院中的重要部分,起着至关重要的作用,它为医护工作人员、病人及探视人员等提供了安全保护。

"三区两通道"是传染病负压隔离病房的基本要求。"三区"是指清洁区、半污染区和污染区,"两通道"指患者通道和医护人员通道。半污染区是医护人员从清洁区域到患者污染区的缓冲地带,是医护人员从一个区进入另一个区前洗手、消毒、换鞋、更衣之处。原则上医务人员由清洁区入口进入工作走廊(清洁区),途径病区内走廊(半污染区),经缓冲间进出病房,医务人员每进入另一级区域按要求更衣;患者从污染区入口外围走廊(患者通道)进入病房。

(1) 气流组织要求

在气流组织方面,美国CDC标准提出如下设计方案:将送风口和回风口位置布置在病房的两侧,且送风口布置在远离病床的一侧,回风口布置在靠近病床的一侧。《医院负压隔离病房环境控制要求》GB/T 35428-2017 第4.2.1条规定:"负压隔离病房的送风口与排风口布置应符合定向气流组织原则,送风口应设置在房间上部,排风口应设置在病床床头附近,应利于污染空气就近尽快排出",即病房送、排风口位置需基于保护医护人员、利于污染物快速排出两大因素来考虑:从保护医护人员的角度,需确保医护人员处于洁净气流上游,使其头部在洁净气流区;从污染物扩散与排出的角度,污染物主要源于病人床头,因病人长时间卧床呼吸,床头低位浓度较高,避免病人呼吸产生的气溶胶颗粒在室内无规则地传播。

(2) 换气次数要求

换气次数是衡量隔离病房气流组织效果的重要指标,目前国内外的病房设计标准中对隔离病房的换气次数已经有了明确规定。美国卫生资源和服务管理局(HRSA)建议肺结核隔离病房和治疗室的最小换气次数为 $6h^{-1}$。美国CDC标准指出隔离病房的换气次数应大于或等于 $6h^{-1}$,并且新建医院的换气次数应大于或等于 $12h^{-1}$。在我国,目前医院隔离病房的换气次数普遍为 $10\sim40h^{-1}$。

(3) 负压设计

隔离病房应与外界保持一定的负压,确保清洁区压力高于半污染区,半污染区压力高于污染区,可以防止污染物向外扩散。2009 年,卫生部发布的《医院隔离技术规范》

WS/T 311—2009 指出病房的气压为 −30Pa，缓冲室的气压为 −15Pa。

7. 消毒净化

当突发公共卫生事件发生后，为使建筑物能够继续使用，需要对整个建筑物进行净化及修复，目前常用的消毒及净化技术详见本书第 6.2、6.3 节。

本章参考文献

［1］ NEIL E KLEPEIS, WILLIAM C NELSON, WAYNE R OTT, JOHN P ROBINSON, ANDY M TSANG, PAUL SWITZER, JOSEPH V BEHAR, STEPHEN C HERN, WILLIAM H ENGELMANN. The National Human Activity Pattern Survey (NHAPS)：a resource for assessing exposure to environmental pollutants ［J］. Journal of Exposure Science & Environmental Epidemiology：Official journal of the International Society of Exposure Science，2001，11 (3).

［2］ Y. Li, G. M. Leung, J. W. Tang, X. Yang, C. Y. H. Chao, J. Z. Lin, J. W. Lu, P. V. Nielsen, J. Niu, H. Qian, A. C. Sleigh, H. -J. J. Su, J. Sundell, T. W. Wong, P. L. Yuen. Role of ventilation in airborne transmission of infectious agents in the built environment-a multidisciplinary systematic review ［J］. Indoor Air，2007，17 (1).

［3］ 李瑞彬，吴妍，牛建磊，高乃平. 人体呼出颗粒物的传播特性及呼吸道传染病感染概率预测方法 ［J］. 暖通空调，2020，50 (9)：1-22.

［4］ John W. Marshall, James H. Vincent, Thomas H. Kuehn, Lisa M. Brosseau. Studies of Ventilation Efficiency in a Protective Isolation Room by the Use of a Scale Model ［J］. Infection Control & Hospital Epidemiology，1996，17 (1).

［5］ Gao Naiping，Niu Jianlei. Transient CFD simulation of the respiration process and inter-person exposure assessment. ［J］. Building and environment，2006，41 (9).

［6］ 高乃平，贺启滨，李晓萍等. 人工气候室内呼出气溶胶颗粒物分布的实验研究 ［J］. 同济大学学报（自然科学版），2012，40 (11)：96-101.

［7］ 樊宏博. 隔离病房气溶胶扩散与气流组织优化研究 ［D］. 沈阳：沈阳建筑大学，2016.

［8］ 曹晓庆，张银安，刘华斌等. 雷神山医院通风空调设计 ［J］. 暖通空调，2020，50 (6)：44-54.

［9］ Fanger PO. Human requirement in future air-conditioned environments：a research for excellence ［C］//Proc. 3rd Int，Symp Heating，Ventilation and Air Conditioning，Shenzhen，China，1999.

［10］ Arsen K Melikov, Radim Cermak, Milan Majer. Personalized ventilation：evaluation of different air terminal devices ［J］. Energy & Buildings，2002，34 (8).

［11］ Gao N, Niu J, Morawska L. Distribution of respiratory droplets in enclosed environments under different air distribution methods ［J］. Building Simulation，2008，1 (4)：326-335.

［12］ 吴鹏. 垂直单向流洁净室 ［J］. 黑龙江纺织，2009 (2)：28-30.

［13］ 钱华，郑晓红，张学军. 呼吸道传染病空气传播的感染概率的预测模型 ［J］. 东南大学学报（自然科学版），2012，42 (3)：468-472.

［14］ Kevin P. Fennelly, Edward A. Nardell. The Relative Efficacy of Respirators and Room Ventilation in Preventing Occupational Tuberculosis ［J］. Infection Control & Hospital Epidemiology，1998，19 (10).

［15］ O. Seppänen, W. J. Fisk, Q. H. Lei. Ventilation and performance in office work ［J］. Indoor Air，2006，16 (1).

［16］ Qian Hua, Li Yuguo, Seto W H, Ching Patricia, Ching W H, Sun H Q. Natural ventilation for reducing airborne infection in hospitals. ［J］. Building and environment，2010，45 (3).

［17］ Qian H. Ventilation for controlling airborne infection in hospital environments ［J］. Biochimica Et Biophysica Acta，2007，13（3）：116-23.

［18］ 钟南山. 新冠肺炎传染性比 SARS 高，不能只查有症状的人 ［EB/OL］. ［2020-04-02］. https：// baijiahao. baidu. com/ s? id＝1661494398543472804 &wrf＝ spi der&for＝pc.

［19］ 许钟麟. 空气洁净技术原理 ［M］. 北京：科学出版社，2003.

［20］ 隋文君. 门诊大楼房间压差控制的要求研究 ［J］. 中国医院，2013，17（3）：74-76.

［21］ Jiang Y，Zhao B，Li X，et al. Investigating a safe ventilation rate for the prevention of indoor SARS transmission：An attempt based on a simulation approach ［J］. Building Simulation，2009，2 （4）.

［22］ Lu J，Gu J，Li K，et al. COVID-19 Outbreak Associated with Air Conditioning in Restaurant, Guangzhou，China，2020 ［J］. Emerging Infectious Diseases，2020，26（7）.

［23］ LI Y G，QIAN H，HANG J，et al. Evidence for probable aerosol transmission of SARS-CoV-2 in a poorly ventilated restaurant ［EB/OL］. （2020-04-14）［2020-06-01］. https：//www. medrxiv. org/ content/10. 1101/2020. 04. 16. 20067728v1. full. pdf

［24］ 突发公共卫生事件应急条例 ［J］. 中国卫生法制，2003，3：25-28.

［25］ 张宇. 我国突发公共卫生事件应急机制研究 ［D］. 天津：天津大学，2005.

［26］ 曾丽梅. 城市公共卫生突发事件应急处理的仿真研究 ［D］. 上海：同济大学，2007.

［27］ 吴雁. 基于安全角度的建筑空间设计 ［J］. 建筑安全，2008，23（5）：53.

［28］ Sempey A，Inard C，Ghiaus C，et al. Fast simulation of temperature distribution in air-conditioned rooms by using proper orthogonal decomposition ［J］. Building & Environment，2009，44（2）： 280-289.

［29］ Zuo W，Chen Q. Real-time or faster-than-real-time simulation of airflow in buildings ［J］. Indoor Air，2010，19（1）：33-44.

［30］ Li W，Farrell J A，Pang S，et al. Moth-inspired chemical plume tracing on an autonomous underwa-ter vehicle ［J］. IEEE Transactions on Robotics，2006，22（2）：292-307.

［31］ Ping Jiang，Yuzhen Wang，Aidong Ge，Xinguang Zhang. Multivariable Fuzzy Control Based Mobile Robot Odor Source Localization via Semitensor Product ［J］. Mathematical Problems in Engineer-ing，2015.

［32］ 杨磊. 基于仿生嗅觉的味源定位系统研究 ［D］. 杭州：浙江理工大学，2014.

［33］ 李文仲，段朝玉. Zig Bee2006 无线网络与无线定位实战 ［M］. 北京：北京航空航天大学出版社，2008.

［34］ 彭小勇. 大空间建筑突发事件毒气扩散和控制方法的研究 ［D］. 长沙：国防科学技术大学，2007.

［35］ 彭小勇，李桦，胡非，顾炜莉，谢东. 公共大空间建筑生化恐怖模式和通风技术分析 ［J］. 中国安全科学学报，2006，11：64-69.

［36］ ［美］瓦斯迪瓦夫·扬·科瓦尔斯基. 免疫建筑综合技术 ［M］. 蔡浩，王晋生等译. 北京：中国建筑工业出版社，2006.

［37］ 刘梦婷. 应急疏散标识的有效应研究 ［D］. 北京：北京化工大学，2011.

［38］ T. J Shields，K. E Boyce. A study of evacuation from large retail stores ［J］. Fire Safety Journal, 2000，35（1）.

［39］ 李根敬. 浅谈大型商业建筑安全疏散的设计与管理 ［J］. 消防科学与技术，2009，28（10）： 784-787.

［40］ 田玉敏. 高层建筑安全疏散评价方法的研究 ［J］. 消防科学与技术，2006（1）：33-37.

［41］ 李宏玉. 人员密集场所火灾的特点及安全疏散检查内容研究 ［J］. 煤炭技术，2005，9：80-82.

［42］ 王清勤，狄彦强．澳大利亚传染性隔离病房的分类和设计［J］．洁净与空调技术，2005，3：47-52.

［43］ 解娅玲．传染病负压隔离病房的设计与管理［J］．中华医院感染学杂志，2007，12：1544-1545.

［44］ Bozzi CJ，Burwen DR，Dooley SW，et al. Guidelines for preventing the transmission of Mycobacterium tuber-culosis in health-care facilities. MMWR Morb Mortal Wkly Rep，1994，43：1-132.

［45］ 中国中元国际工程有限公司等．GB/T 35428-2017. 医院负压隔离病房环境控制要求［S］．北京：中国标准出版社，2017.

［46］ 狄彦强，王清勤，许钟麟等．传染性隔离病房合理换气次数的试验研究与数值模拟［J］．洁净与空调技术，2005，2：1-4，8.

［47］ 张野，薛志峰，江亿，谢峤．"非典"病房区空调通风方案设计实例［J］．暖通空调，2003，3：189-192.

第7章 疫情防控高风险场所微生物污染控制技术

7.1 污染来源与特点

截至 2022 年 1 月，新冠肺炎疫情已在世界 100 多个国家和地区出现，全球累积确诊 3 亿多人，死亡 550 万人。医院、专业公共卫生机构、海关口岸卫生检疫机构等作为应对重大传染病及生物安全风险"内防扩散，外防输入"的一线阵地，随着全球重大传染病疫情频发、生物安全风险越来越大，这类医疗卫生机构建筑安全防控能力建设和完善，是我国未来工作的重中之重。

研究团队对医疗卫生建筑中病原微生物污染风险高的一些特殊场所室内微生物污染全过程控制问题进行了研究，这些场所包括但不限于：医院建筑中的负压隔离病房、检验科实验室等；专业公共卫生机构病原微生物实验室；海关口岸负压隔离留验设施。与普通民用建筑相比，这些医疗卫生建筑高风险场所具有工艺平面布局复杂、烈性传染病患者（或病原微生物研究对象）高度集中等特点，室内空气中可能携带大量致病或条件致病微生物，这不仅影响室内环境质量，也是引发感染的重要因素，从而增加工作人员、患者和健康人群患病的风险。

7.2 生物安全防控基本原理

负压隔离病房、检验科实验室、病原微生物实验室、口岸负压隔离留验设施等高风险场所的病原微生物防控问题，属于典型生物安全建筑防控问题。中国建筑科学研究院净化空调技术中心科研人员在许钟麟研究员的带领下，对空气微生物气溶胶隔离控制原理、室内气流组织、缓冲室的作用、压差和温差的作用与影响等做了大量细致而严谨的科研攻关工作，通过理论论证、数值模拟与实验证明相结合，获得了多项科研成果。

7.2.1 静压差的作用

生物安全实验室防护区相对其邻室保持一定的负压，可以防止室内污染经缝隙外泄，是控制污染的最重要措施。当某一房间与相邻的房间之间有门窗和任何形式的孔口存在时，在这些门窗、孔口处于关闭的情况下，该房间与相邻空间应维持一个相对静压差，这个压差就是以一定风量通过这些关闭的门窗、孔口的缝隙时的阻力，所以静压差反映的是缝隙的阻力特性，按流体力学原理，通过缝隙的流量与阻力的关系是：

$$Q = \mu F \sqrt{\frac{2\Delta P}{\rho}} \tag{7-1}$$

式中　Q——通过缝隙的流量，m^3/h；

　　　μ——流量系数；

F——缝隙面积，m^2；

ΔP——缝隙两端的静压差，Pa；

ρ——空气的密度，kg/m^3。

对一固定的缝隙，其两侧的静压差 ΔP 与 ρ 成正比，与 Q 的平方成正比。在工程实际中，缝隙较复杂，平方关系不再成立，而是 Q 与 ΔP 的 $1\sim1/2$ 次方成正比。

气密性高等级生物安全实验室负压梯度的意义体现在两个方面：（1）在门关闭情况下，保持各房间之间的压力梯度稳定（由外到内压力依次降低），形成由辅助工作区到防护区的气流流向，从而有效防止被传染性生物因子污染的空气向污染概率低的区域及外环境扩散；（2）在门开启时，保证有足够的气流向内流动，以便把带出的污染减小到最低限度。

许钟麟研究员在其文献中指出：越严密的结构，缝隙阻力越大，需要的 ΔP 越大，较符合实际缝隙情况的理论最小压差可定为 3Pa，在关门状态下，房间压差是影响平面内污染物外（或内）泄的唯一因素的结论是成立的，并且 3Pa 的压差就足以防止这一情况的发生，不存在其他影响因素。所以从这一意义上说，一味追求大压差是没有必要的。但是在开门状态下，开门的动作、人的行走和温差则成为影响平面内房间污染物外（或内）泄的重要因素。

目前国家标准对相邻房间的静压差一般要求为 10Pa 或 15Pa，实际上是考虑了一定的安全系数给出的数值，安全系数的初衷是考虑风机、风阀、压力传感器等仪器设备的误差（或正负偏差因素），实验室大部分情况下是处于关门的静止状态，对于开门等压力扰动因素，《生物安全实验室建筑技术规范》GB 50346-2011 第 7.3.1 条规定："空调净化自动控制系统应能保证各房间之间定向流方向的正确及压差的稳定。"《实验室 生物安全通用要求》GB 19489-2008 第 6.3.8.12 条规定："中央控制系统应能对所有故障和控制指标进行报警，报警应区分一般报警和紧急报警"，即开门状态虽然静压差丧失，但此种状态只允许短时存在（一般情况下正常开关门动作不会超过 30s），对污染物外泄的影响并不是很大，可通过房间自净予以控制。

7.2.2 门的开关和人的进出作用

当室内为正压，门突然向内开时，门内一部分区间空气受到压缩，造成门划过的区间出现局部暂时的负压，在开门瞬间将室外空气吸入。当室内为负压，门突然向外开时，门外一部分区间空气受到压缩，造成门划过的区间出现局部暂时的比室内更低的负压，在开门瞬间使室内空气外逸，以上现象可称为开关门的卷吸作用。美国的沃尔夫（Wolfe）在 1961 年就注意到这一点，并指出正压室开门一次可吸入的空气量约为 $0.17m^3/s$，开门时卷吸作用引起的气流流向如图 7-1 所示。

当人进、出房间时，会有一部分空气随着

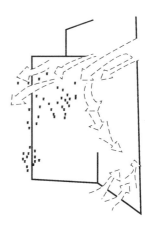

图 7-1 开门卷吸作用

进、出，这也是造成污染的一个因素。美国的沃尔夫（Wolfe）也注意到这一现象，如图 7-2 所示。

7.2.3　温差的作用

室内外存在温差几乎是普遍现象，在开门瞬间，在热压的作用下，将有空气从房间上部或下部进入或流出，这是一个未被充分认识的造成污染的因素。许钟麟研究员从理论上对温差促进污染外泄的作用做了详细讨论，指出"只要有温差，不论压差多大，对流气流就存在，也就是空气传播的污染就存在，气流方向主要服从于温差对流方向"，图 7-3 给出了温差作用下门洞进、出气流示意图。

图 7-2　人进、出的带风作用

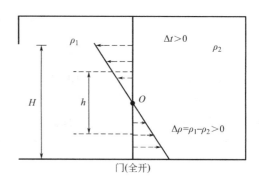

图 7-3　温差作用下门洞的进、出气流示意图

7.2.4　缓冲间的动态隔离作用

在门开关、人进出的动态条件下，缓冲间可起到重要的隔离作用。生物安全实验室常用"三室一缓""五室两缓"的模式，如图 7-4、图 7-5 所示。

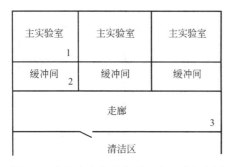

图 7-4　生物安全实验室"三室一缓"布置

图 7-5　生物安全实验室"五室两缓"布置

图 7-6 是计算用图式，图中 1～5 为室编号，V 为室容积（m^3），N_1 为 1 室或 1 室门

口区域污染浓度（个/m³），Q_1 为开门后因压差未能抵消的由 1 室进入 2 室（缓冲）的风量（m³）。定义原始的污染和有缓冲室时开门带来的室内污染原始浓度之比称为总隔离系数，以 β 表示，则有：

$$\beta_{k,m} = \frac{V^{k-1}\alpha^m}{X^m Q^{k-1}(e^{-nt160})^{k-2}}$$
(7-2)

式中　k——包括缓冲室，在单一路线方向上逐一相通的全部室数；

　　　m——在单一路线上的缓冲室数；

　　　X——病房容积 V 相当于缓冲室容积的倍数；

　　　n——缓冲室换气次数，h^{-1}；

　　　t——自净时间（min），即从 1 室门关闭，到走向 2 室的门，该门开启瞬间之前的时间（含门的自锁时间），一般在 5~30s 之间；

　　　α——每室混合系数；

　　　Q——$\Delta t = 1℃$，开关门为 2s 时，各种因素的泄风量，经计算为 1.52m³/s。

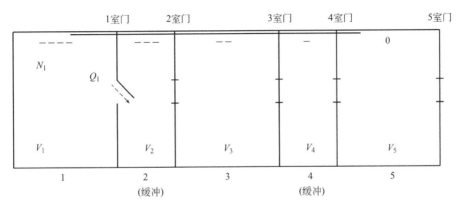

图 7-6　计算用"五室两缓"图式

计算结果如下：

(1) "三室一缓"，α 取 0.9，$V = 25m^3$，$X = 5$，则：

$\beta_{3.1} = 42.4$

(2) 五室两缓，α 取 0.9，$V = 25m^3$，$X = 5$，则：

$\beta_{5.2} = 2564$

从上面计算可见，只有设缓冲室才能极大限度地起到隔离作用，它是生物安全实验室中最重要的动态隔离措施。

7.3　高风险场所防控技术集成应用

按照控制传染源、切断传染链、隔离易感人群的防疫基本原则，医疗卫生建筑高风险场所的室内微生物污染全过程控制体现在建筑各个专业的防控上。举例说明如下：

(1) 建筑专业：工艺平面布局是否有"三区两缓"的分区要求，是否需要有"医患双

通道"要求,等等;

(2)通风空调专业:通风空调系统是否分区独立设置,是否全新风运行,排风是否无害化处理,房间是否需要负压等问题,送排风机是否需要冗余备用,等等;

(3)给水排水专业:排水是否需要无害化处理,排水通气管的排气是否需要无害化处理问题,等等;

(4)电气专业:供电负荷等级,是否需要 UPS 备用电源,是否需要静压差动态跟踪控制,机电系统是否需要预警报警,送排风系统是否需要连锁控制,等等。

上述技术内容将在国家标准《综合医院建筑设计规范》GB 51039、《传染病医院建筑设计规范》GB 50849 的修订中予以呈现,需要根据本次新冠肺炎疫情暴露出的问题进行相应修改完善,课题负责人曹国庆研究员负责这两个标准通风空调章节内容的编制和审核工作,预计将于 2022 年修订完成。

7.3.1 医院负压隔离病房

医院负压隔离病房主要用于隔离患有呼吸系统传染疾病的病人,此类病人的病菌可以通过人的呼吸、飞沫和空气等非直接接触途径传播,必须通过维持室内负压以防止室内污染空气向外扩散而造成区域性传染。负压隔离病房是一个复杂的系统建设,投资立项、选址、设计、施工、验收等各环节均需要谨慎全面的考虑和专业的技术知识力量配合,目前各地只是根据各自的经济条件、思想意识和相对有限的技术知识水平进行建设,因此建设水平参差不齐,应对突发事件的能力有限。

1. 工艺平面布局

(1)选址要求

在院区中隔离病房及其辅助用房如能独立设置最好,否则也应尽量置于建筑的一端或一侧,或占有一层,自成一区。

负压隔离病区应处于院区内全年最多风向的下风向,隔离病房与周边建筑特别是宿舍和公共建筑的距离至少应在 20m 以上。关于 20m 的距离,最早是由科研成果得出,被国家标准《生物安全实验室建筑技术规范》GB 50346-2011 所采纳,是针对生物安全实验室的排风危险性的。对于产生高致病性微生物,从排风安全角度来说,隔离病房应不例外。所以北京市地方标准《负压隔离病房建设配置基本要求》DB11/663—2009 中也提出这一要求。这一规定现在已被广泛采纳。

(2)分流要求

负压隔离病区出入口应独立设置,应有门禁设施。

大病区(院)出入口宜有 3 处或 3 处以上,即:1)医务人员、出院者与探视者以及清洁物品(食物、药品等);2)污染物品(尸体、垃圾等);3)患者。

小病区(院)可将上述 2)3)两项合并。《传染病医院建筑设计规范》GB50849—2012 规定出入口不少于 2 个。

(3)功能分区要求

1)功能分区

负压隔离病区按建筑防控措施宜分为:

① 防控区——负压隔离病房及病房内卫生间和缓冲间。

② 辅助防控区——为防控区进行辅助医疗活动的区域，含走廊、冲洗消毒更衣室、检验室、治疗室、值班室、护士站、由普通工作区进入的缓冲间等。

③ 污物处理区——处理患者接触过或废弃的物品、食物、排泄物及卫生洁具的区域。

④ 普通工作区——是负压隔离病区的前置区域，是除防控区、辅助防控区和污物处理区之外且无患者接触的医护人员活动区域，如入口前室、医护人员卫生通过、配餐、库房等。

2）缓冲间设置

负压隔离病区的普通工作区（所谓清洁区）与辅助防控区（所谓半污染区）之间，辅助防控区与防控区（所谓污染区）之间均应设缓冲间，详见本书第3.2.4节。

3）注意事项

需要说明的是，对于负压隔离病区，上述分区与日常习惯分区对应的是：

① 污染区——防控区、污物处理区；

② 半污染区——辅助防控区；

③ 清洁区——普通工作区。

诸多标准中关于这方面的分区名称有很多，如污染区、半污染区、潜在污染区、高风险区、清洁区、半清洁区，等等，难以量化。

4）补充说明

这里的功能分区是从建筑防控措施角度来划分的，所以负压隔离病房应是要用建筑防控措施"防控"的区域。医护人员习惯怎么称呼都可以，但作为建筑设计者，不能把病房当作污染区设计，而应当作防控区设计防控设施。

现行国家标准《生物安全实验室建筑技术规范》GB 50346—2011就把最可能发生危险的主实验室划归"防护区"，在发生生物气溶胶溢出事故时，室内将成为污染的区域，正因为如此，设计者才应对主实验室进行防护控制设计，使其成为受防护（控）的区域，最大限度地避免污染。

国家标准《医院消毒卫生标准》GB 15982—2012规定感染性疾病科门诊和病区的空气菌落数和该标准的"母婴同室、普通住院病区、消毒供应中心的检查包装灭菌区"相同，说明它和处理污物的"污染区"不是一个档次。只有当医护人员对患者进行某些可能导致产生气溶胶的操作时，对医护人员是有危险的，但病房内的通风净化空调设施应保证能尽快清除污染，保证患者不能一直住在污染的区域里。对负压隔离病区也应有这样的认识：负压隔离病房也是要达到一定清洁卫生水平的。

（4）缓冲间的作用

1）定义

最早提出有缓冲作用的小室叫气闸室（也有译成气锁），是美国空气技术条令T.O.00-25—203提出的："气闸室是位于洁净室入口处的小室。气闸室的几个门，在同一时间内只能打开一个。这样做的目的是为了防止外部受污染的空气流入洁净室内，从而起到'气密'作用。"所以日本文献把这种气闸室也译成前室，是预备室的意思。英国标准也提出"气闸室可作为前室使用"。

国内有关文献和标准认为缓冲间（也称作缓冲室）应有洁净送风，有压差要求。《医院洁净护理与隔离单元技术标准》（报批稿）定义医院患者用的缓冲间是：在相邻相通环境之间，有空气净化、压差、换气次数要求的净高不低于 2.1m 的小室。供患者通过的缓冲间应至少能容纳 2 位医护人员和 1 张病床同时进入。

2）三室一缓

走廊→缓冲间→病房，可称为三室一缓。普通工作区（清洁区）或患者入口→缓冲间→走廊→缓冲间→病房，可称为五室两缓。

实验表明，在无缓冲间时，把压差从 0Pa 提高到 −5Pa，隔离效果增加不足 1 倍，提高到 −30Pa，隔离效果仅提高 1 倍多。而加一间缓冲间，在 −5Pa 时，隔离效果要提高近 20 倍。所以以压差来换隔离效果是不合算的，采用 −5Pa 加缓冲间比没有缓冲间但提高到 −30Pa 要容易得多，节省得多，且隔离效果大得多。

据理论计算，无送风缓冲间时隔离效果比送风时降低 2/3，所以缓冲间应有送洁净风的措施，否则只是气闸室。

2. 换气次数

通常缓冲间一边关好门后，约 0.1min 滞后开启了另一边的门，在缓冲间有 $30h^{-1}$ 换气时的隔离系数应比有 $60h^{-1}$ 换气时的小，$60h^{-1}$ 的应比 $120h^{-1}$ 的小，但计算说明小的都不多。由于缓冲间体积很小，一般不足 $10m^3$，所以若用 $120h^{-1}$ 换气要 $1200m^3/h$ 的风量，小机组达不到；$60h^{-1}$ 换气则要 $500m^3/h$ 左右的风量，是一般小机组能达到的，虽然 $30h^{-1}$ 换气时风量更小（只有不足 $300m^3/h$），但隔离系数较小，因此一般文献和《医院护理与隔离单元技术标准》（报批稿）建议用 $60h^{-1}$ 的换气，比 $30h^{-1}$ 换气所大风量有限。

3. 静压差

压差的物理意义：当室内门窗全部关闭时，室内外压差是空气通过关闭的门窗的缝隙和其他裂隙从高压一端流向低压一端的阻力，压差是实现静态隔离的主要措施，室内正压抵挡外部空气从缝隙对室内的入侵，负压防止传染性空气从缝隙由病房内渗至室外。

相关标准规范采用的标准压差绝对值是 ≥5Pa，为避免对人耳的影响上限为 20Pa。ISO14644 标准的上限也为 20Pa。有的地方只要求定向流，不提最小压差要求。在北京市地方标准《负压隔离病房建设配置基本要求》DB11/663-2009 中即有如此规定。在美国 ASHRAE170-2008 标准中尚无此说明，而在该标准 2013 版中加了如下说明："如厕所和前室（如果存在）直接与空气传染隔离病房相通，并直接开门进入空气传染隔离病房，无需维持与空气传染隔离病房最小的设计压差。"说明对此问题的重视中国标准早于美国标准，且明确了气流定向，对防止气味外逸也是有利的。

4. 气流组织

第一个基本原则是送、排（回）风口位置应有利于实现定向流。

定向流和空气洁净技术中的单向流是不同的概念，最初曾被混淆。单向流的核心是流向单一、流线（比较）平行、流速（比较）均匀，而定向流的含义是气流方向总趋势一定，只能是"清洁→污染或清洁→潜在污染→污染"的既定方向，而流线不要求平行，流速不要求均匀。

在控制微生物污染的传染病房中，美国疾病预防和控制中心（CDC）的《预防结核分枝杆菌在医疗机构中传播的指南》（Guidelines for preventing the transmission of mycobacterium tuberculosis in health-care facilities，以下简称《指南》）对要求形成的定向气流有明确说明：全面通风系统经设计和平衡应使空气从较少污染的区域（或较为清洁的区域）

流向较多污染的区域（或较不清洁的区域）。例如，空气流向应从走廊（较清洁区域）流入肺结核隔离病房（不清洁的区域），以防止污染物传播到其他区域……通过在希望气流流入的区域产生较低（负）压力控制气流流向。所以，在定向气流原则下，一般都采用单侧排（回）风。

上述 CDC 的《指南》就这一点谈到气流组织时是这样说的：为了提供最佳的气流组织方式，送、排风口的定位应使清洁空气首先流向房间中医护人员可能的工作区域，然后流向传染源进入排风口，这样医护人员就会处于传染源和排风口之间，尽管这种配置并非总有实现的可能。美国暖通工程师学会手册早在 1991 年版中就指出定向气流要先经过医护人员呼吸区的必要性：一般情况下，我们建议，敏感的超净区域和高污染区域送风的送风口应安装在顶棚上，排风口安装在地板附近，这就使得洁净空气通过呼吸区和工作区向下流动到污染的地板区域排出。

根据这一国内外一致的原则，国内外有关标准也都规定不应使用局部净化设备干扰室内的定向流。

第二个基本原则是送、排（回）风口位置对 1 个以上病人不出现病人分居气流上、下游的现象。这是防止交叉感染的重要原则。

5. 风口布置

负压隔离病房送风口位置如图 7-7 所示，设置符合下列要求的主送风口和次送风口（当不具备条件时，也可只在床尾设送风口，按所需换气次数加大宽度）：

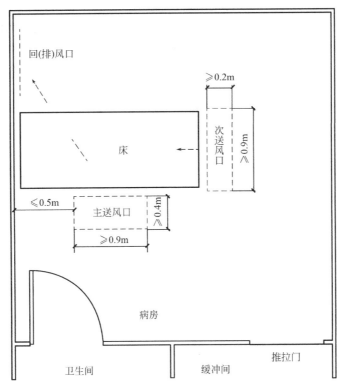

图 7-7　负压隔离病房送风口位置

主、次送风口面积比宜为 2∶1～3∶1。主送风口应设于病床边医护人员常规站位上方的顶棚，离床头距离不应大于 0.5m，长度不宜小于 0.9m，宽度不宜小于 0.4m；次送风口设于床尾顶棚，离床尾距离不应大于 0.3m，长度不宜小于 0.9m，宽度不宜小于 0.2m。

主送风口风速不宜大于 0.3m/s。送风口不应采用孔板或固定百叶的形式，应采用单层或双层可调百叶。在有关国外标准中也有如此建议，因为患者万一仍感到有吹风感，可适当调整百叶方向。

负压隔离病房排、回风口应设在主送风口对侧的床头下方，并应符合下列要求：

排（回）风口上边沿应不高于地面 0.6m，下边沿应高于地面 0.1m。

排（回）风口吸风速度不应大于 1m/s。

6. 通风空调系统

隔离病房能否用空调，在"非典"暴发初期，曾有过否定意见。当时出于应急考虑，曾强调所有区域必须具备通风条件，所有区域严禁使用中央（即集中）空调，可安装简易负压病房排风机组。这样的规定作为一种临时措施可以理解，但在当年 SARS 时期，南方地区湿度极大的梅雨季节和炎热的夏季，医院单靠自然通风无法避免室内病原微生物滋长，仍有可能产生微生物污染。如室内温湿度很高，病人发热出汗，会增大发菌量；医护人员身穿隔离服、防护服、戴口罩与眼镜，没工作多久就汗流浃背，甚至出现热病。特别是 SARS 隔离病房，如不及时解决空调及环境控制问题，医护人员工作环境更加恶劣，严重影响医护人员的身心健康。此外，送风用全新风就要求全排风，过去没有高效过滤器时要求向室外高空排放，这样做的依据是高速排风完全或极少影响要被吸入的新风，所以可全新风吸入。但是含有危险传染性疾病微生物排至室外正是对环境的破坏而不是保护。

研究团队在"十三五"项目执行期间制定的国家标准《医院洁净护理与隔离单元技术标准》（报批稿），规定为：负压隔离病房可设非全新风净化空调系统，危重（高危）患者隔离病房应为全新风系统，两类系统的排（回）风口均应设有不低于现行国家标准《高效空气过滤器》GB/T13554 的 C 类高效过滤器（修订后将改为 40 级）。

C 类高效过滤器对 0.5～1.2μm 的枯草杆菌黑色芽孢变种的实验平均过滤效率达到99.999997%。即有 1 亿个这种微生物颗粒通过此高效过滤器，只能透过 3 个，而一次打喷嚏喷出的气溶胶中 1μm 大小的颗粒只有约 2 万个，10μm 的大约 30 万个以上。假设 1 位病人 1h 内打 5 个喷嚏，病房体积 45m³，12h⁻¹ 换气，1h 内能将喷出微粒全部排出（实际上由于气流不均匀等因素做不到这一点），则 1 次换气需要排出的微粒数为 3×10^5 个/min÷12＝1.25×10^5 个/min。如果按 3h⁻¹ 新风换气，即将 1.25×10^5 个/min 微粒中的 75% 再循环送入室内，按上述效率，约有 0.000003%×1.25×10^5 个/min×0.75＝0.0028 个/min 微粒重新到达送风口。送风口若安装有高中效过滤器，最少还要滤掉90%，即只有 0.0028 个/min 微粒送入室内，与室内人员面临的患者喷出菌浓的四周环境菌浓相比可视为零。何况患者与医护人员还均戴着 N95 口罩。

7.3.2 核酸检测实验室

1. 选址和建筑设计要点

（1）检验实验室应根据工作属性、内容、服务对象等，结合工作流程、人物流线、洁污流线、空间要求、物理条件等做好选址和布局。

（2）检验实验室内部空间布局应满足日常业务操作，兼顾大型设备的搬运、安装和检修等空间要求，并适当考虑未来发展需要。

（3）核酸检测实验室可分为试剂准备区、样本制备区、核酸扩增区和产物分析区。结合实际，采用集中布置或分散布置形式，并配套设置洗消设施。当采用实时荧光定量 PCR 仪时，核酸扩增区和产物分析区可合并为一区。当采用一体化自动化核酸分析设备时，样本制备区、核酸扩增区和产物分析区可合并为一区。

（4）检验实验室应结合工作流程和流线布局，做好导向、警示标识，确保出入流线清晰，安全警示到位。

（5）检验实验室入口处应设置标识，明确说明生物防护级别、操作的致病性生物因子、检验实验室负责人姓名、紧急联络方式和国际通用的生物危险符号；必要时，还应注明其他危险。检验实验室所有房间的出口和紧急撤离路线应选用夜光标识。

（6）有静压差要求的检验实验室，应在合适位置设测压孔，并采用密封措施。在入口处宜安装空气压力显示装置，量程应与实验室静压差相匹配。需要时，可设置自动报警功能。

2. 应急（临时）实验室围护结构设计要点

（1）围护结构主体应防渗、防漏及密闭。采用轻质房屋时，荷载较大的设备应在首层布置。

（2）应急需要的检测检验实验室，围护结构形式应因地制宜，选择方便快速加工、运输、安装，可考虑装配式轻型结构。轻质结构结合实际，考虑抗风措施，构件连接安全可靠。

3. 通风与空气调节设计与运行要点

（1）检验实验室应根据房间功能、操作需求等合理确定新风量和换气次数，适用时可以利用自然通风。

（2）检验实验室温度宜控制在 18～26℃，相对湿度宜控制在 30%～70%。对室内温湿度有特殊工艺要求的，室内温湿度参数应符合工艺要求。

（3）空调冷热源的设置应确保全年正常运行。可采用集中或分散式空调冷热源，宜独立设置空调冷热源，当采用集中冷热源时宜设置备用冷热源。

（4）采用机械通风系统时应避免交叉污染，排风应通过独立于建筑物其他公共通风系统的管道排出。

（5）核酸检测实验室通风空调系统应保证各工作区的空气不产生交叉污染。

（6）仪器设备相对集中、设备散热量较大的房间，应根据仪器设备运行功率及散热情况合理配置通风空调设备，考虑全年供冷的可能性。

（7）凡涉及高危险性挥发物质或气体产生时，应在风险评估的基础上，配备适当的负压排风柜，排风机应设置在排风管路末端，室外排风应达到环保要求。核酸检测实验室的样本制备区宜设置 IIA2 型生物安全柜，当使用高危险有毒化学物质时应采用通风橱。

（8）检验实验室新风应直接取自室外，新风口应设有粗效、中效两级过滤器，并应设置压差报警装置，提示清洗或更换过滤器，末端宜设置高效过滤送风口。新风口应远离排风口。

（9）设置生物安全柜采用机械通风的检验实验室气流组织应符合定向气流原则，应有利于室内气流由被污染风险低的空间向被污染风险高的空间流动，最大限度减少室内回流与涡流。必要时，采用全新风直流式空调通风系统。

在生物安全柜操作面或其他有气溶胶操作地点的上方附近不应设送风口。

4. 给水排水设计要点

（1）检验实验室应设置手卫生装置、洗眼装置，宜设置在靠近实验室出口处。手工检验使用的实验水池应根据专业要求合理设置，宜至少设置两个水池分别用于清洁、污洗，水池深度不宜小于 200mm，以防止外溅。

（2）实验用水应满足以下要求：

1）水处理设备宜设置在单独房间内，供水管路材质应防腐、防锈，宜选用不锈钢材质。

2）水处理设备宜按照每小时最大用水量的 1.5 倍选型。

3）管路应设计为循环回路，尽可能减少拐弯，防止微生物滋生繁殖降低水质。

4）实验用水应符合相关工艺要求。

（3）检验实验室内部的给水排水管道宜暗装敷设。给水排水管道穿越墙壁、楼板时应加设套管，管道和套管之间应采取密封措施，无法设置套管时应采取有效的密封措施。

（4）检验实验室给水管不应与卫生器具、实验设备直接连接。应设置空气隔断或倒流防止器，并为后期检修、更换预留条件。

（5）当检验实验室内部设集中热水系统时，储热设备供热水温度不宜低于 60℃；循环系统供热水温不宜低于 50℃。

（6）实验污水、生活污水系统应分别设置。实验污水做无害化处理后方可排入市政排水系统，并满足现行国家标准《医疗机构水污染物排放标准》GB 18466 的有关规定。

（7）当检验实验室内设置洁净室时，洁净区内不宜设置地漏；确需设置的，应采用专用密封地漏，且不应选用钟罩式和机械密封式。排水系统应采取防止水封破坏的措施。

5. 电气及智能化

（1）检验实验室应保证用电的可靠性，用电负荷等级、自动恢复供电时间的确定应符合现行标准的规定。当设置不间断电源（UPS）时，工作时间不宜小于 30min。

（2）检验实验室应设置独立专用配电箱，除一级负荷及一级负荷中特别重要负荷外，其余负荷配电回路应具备消防联动切断电源功能。低温冰箱、高温高压消毒锅、纯水机等有特殊用电要求的设备，宜单独设置配电箱。

（3）检验实验室内应设置足够数量的固定电源插座。重要设备应采用单独回路配电，并设置漏电保护装置。

（4）检验实验室应有独立的有效接地系统。接地系统形式宜为 TN-S 或 TN-C-S。有特殊要求时，应按实验仪器设备的具体要求确定。

（5）设置紫外线消毒灯具时，控制开关应设置在消毒区域之外，控制开关的面板形式或颜色宜区别于普通照明开关，安装高度宜距地 1.8m 以上，防止误操作。

（6）检验实验室室内环境控制系统的设置应根据区域需求确定。当有静压差要求时，应具有压力梯度、温湿度、连锁控制、报警等参数的历史数据存储显示功能，并预留接口。

（7）空调通风设备应能自动和手动控制，应急手动应有优先控制权，当实验室有静压差要求时，送排风系统应具备开关机连锁控制功能。

（8）检验实验室应配备适用的通信设备。关键区域应设置监视器。条件允许的情况下，宜具备实时监视、录制功能。

6. 运行维护

（1）有下列情况时，应对涉及生物安全的检验实验室设施设备进行综合性能检测，确保符合现行国家标准《实验室生物安全通用要求》GB 19489、《生物安全实验室建筑技术规范》GB 50346、《病原微生物实验室生物安全通用准则》WS 233 的有关规定：

① 停止使用半年以上重新投入使用；

② 空调机组进行大修或更换；

③ 每年的定期维护检测；

④ 高效过滤器更换后。

（2）检验实验室应定期消毒，并制定日常巡检制度，严格执行安全操作规程，并按时保质进行保养，确保隐患及时发现和排除。

7.3.3 口岸负压隔离留验设施

机场、海港等交通枢纽室内微生物污染控制，是"十三五"国家重点研发计划项目"室内微生物污染源头识别监测和综合控制技术"（2017YFC0702800）关注的焦点问题之一。负压隔离留验设施设立的目的是为了预防和控制传染性疾病的传播及蔓延，具备对染疫嫌疑人进行诊查和检验以及对染疫人采集和留验等措施所必备的设施。为了预防和避免传染性疾病传播的发生，做好负压隔离留验设施的安全防护是预防留验设施感染以及检验成功的有效措施。为进一步促进负压隔离留验设施的建设与管理，提高其室内微生物污染控制及应对传染病疫情的能力，研究团队在"十三五"项目执行期间联合海关系统、市场监管总局相关机构一起编制了行业标准《口岸负压隔离留验设施建设及配置指南》SN/T 5296-2021。

1. 负压隔离留验设施操作流程

负压隔离留验设施是从事与出入口岸的人体及其携带品有关的病原学、免疫学、酶学、血清学、分子生物学、生物化学隔离留验的专设场所，其设立的目的是为了预防和控制传染性疾病的传播及蔓延，具备对染疫嫌疑人进行诊查和检验以及对染疫人采集和留验等措施所必备的设施。口岸传染病排查处置工作流程如图 7-8 所示。

根据图 7-8 所示的口岸传染病排查处置工作流程，负压隔离留验设施的操作流程如图 7-9 所示，该流程为负压隔离留验设施平面布局提供了科学依据。

2. 工艺平面布局

（1）选址原则

负压隔离留验设施的选址应符合下列要求：

1）应避开污染源，远离易燃、易爆物品生产和储存区。

2）宜远离居民区或其他人员密集区，如不能远离以上区域时，则其所在区域的位置应处于全年最多风向的下风方向。

3）靠近出入境人员卫生检疫通道，且方便染疫人或染疫嫌疑人的转运。

4）选址宜在建筑的一端或一侧，应独立设置、自成一区。

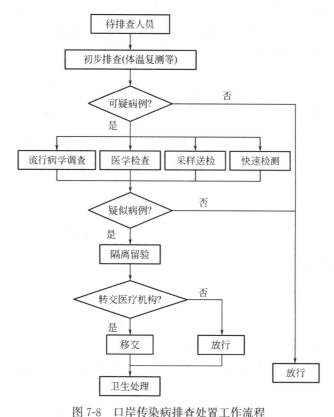

图 7-8　口岸传染病排查处置工作流程

注：依据《口岸传染病排查处置基本技术方案》（国质检卫〔2017〕195 号）。

（2）平面布局要求

1）功能分区

负压隔离留验设施内部功能分区宜划分为清洁区、潜在污染区和污染区，不同区域之间应设缓冲间，缓冲间面积不宜小于 3m²。负压隔离留验设施的使用面积不宜小于 200m²，其中清洁区面积不宜小于 10m²，潜在污染区面积不宜小于 100m²，污染区面积不宜小于 80m²。

2）房间布置

负压隔离留验设施所在区域的工作人员出入口、旅客出入口、染疫人或染疫嫌疑人转运出口应独立设置，各出入口处均应设置缓冲间。对交通工具上发现的需要直接隔离留验的染疫人或染疫嫌疑人，宜设置专用通道进入隔离室，不应经旅客卫生检疫通道进入负压隔离留验设施内。负压隔离留验设施宜设置 2 间负压隔离室，至少能同时安置 2 名传染病病例。医学排查区和负压隔离室内应分别设置卫生间。

负压隔离留验设施可设内走廊（单走廊）或内、外走廊（双走廊），走廊净宽不宜小于 2.4m。当外走廊用于转运染疫人或染疫嫌疑人时，除走廊两端进出口以外不应有其他进出口。

3. 通风空调系统

负压隔离留验设施宜采用全新风系统，当采用带循环风的空调系统时，回风需经过高

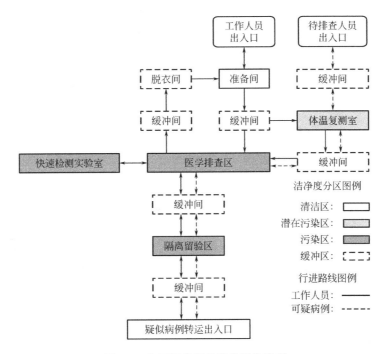

图 7-9　负压隔离留验设施操作流程

注：1. 准备区包含的房间为：更衣室、淋浴间、防护物资室等；

2. 医学排查区包含的房间为：医学排查室、样本采集室、卫生间、处置间、洁具间等；

3. 隔离留验区包含的房间为：隔离留验室（带卫生间）、转运走廊（通道）等；

4. 口岸负压隔离留验设施还应包含：医务值班室、监控室、净化空调机房、消毒池、专用化粪池。

效过滤器处理，且必要时应可切换为全新风系统。负压隔离留验设施所在区域气流应为定向流，从清洁区流向潜在污染区，再流向污染区。室内各种设备的位置应有利于气流由被污染风险低的空间向被污染风险高的空间流动，最大限度减少室内回流与涡流。室内宜采用上送下回（排）方式，送风口和回（排）风口布置应有利于室内可能被污染空气的排出。在生物安全柜操作面或其他有气溶胶产生地点的上方附近不应设送风口。高效过滤器回（排）风口应设在室内被污染风险最高的区域，不应有障碍。

负压隔离留验设施室内温度、相对湿度、照度、噪声等室内环境参数应符合工作要求，以及人员舒适性、卫生学等要求。室内换气次数取 $8\sim12h^{-1}$，人均新风量不应低于 $60m^3/h$，其他辅助用房换气次数取 $6\sim10h^{-1}$。设于潜在污染区与清洁区之间的缓冲间，宜对潜在污染区与室外均保持正压，对和室外相通区域的相对正压差应不小于 10Pa。相邻相通房间的相对压差应不小于 5Pa，负压程度由高到低依次为卫生间、负压隔离室、缓冲间、内走廊。

负压隔离留验设施送风宜经过粗效、中效、亚高效（送风口）三级过滤。送风系统新风口应采取有效的防雨措施。新风口处应安装防鼠、防昆虫、阻挡绒毛等的保护网，且易于拆装。新风口应高于室外地面 2.5m 以上，并应远离污染源和排风口。

负压隔离留验设施排风应与送风连锁，排风先于送风开启，后于送风关闭。负压隔离留验设施应在室内回（排）风口处设置高效空气过滤器。排风管出口应直接通向室外且高出屋面 2m 以上（高空排放原理如图 7-10 所示），应有止回阀、防雨措施，应远离新风口直线距离 20m 以上并处于其下风向，不足 20m 时应设围挡。应通过自动控制措施保证负压隔离留验设施压力及压力梯度的稳定性，并可对异常情况报警。

图 7-10　室外排风口高空排放充分稀释原理图

4. 给水排水系统

（1）给水管检修阀应设在清洁区内。

（2）室内用水点应采用非接触性或非手动开关，并应防止污水外溅。

（3）设置地漏的房间应采用无水封地漏加存水弯，存水弯高度应为 50～70mm。

（4）负压隔离留验设施宜设置污水收集处理装置，收集使用过程中所产生的污水、病人呕吐物、排泄物、分泌物等，经消毒处理后的污水需达到现行国家标准《医疗机构水污染物排放标准》GB 18466 的要求后方可排放。

（5）负压隔离留验设施排水系统宜独立设置。

（6）在负压隔离留验设施内不应设置排水管检查口和清扫口。

5. 电气及智能化系统

（1）负压隔离留验设施应按二级负荷供电，且宜设置备用电源。

（2）负压隔离留验设施宜设置紫外灯用于消毒灭菌，紫外灯和其他用途照明灯具应采用不同开关控制，且其开关宜便于识别和操作。

（3）负压隔离留验设施污染区与潜在污染区、潜在污染区与清洁区之间，宜在空调系统上安装压力传感器自动监测相邻区域的相对压差。

（4）照明应采用高能效、高显色性光源，设计应符合现行国家标准《建筑照明设计标准》GB 50034 的有关规定，宜满足绿色照明的要求。

（5）负压隔离室、医学排查区等主要功能房间平均照度不应低于 300lx，缓冲间、内走廊等辅助房间平均照度不应低于 150lx。

（6）应急照明系统配电应符合现行国家标准《建筑设计防火规范》GB 50016 的有关规定。疏散照明及出口指示应采用蓄电池供电，且持续供电时间不应小于 30min。

（7）照明灯具不应采用格栅灯具，宜吸顶安装。当嵌入暗装时，其安装缝隙应采用可靠的密封措施。

（8）电气管路应暗敷，设施内电气管线的管口，应采用可靠的密封措施。

（9）负压隔离留验设施室内控制显示面板、开关盒宜采用嵌入式安装，与墙体之间的缝隙应进行密封处理，并应与建筑装饰协调一致。

（10）除卫生间、更衣室及淋浴间以外，均宜根据需要设置监控系统。

（11）空调通风系统宜根据需要采用自动控制方式，可实现远程控制。

（12）智能化系统设备宜预留接口，并宜有合理的冗余。

6. 示范应用

按照《口岸负压隔离留验设施建设及配置指南》SN/T 5296-2021 要求，对郑州新郑国际机场 T2 航站楼国际口岸医学排查区及负压隔离区进行了设计阶段、施工阶段的标准验证试用，对该负压隔离留验设施进行了现场设施设备性能和环境参数验证。

郑州新郑国际机场二期扩建工程 T2 航站楼国际口岸负压隔离留验设施建筑面积为 327m²，其中负压隔离区位于大楼一层面积为 166m²，入境医学排查区位于大楼二层，面积为 96.5m²，出境医学排查区位于大楼四层，面积为 64.5m²。该项工程设计阶段的设施设备配置、环境参数基本可以符合《口岸负压隔离留验设施建设及配置指南》SN/T 5296-2021 的要求，施工阶段设施设备安装情况及性能基本符合上述标准的要求。

7.3.4 方舱医院

方舱医院是曾经带给武汉疫情防控转折点的"生命方舟"，已完成了阶段性的历史使命。在 2020 年疫情防控期间，项目组主要成员参与了《方舱医院建设指引》的编制工作，适用于大空间、大容量的公共建筑（展览馆、会展中心、体育馆等类型的公共建筑）的新建、改造与扩建。其中涉及的方舱医院全过程控制技术简介如下：

1. 改建"方舱医院"的目的

2020 年初新冠疫情暴发初期，武汉为应对疫情推出的"方舱医院"，不同于战时或抗震救灾时启用的野战移动类医院，它是固定地点的、通过大型场馆改建的，其移动性主要体现在病床和可运输的医疗设施，也就是临时医院的场馆改装版。采用大规模的"方舱医院"来防控疫情，是我国公共卫生防控与医疗的一个重大举措，以往没有采用过，其目的有以下几点：

（1）防止病毒扩散

随着疫情的发展，当时最紧迫的任务就是解决病毒的社会传播和扩散问题。值得注意的是，家族式聚集发病形势很严峻。如果大量轻症患者居家或疑似病人在社区游动，会成为疫情扩散的主要源头，而且在医院床位紧缺的情况下，这些患者若得不到有效收治会陷入困境甚至生命危险。在这种情况下，当务之急是迅速把确诊的轻症病人都收治起来，给予医疗照顾，与家庭与社会隔离，避免造成新的传染源。

（2）节约医疗资源

"方舱医院"也可以大大加快医护人员的工作效率，节约医疗资源。相比隔离密闭的小病房空间，除收治患者量大以外，方舱医院的病房是开放式的，看护效率可以大大提高，医生和护士可以照顾更多的患者。而且由于"方舱医院"收治的都是轻症患者，一般情况下病人可以自理，并给予口服药、肌肉注射等必要的医疗护理，如果病友间互助性强一些，还可以参照社区互助模式。这样就可以节省出更多医疗资源到最需要的地方去。

因此，对于这种安排，很多人都会有相似的疑惑：这样大量患者集中收治在这种大型"方舱医院"，会不会造成大面积交叉感染呢？实践证明这种方法可行，原因在于"方舱医院"收治的患者都是"确诊的、轻症的、经过医生筛查判断"的病人。由于是确诊患者，病原相同，不存在交叉感染问题。同时，患者入院前除新型冠状病毒核酸检测阳性外，还会经过流感抗原筛查，尽最大可能避免可能的生物安全风险。

2. 工艺平面布置原则

按照"医患分区"设计原则，结合卫生安全等级，建筑平面应划分"两区两通道"，其中："两区"为清洁区、污染区（包括患者收治护理区、治疗辅助区）；"两通道"为清洁通道（清洁物品运输、医务人员内部交通）和污染通道（污染物品运输、患者交通）。

医务人员从清洁区进出污染区需经过卫生通道或缓冲。进入流程为：清洁区经一次更衣室（脱个人衣物、换工作服）、二次更衣室（穿防护服）、经缓冲室进入污染区；返回流程为：一次脱衣室（脱防护服）、二次脱衣室（脱帽子、手套、鞋套）、淋浴室（脱工作服、淋浴）、一次更衣室（穿个人衣物），回到清洁区。一次脱衣室可男女共用，并可兼作二次更衣室与污染区之间的缓冲室。

医务人员、患者应分别使用不同的建筑出入口，尽量分别使用不同的通道（包括垂直交通的楼梯、电梯）。医务人员应经医护出入口进入清洁区，经过卫生通过进入污染区；患者由患者出入口进入污染区，不经工作人员许可，不得进入限制污染区。医务人员采取防护措施后可与患者、污物共同使用污染通道。

大空间患者收治病床区应床位分区、男女分区，每区床位不宜大于 60 床，每个分区应有 2 个疏散出口，分区之间应形成消防疏散通道，宽度不宜小于 4m。床位的排列应保持合适的距离，条件允许时可适当加大。平行的两床净距不宜小于 1.2m；双排床位之间的通道净距不宜小于 1.4m；单排床时，床与对面墙体间通道净宽不宜小于 1.1m。床头和床头对应贴邻布置时，床头之间应设隔断分隔。

患者和医护人员使用的厕所须分开设置，可利用原建筑内厕所或另设临时厕所。厕位数量按照男厕 20 人/蹲位，女厕 10 人/蹲位配置，应配置少量马桶，有条件的地方设置无障碍卫生间。

3. 通风空调技术要点

方舱医院应设置温度调节设施，可采用分体空调、多联机、电供暖等。方舱医院宜根据建筑分区设置机械通风，各分区机械通风应独立设置。机械送、排风系统应使医院内空气压力从清洁区至污染区依次降低。清洁区送风量应大于排风量，污染区排风量应大于送风量。

新风应直接取自室外，且取风口的周围环境必须清洁。排风系统的排出口不应临近人员活动区域，宜高空排放，且与任何进风口的水平距离不得小于 20m 或高于新风取风口不小于 6m。

排风机吸入口应设置高效过滤器，有条件时，高效过滤器可安装在排风口处。空调的冷凝水应按分区集中收集，并应随各区的污水或者废水排放集中处理。

污染区通风系统运行时，应先开排风机，后开送风机；关闭时，先关送风机，后关排风机。送、排风机均应设置故障报警，实时监测风机运行状态。

排风高效空气过滤器更换操作人员须做好自我防护，拆除的排风高效过滤器应当由专业人员进行原位消毒后，装入安全容器内进行消毒灭菌，随医疗废弃物一起处理。

4. 通风空调系统利旧原则

（1）原建筑空调系统为全空气系统时，应关闭空调机组回风阀门，封堵回风口，新风阀调整至最大开度，全新风运行。排风机吸入口处应加装高效过滤器。对于污染区、半污染区，若新风量大于排风量，应增加排风系统，保证排风系统风量大于新风量。

（2）原建筑为独立新风系统时，新风机组按最大新风量运行。对应新风系统设置排风系统，同时采取措施，保证污染区、半污染区排风量应大于新风量。

（3）新风量和排风量应满足风量平衡计算及负压控制要求，若不满足相关风量要求，应补充相关措施。

（4）增加局部循环用高静压风机盘管（可不接水管），风机盘管送、回风口均设置超低阻高中效过滤器。

5. 通风空调系统利旧改造建议

研究团队在研究成果《负压隔离病房建设简明技术指南》（中国建筑工业出版社，2020 年出版）一书中给出了两种建议：关闭所有回风口，这样只靠小部分新风，稀释效果有限，受设备原来规模所限，新风加大量将有限；关闭所有回风，另加若干局部循环的空调器。这只是把集中回风改成分散回风。当大空间改造为"方舱医院"时，若采用集中空调系统，可以在房间四周围墙、空间立柱等位置制作回风柜，做法如下：

左、右、前甚至顶上的 3 个或 4 个侧面都安装 A 类高效过滤器甚至亚高效过滤器（因为毕竟不是一间负压隔离病房），如图 7-11 所示。拆去原粗效过滤器（很少用中效的），正面可至少扩大成 4 个原回风口大小，两侧及顶部相当于各 2 个共 6 个原回风口大小（当然大小可另设定），则过滤面积是原回风口的 10 倍。

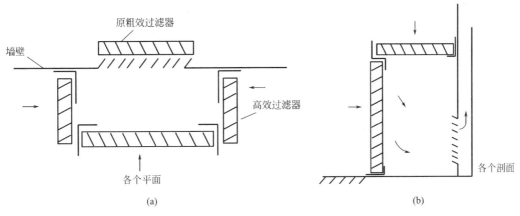

图 7-11 "方舱医院"的回风柜安装 HEPA 过滤器示意图
(a) 俯视图；(b) 侧视图

回风柜通过边框角铝上的密封条贴靠在原回风口四周的壁面上（也可另外加固定措施），再用胶带将所有缝隙密封一遍。这个回风柜其实就是一个角钢（铝）架子，其大小应根据原系统的有关参数和当前要求确定。

原回风口上百叶应调成向上倾斜，风柜尺寸、形状也可根据现场情况改变。一个回风口尺度设为 0.5m 左右，例如一个无纺布板式粗效过滤器是 520mm×520mm×120mm

（厚），1000m³/h 风量时，初阻力为 55Pa，对 ≥2μm 微粒的一次通过过滤效率为 ≥50％（据该品牌样本），根据《空气过滤器》GB/T 14295-2019，对 2μm 微粒效率 ≥50％ 为粗效过滤器，则上述品牌确为粗效过滤器。

一个 484mm×484mm×220mm（厚）的 A 类高效过滤器，在 1000m³/h 风量时初阻力规定为 190Pa，若减为 110mm 厚（太厚不好安装），改为 500m³/h 的风量，则阻力将略小于 190Pa。当上述粗效过滤器也通过 500m³/h 风量时，初阻力将略小于 27.5Pa。当高效过滤器安装在回风框上，使过滤器截面积增加 10 倍时，阻力下降远超过 10 倍，设仍以 1/10 计，则为 19Pa，小于上述 27.5Pa。也就是说在通过同等风量时，用高效回风柜的回风口比原来壁上回风口的阻力还要小。

采用送、回风口带高中效过滤器的小空调机组作室内自循环，风机压头不小于 50Pa。将送、回风口在顶棚上拉开距离不小于 2m，在顶棚上开口，适当扩大面积，都安装高中效过滤器。

7.3.5　隔离酒店建筑

2020 年初暴发的新型冠状病毒感染的肺炎疫情，至今仍未停息。由于新型冠状病毒引起的肺炎存在潜伏期，且在潜伏期内具有传染性的特点，国内实行疫区封闭、密接留观等多重举措，对遏制病毒的大规模扩散传播起到了巨大作用。作为密接留观的一些酒店（尤其是采用中央空调系统的留观酒店），其中央空调系统的运行管理和使用的应急措施成为一个重要问题，研究团队从留观酒店选择、中央空调运行管理应急措施等角度进行了研究。

1. 隔离酒店空调系统现存问题

因需要进行集中隔离观察，且时间可能为 14～21d，留观站的选择就成为需要解决的难题，一般是酒店（因要同时解决住和吃的问题）。一般而言，留观站应远离人员密集区，建筑物相对独立，具备独立设置隔离区域条件，室内具备良好的通风条件。

从新型冠状病毒防控的角度讲，为避免交叉污染，留观站最好是选择采用分体空调或 VRV 空调，外窗可以 90°开启进行自然通风的酒店（在疫情暴发时，开窗通风换气是最好的降低感染风险的方法），但该类酒店对于一二线城市来说，一方面不一定好找，另一方面还要考虑留观人员对酒店环境的主观感受。从最近相关新闻报道来看，部分城市选择了三、四星级酒店作为留观酒店。

星级酒店一般都采用中央空调系统，客房大部分情况下采用的是风机盘管加新风的空调系统。当然也不排除有的酒店客房采用的是全空气空调系统。从疫情防控的角度讲，不建议选用全空气空调系统的酒店（全新风空调系统除外）。这是因为带回风的全空气空调系统存在客房之间交叉污染的风险，即使是把全空气空调系统的总回风阀关闭，全新风运行也存在潜在风险，因为回风管会成为串联管把各个房间连通起来。把各个房间的分支回风管的回风阀都关闭是否可以呢？一方面工作量巨大，另一方面回风阀不是密闭阀，也存在连通的风险，只是风险大小不同而已。

综上，如果留观站选择星级酒店，则酒店的中央空调系统宜选用风机盘管或风机盘管加新风的空调系统，当然如果是 VRV 中央空调系统也可以。另外应考虑充分利用自然通风的问题，现在有些酒店为了节能或其他考虑，外窗不能开启或开启度很小，这些都不利于疫情控制。下面对留观酒店使用风机盘管加新风空调系统应对新冠肺炎疫情的运行管理应急措施进行探讨。

2. 中央空调系统防控建议

酒店客房与风机盘管之间基本是一对一的关系，风机盘管是带回风的循环系统，即使留观人员被感染，其所造成的污染仍局限于该客房。需要注意的是，风机盘管最好不要通过吊顶回风，否则一旦房间里的人出现感染，将来对房间进行消毒处理时，吊顶的消毒比较困难。风机盘管最好带回风静压箱，直接抽取室内风，不要从吊顶回风。

对于新风系统，如果条件允许，应加大新风量，在留观期间加大室内新风换气次数，从而降低感染的风险。另外，在留观期间新风系统应该24h不间断运行，如果新风系统间歇运行，在不运行时新风管将成为连通管把各个房间连通在一起，此时存在交叉感染的风险。

留观人员入住前后，要对风机盘管的盘管、过滤网和凝水盘进行清洁、消毒。新风空调箱的盘管、过滤网和凝水盘也要定期清洁、消毒。

3. 卫生间排风防控建议

对于酒店建筑，卫生间排风通常设计成垂直系统，即各个卫生间的排风通过排气扇，排至排风竖井（排气扇连接的排风支管上一般设有逆止阀，防止倒灌），通过位于屋顶的总排风机排至室外。这种排风系统形式，在留观期间应注意保证位于屋顶的总排风机24h运行，不能间歇运行，否则在间歇期存在不同楼层客房通过卫生间串气的问题，造成潜在的交叉感染风险。另外，如果新风系统24h运行，建议每个客房的排气扇也要24h运行，以实现各个客房的风量平衡（或走廊向客房的定向气流），还可以实现客房内部空气向卫生间的定向流动。

7.4 高风险场所空间消毒技术

医疗卫生建筑高风险场所（如医院负压隔离病房、核酸检测实验室、口岸负压隔离留验设施、医学生物安全实验室等）是用于科研、临床、检测、疫苗生产中开展有关内源性和外源性病原微生物工作的场所，在这种场所内所操作的病原微生物可能会引起暴露性感染，产生严重后果。为预防和避免病原感染发生，做好此类高风险场所安全防护和消毒灭菌是重要措施。

用于高风险场所空气消毒的常用方法有紫外线照射、化学消毒剂气溶胶喷雾等，由于紫外线照射需要对被消毒物体表面或气体进行直接照射才有作用，对被遮挡的墙壁表面、地面、工作台面等不能有效消毒灭菌，故在高风险场所的终末消毒中基本采用气体熏蒸消毒方式。过去常用的消毒剂为甲醛，但由于甲醛已被确认具有致癌风险，近年来部分高风险场所开始采用气化过氧化氢（H_2O_2）、二氧化氯（ClO_2）进行消毒。

目前国内高风险场所常用的消毒模式主要有两种：一种是密闭熏蒸消毒，即在高风险场所密闭的状态下向室内注入气体消毒剂；另一种是通风大系统消毒，即在通风空调系统的送风主管、排风主管之间设置旁通消毒风管，在室内或管道上发生或注入气体消毒剂，通过消毒风机使通风系统循环运行，进行消毒。化学消毒剂的选用和消毒模式具有一定内在联系，项目组根据国内多家高风险场所操作人员实际消毒操作经验和提出的困惑，探讨了高风险场所消毒模式，给出了高风险场所适用的空间消毒技术及应注意的问题。

7.4.1　密闭熏蒸消毒技术

1. 原理及特点

密闭熏蒸消毒技术原理图如图 7-12 所示，其工作原理为：以高风险场所房间为单元，关闭送排风机组、风管密闭阀和高风险场所门，使高风险场所处于密闭状态，在房间内发生消毒剂气体或在室外发生消毒剂气体通过连接室内外的专用消毒管道注入高风险场所。

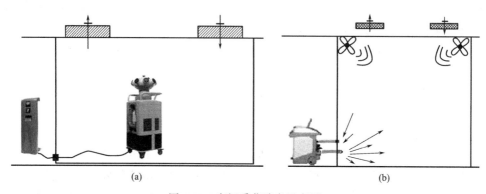

图 7-12　密闭熏蒸消毒示意图

（a）房间内发生消毒剂气体；（b）房间外发生消毒剂气体，输送室内

图 7-12（a）工作原理为：将消毒设备主机推进待消毒的高风险场所内，计算机控制台放置在辅助区某房间内，连接数据线经墙体预留的孔洞穿管传出，或通过传递窗传出，传递窗周边缝隙用无残留胶布密封。

图 7-12（b）工作原理为：将消毒设备主机放置于高风险场所外，将消毒剂气体注入口与气流返回口快装连接墙体上固有消毒口。为保证高风险场所内消毒气体的均匀分布及充分交换，可进一步通过塑料管一端连接墙体上消毒剂气体注入口，一端伸入高风险场所中心位置，高度 50～100 cm，注入口与返回口相隔约 2.5m，高风险场所内两对角放置两台可左右旋转的电风扇。该消毒方式也可设置专用消毒管道接入房间顶棚，在顶棚接管处设置专用消毒剂喷头。

对比分析可以看出，由于图 7-12（a）在消毒时需要将消毒设备主机推入房间，如果考虑不同高风险场所共用消毒设备或者更高级别的高风险场所的处理，建议使用图 7-12（b）的密闭熏蒸消毒方式。

密闭熏蒸消毒是目前国内高风险场所消毒最常用的方法，该消毒模式以房间为消毒单元，操作灵活、简单，缺点是当更换消毒房间时，需要人员进出高风险场所防护区［图 7-12（a）需要进入核心工作间，图 7-12（b）需要进入防护走廊］移动消毒设备，增加了工作量和安全防护难度。

2. 存在的问题

对于密闭熏蒸消毒，笔者调研了国内多家高风险场所使用单位，存在的困惑是：当采用密闭熏蒸消毒时，若存在多个核心工作间，当没有多个消毒设备可以对这些核心工作间同时进行消毒时，消毒中、消毒后和未消毒的房间存在彼此污染的风险，甚至污染吊顶、外围走廊等周围环境。当进行密闭熏蒸消毒时，从上文第一节消毒剂的分析可以看出：

（1）若采用过氧化氢对房间进行消毒，整个消毒过程室内温度会升高，若采用图 7-12 （a）所示的消毒设备，因密闭没有空气流通，室内将出现正压（在室内容积恒定时，室内温度每增加 1℃，会导致压力上升 345Pa），则未被彻底消毒灭菌的病原微生物存在外泄风险。若采用图 7-12（b）所示的消毒设备，因在室外的消毒设备主机可以抽吸室内空气，处理后再部分循环送入室内，可以实现室内微负压的压力控制，降低病原微生物外泄风险。图 7-12（b）所示的消毒设备自带排风回收净化处理装置，一方面通过催化剂将 H_2O_2 气体降解分解（废水排放至废液回收罐），另一方面通过内置筒式高效过滤器过滤处理潜在的病原微生物，再排放至消毒设备所在的周围环境，以维持消毒房间一定负压差，该高效过滤器在消毒设备内部被消毒灭菌处理。

（2）若采用二氧化氯对房间进行消毒，消毒过程中需对室内温度、相对湿度进行调节控制，可能会使室内温度升高，压力上升。同上所述，当采用图 7-12（a）所示消毒设备时，室内可能出现正压，则未被彻底消毒灭菌的病原微生物存在外泄风险。

（3）若采用甲醛对房间进行消毒，甲醛气体消毒效果受环境温度和湿度影响较大，需要室内相对湿度在 70% 左右，室温在 20℃ 以上。因甲醛熏蒸消毒所需时间较长，这一过程中消毒中的房间对相邻房间、吊顶等周围环境可能会出现正压，未被彻底消毒灭菌的病原微生物存在外泄风险。

3. 风险评估

从上文分析可以看出，密闭熏蒸消毒模式下，消毒中的高风险场所、未消毒的高风险场所均存在污染物外泄的风险，因此应根据实际情况进行风险评估分析，当风险较大时，应采取相关措施降低风险。

国内数量众多的生物安全三级实验室（国家标准《实验室　生物安全通用要求》GB 19489-2008 中的 4.4.1、4.4.2 类），在没有意外事故发生时，正常情况下室内被污染的概率较小，另一方面高风险场所密闭熏蒸消毒时从围护结构缝隙泄漏出来的空气量较少，而且大部分高风险场所在进行高风险场所密闭熏蒸消毒时，一般都会用胶带密封高风险场所门缝等可见缝隙，降低泄漏概率。国内很多生物安全三级实验室经过多年实践，认为：一般情况下密闭熏蒸消毒时上述一些潜在的生物安全风险在可接受范围内。

生物安全防护级别较高的大动物三级生物安全实验室（《实验室　生物安全通用要求》GB 19489-2008 中的 4.4.3 类 ABSL-3 实验室）及四级生物安全实验室对围护结构气密性的要求较高，需要进行恒压法、压力衰减法气密性验证。当采用密闭熏蒸消毒模式时，高风险场所围护结构的高度气密性对降低房间污染物外泄风险具有重要意义。

7.4.2　通风大系统消毒技术

1. 原理及特点

通风大系统消毒技术原理图如图 7-13 所示，其工作原理如下：消毒工况下，关闭通风空调系统的送、排风机，关闭送、排风主管上的生物密闭阀，开启旁通消毒风管（设置在送风主管、排风主管之间）上的生物密闭阀，启动消毒风机（排风机可兼作消毒风机），在室内或管道上发生或注入消毒剂气体，系统循环运行，进行消毒。

通风大系统消毒模式一次可以对众多房间同时进行消毒，操作简单、方便，整个消毒

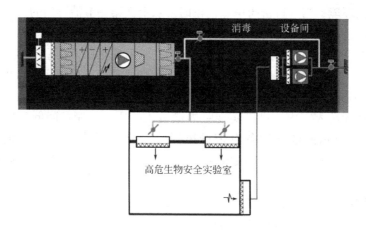

图 7-13　通风大系统消毒模式示意图

过程无需人员进出高风险场所移动消毒设备，大大简化了消毒流程，但该消毒模式对消毒设备发生消毒气体的能力（包括发生浓度、发生速率等）要求较高，在国内高风险场所消毒中的应用受到一定限制。

2. 存在的问题

通风大系统消毒模式在欧洲生物安全实验室应用较多，我国首个四级生物安全实验室位于武汉病毒所，该生物安全实验室由中法双方设计单位合作完成特殊建筑设计，其中的消毒模式采用的是通风大系统消毒模式。通风大系统消毒模式在国内生物安全实验室消毒中应用不是很多，但在我国兽用生物制品 GMP 车间中的应用较多。

兽用生物制品 GMP 车间很多时候是采用臭氧进行消毒，国内臭氧发生器设备已经相当成熟，设备价格低廉。而我国生物安全实验室基本采用甲醛、过氧化氢、二氧化氯进行消毒，由于甲醛致癌性、残留物不好去除等问题，近些年来采用过氧化氢或二氧化氯进行生物安全实验室消毒的业主越来越多，该类消毒设备大部分为国外进口设备，价格不菲。国内可替代的同类消毒设备仍不是很成熟或未被广泛认可，该类国外消毒设备往往对被消毒房间面积有限制要求，若采用通风大系统消毒模式，则所需的过氧化氢或二氧化氯消毒设备初投资及运行费用均远超过大部分生物安全实验室业主承受范围。

3. 风险评估

通风大系统消毒是一个动态循环消毒过程，可以避免密闭熏蒸消毒模式下出现的高风险场所正压问题，降低污染物外泄的风险，由于同一套通风系统中的所有房间均同时进行消毒，大大简化了操作流程。

当采用通风大系统消毒模式时，设备间内的消毒旁通风管、送风主管及技术夹层内的送风支管均为正压风管，若风管气密性较差，存在循环空气外泄至设备间及技术夹层的风险，但由于循环空气在离开高风险场所时已经过排风高效过滤器的净化处理，出现病原微生物外泄的风险极低。

7.4.3　两类消毒方式对比

（1）与传统消毒剂甲醛相比，过氧化氢和二氧化氯气体具有消毒高效、速效、环保和使用便利等方面的优点，是近年来我国发展起来的新型气体消毒剂，使用这两种消毒剂进行高风险场所消毒的用户逐渐增多。

（2）甲醛、过氧化氢和二氧化氯气体消毒效果均与室内相对湿度存在显著相关性，其中甲醛、二氧化氯气体消毒要求室内加湿，过氧化氢气体要求室内除湿。当采用密闭熏蒸消毒模式，尤其是消毒设备主机放置在核心工作间内的消毒方式时，伴随着室内相对湿度的变化，房间温度、压力均会发生相应变化，房间可能会产生正压，存在污染物外泄风险。

（3）从生物安全风险评估的角度来看，通风大系统消毒模式对生物安全风险的控制优于密闭熏蒸消毒模式，应是高风险场所消毒模式的首选。但国内受制于过氧化氢（或二氧化氯）进口消毒设备的价格，目前较多采用密闭熏蒸消毒模式，建议采用主机放置在室外且具备调节室内负压差功能的消毒设备。

采用密闭熏蒸消毒模式时，为降低生物安全风险，应加强对围护结构严密性（或气密性）的维护和年度检测验证；为进一步降低风险，可采用消毒过程中保持排风密闭阀开启的方式主动有组织地对房间正压外泄气体进行疏导；也可在消毒过程中设置并运行消毒负压工况，维持高风险场所$-40 \sim -20$Pa的静压差及有序的压力梯度。

本章参考文献

[1] H. A. φ YKC. 气溶胶力学 [M]. 顾震潮译. 北京：科学出版社，1960.

[2] 于玺华，车凤翔. 现代空气微生物学及采检鉴技术 [M]. 北京：军事医学科学出版社，1998.

[3] 蒋豫图. 国外军事医学资料（第5分册）（3）：1，1976.

[4] 卢振，张吉礼，孙德兴. 建筑环境微生物的危害及其生态特性研究进展 [J]. 建筑热能通风空调，2006，25（1）：19-25.

[5] 魏炳泉，薄金锋，张永江. 微生物气溶胶与实验室感染 [J]. 畜牧兽医科技信息，2006，5：28-30.

[6] 车凤翔. 生物医学实验室操作中生物气溶胶的产生及其危害控制 [C] //第八届中国国际洁净技术论坛暨展览论坛文集，2005.

[7] 张松乐. 环境因素对空气中微生物存活的影响 [J]. 中国公共卫生，1992，8（8）：360-362.

[8] 许钟麟. 关于负压隔离室的缓冲室的作用 [J]. 建筑科学，2005，V21增刊：52-56.

[9] 许钟麟，张益昭，王清勤等. 关于隔离病房隔离原理的探讨 [J]. 暖通空调，2006，36（1）：8.

[10] 冯昕，许钟麟，张益昭等. 负压隔离病房气流组织效果的数值模拟及影响因素分析 [J]. 建筑科学，2006，22（1）：35-41.

[11] 赵力，许钟麟，张益昭等. 隔离病房隔离效果的微生物学实验方法 [J]. 暖通空调，2007，37（1）：9-13.

[12] 张益昭，许钟麟，王清勤等. 隔离病房回风高效过滤器滤菌效率的实验研究 [J]. 暖通空调，2006，36（8）：95-96.

[13] 王荣，许钟麟，张益昭等. 关于隔离病房应用循环风问题的探讨 [C] //北京医院建筑设计及装备国际研讨会，2006.

[14] 许钟麟著. 空气洁净技术原理 [M]. 第三版. 北京，科学出版社，2003.

[15] CDC. Guidelines for Preventing the Transmission of Mycobacterium Tuberculosis in Health Care Facilities [S]，1994

[16] Ole Christian Ruge, Hilde Bånrud, Oddvar Bjordal. Ultraviolet Technology and Intelligent Pressure Control Solutions Jointly Provide True Isolation Rooms for Infectious Patients [J]. Klean ASA,

2002，5：16.

[17] Wolf H W，Harris M H，Hall L B. Open operating room doors and staphylococcns aureus［M］，1981.

[18] ASHRAE. ASHRAE Handbook- HVAC Application［M］. Atlanta：ASHRAE，1991.

[19] AIA. Guidelines for Construction and Equipment of Hospital and Medical Facilities［S］. 1992-1993.

[20] 许钟麟，洁净区内缓冲室的设计原则［J］. 暖通空调，1999，29（3）：46-48.

[21] 中国实验室国家认可委员会. 实验室生物安全通用要求. GB 19489-2008［S］. 北京：中国标准出版社，2008.

[22] 中国建筑科学研究院. 生物安全实验室建筑技术规范. GB 50346-2011［S］. 北京：中国建筑工业出版社，2012.

[23] 中国合格评定国家认可中心. 实验室设备生物安全性能评价技术规范. RB/T 199-2015［S］. 北京：中国标准出版社，2016.

[24] 中国疾病预防控制中心病毒病预防控制所. 病原微生物实验室生物安全通用准则. WS 233-2017［S］. 北京：中国标准出版社，2017.

[25] 曹国庆，王君玮，翟培军等. 生物安全实验室设施设备风险评估技术指南［M］. 北京：中国建筑工业出版社，2018.

[26] Public Health Agency of Canada. Canadian biosafety standard（CBS）［S/OL］. 2nd ed. ［2017-08-18］. http：//canadianbiosafetystandards. collaboration. gc. ca.

[27] Department of Health and Human Services. Biosafety in microbiological and biomedical laboratories［M/OL］. 5th ed. ［2017-08-18］. http：//www. cdc. gov/biosafety/publications/bmbl5.

[28] Joint Technical Committee CH-026，Safety in Laboratories，Council of Standards Australia and Council of Standards New Zealand. Australian/New Zealand Standard^{TM} safety in laboratories part 3：microbiological safety and containment［S/OL］. ［2017-08-18］. https：//infostore. saiglobal. com/en-au/Standards/AS-NZS-2243-3-2010-1430097/.

第8章 室内微生物污染控制技术应用工程案例

8.1 办公建筑

8.1.1 工程概况

《民用建筑设计统一标准》GB 50352-2005 规定，10 层及 10 层以上的居住建筑，以及建筑高度超过 24m 的其他民用建筑均为高层建筑；高度 100m 以上的建筑物为超高层建筑。以设立于沈阳市沈河区的示范工程——某高档写字楼为实测对象，总建筑面积为 15 万 m²，建筑高度为 260m。该办公写字楼属于公共建筑中的超高层建筑。建筑外侧围护结构为 3 层真空 LOW-E 玻璃幕墙，室内新风统一由空调新风系统承担。其中一～二层为大堂，三～十八层、二十～三十五层、三十七～五十二层、五十三～六十一层为办公层，十九层、三十六层、五十二层为设备层、避难层和新风入口，六十二～六十六层为餐厅，顶层六十七层为电梯机房层。大堂为全空气顶送风；三～二十二层为带有热回收的全新风空调系统，送风方式为风机盘管，二十三～六十七层为带有热回收的一次回风系统，送风方式为 VAV 地送风＋地板式风机盘管。

一般来说，潮湿的环境有利于微生物的生长。常见办公室微生物污染源有人员、空调、打印机、地毯等。而办公室里的大部分细菌都来自人类，且空调通风设备等容易滋生并释放一些微生物。如空调制冷的时候造成空调设备内部湿度很高，适宜细菌和真菌繁殖；没有清洁的空调过滤罩容易堆积很多灰尘，细菌就会在里面繁殖堆积，打开空调的时候，就会造成室内一些病原微生物的增加。此外，空调的冷凝水中也滋生细菌和真菌，会导致室内空气污染。

为研究办公建筑室内人员细菌释放速率和不同空调运行状态（包括关闭门窗且无机械通风、最小新风比两种运行模式）下对室内细菌气溶胶浓度的影响，选取的实测房间分别位于十六层（低区）、六十一层（高区），工作人员上下班时间均为上午 8：30 至下午 5：00，实测人员每天采样 7～8 次，上午采样 4 次，下午采样 3～4 次，采样间隔 45min～1h。中午 11：30～13：30 为工作人员休息时间，不采样。所送新风所属设备层分别位于十九层、五十二层。实测房间平面图及测点布置如图 8-1、图 8-2 所示。实测期间，办公室门处于关闭状态，只考虑工作区与贯通空间细菌气溶胶及颗粒物的流动。

8.1.2 关键技术

设备层中新风依次经过过滤设备：粗效 G3、中效 F5、静电 F9、高效 H13 送入办公单元，其过滤段配置及原理示意如表 8-1、图 8-3 所示。

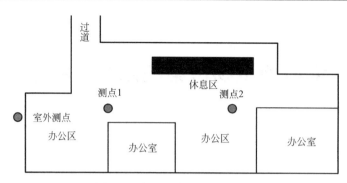

图 8-1　十六层实测房间平面图

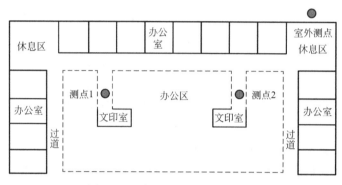

图 8-2　六十一层实测房间平面图

设备层过滤段配置情况一览表　　　　　　表 8-1

过滤标准及名称	过滤等级	过滤形式、材质	过滤粒径	过滤效率
粗效	G3	板式、合成纤维	5.0μm	85%
中效	F5	袋式、合成纤维	1.0μm	45%
亚高效	F9	静电金属格栅、钨丝铝板	0.5μm	95%
高效	H13	箱式、PTFE 净化过滤膜（聚四氟乙烯）	0.3μm	99.97%

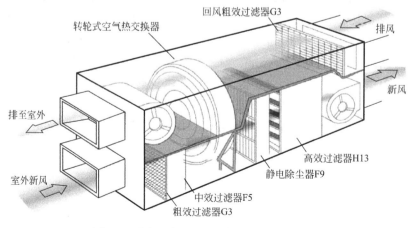

图 8-3　设备层新风机组空气净化原理示意图

8.1.3 现场测试

现场布点和采样根据《公共场所卫生检验方法 第 3 部分：空气微生物》GB/T 18204.3-2013 相关规定进行。室内面积 50～200m² 房间的设置两个采样点，依据对称原则布置，采样点距离地面高度 1.2～1.5m，距离墙壁不小于 1m。室内采样的同时对室外进行采样，采样点应避开通风口、通风道等。室内外实测环境分别如图 8-4、图 8-5 所示。

图 8-4 室内实测环境

图 8-5 室外实测环境

8.1.4 控制效果与效益评价分析

1. 无人工况下细菌气溶胶浓度与室外的关系

无人工况下室内与室外细菌气溶胶浓度水平分别为 240～848CFU/m³、92～389CFU/m³，对其进行线性拟合，如图 8-6 所示。结果表明，房间在关闭门窗且无机械通风的状态下，经过 15h 的空置，室内细菌气溶胶浓度与室外细菌气溶胶浓度具有极强的关联性，拟合值达到 98%，这表明 98% 的室内细菌气溶胶浓度与室外经过门窗等围护结构的自然渗透有关，即无人工况时，室内细菌气溶胶主要来自室外。

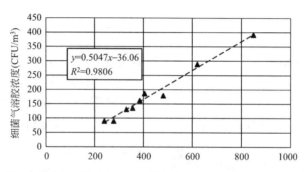

图 8-6　无人工况下室内与室外细菌气溶胶浓度的线性拟合

2. 实测过程中细菌气溶胶浓度水平随时间变化规律

在关闭门窗且无机械通风的正常情况下，室内细菌气溶胶浓度随着人员的进入呈现增长的情况。但因测试区域为贯通房间，房间面积较大，且测试区域外的门受实际情况的限制，会经常开关，导致实测数据低于理想数值。

十六层细菌气溶胶浓度及环境参数随时间变化特性如图 8-7 所示。人员在进入室内后细菌气溶胶浓度上升，在 10:30 即工作人员上班第 2 个小时达到最高值，分别为 989CFU/m^3、456CFU/m^3。中午休息时间结束后，室内细菌气溶胶浓度较休息前有轻微的上升，这与休息期间人员活动量增长有关。在下午时刻，室内细菌气溶胶平均浓度低于上午，但颗粒物浓度较高。

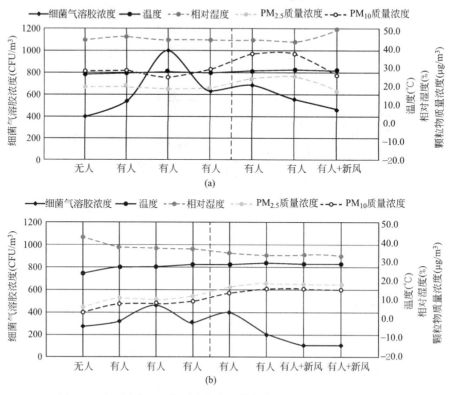

图 8-7　十六层在两天实测中室内细菌气溶胶浓度随时间变化规律
（a）第一天；（b）第二天

六十一层细菌气溶胶浓度及环境参数随时间变化特性如图 8-8 所示。人员在进入室内后细菌气溶胶浓度上升，但因该楼层测试房间的特殊性，在工作人员进入房间 1h 后开启空调设备，室内细菌气溶胶浓度低至 200CFU/m³，感染疾病的风险很小。中午休息时间结束后，同十六层，室内细菌气溶胶浓度较休息前有轻微的上升，但整体情况波动不大，平均浓度为 115±34CFU/m³。

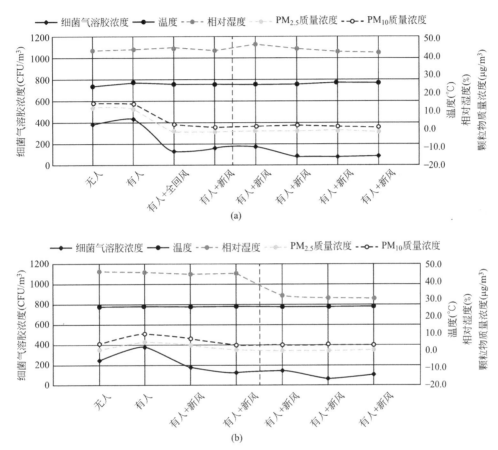

图 8-8 六十一层在两天实测中室内细菌气溶胶浓度随时间变化规律
（a）第一天；（b）第二天

3. 严寒地区室内污染源释放特性

当工作人员进入办公室后，细菌气溶胶浓度上升。污染源以人为主，打印机、垃圾桶、咖啡机、饮水机等设备为辅。将污染源统一划分为以人作为考核单位，房间体积为 216.15m³，人员数量维持在 10 人，经计算，污染源释放速率高达 3833±3065CFU/人（图 8-9）。

4. 工况变化（开启空调设备）对室内工作区细菌气溶胶浓度的影响

十六层在 14:30 启动新风处理机组，工作区的细菌气溶胶、PM$_{2.5}$ 和 PM$_{10}$ 质量浓度去除效率分别为 32%、3%、4%。

六十一层在 10:20 开启最小新风比 25%，与回风混合送至室内。空调设备开启后，工作区的细菌气溶胶去除效率最高达到了 70%，而 PM$_{2.5}$ 和 PM$_{10}$ 质量浓度去除效率分别为

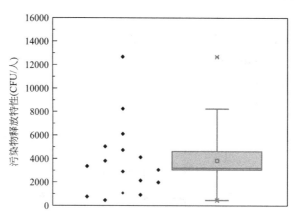

图 8-9 实测房间污染源释放特性

100％、55～73％。

5. 评估设备层两种过滤形式（粗效＋中效＋静电、高效）对细菌气溶胶及颗粒物的去除效果

对空调机组的新风口、静电与高效过滤之间的通风管道、高效过滤器后的通风管道分别进行了风速采集以及风道测量，如表 8-2 所示。并在风口、静电与高效过滤器间以及高效过滤器后的风道进行细菌气溶胶及颗粒物采样，以此分别评估十九层、五十二设备层粗效、中效、静电组合式以及高效过滤器的过滤效果，过滤效果计算结果详见表 8-3。

设备层空调机组测试点风量   表 8-2

设备层	测点位置	风口尺寸 （长 m×高 m）	风速 （m/s）	风量 （m³/s）	过滤设备 使用年限
十九层	新风口	2.93×0.68	2.05	4.08	2 年
	静电～高效	3.3×0.5	1.57	2.59	
	高效后	3.60×1.75	0.76	4.79	
五十二层	新风口	2.93×0.68	3.92	7.81	0.5 年
	静电～高效	3.3×0.5	1.81	2.99	
	高效后	3.60×1.75	1.53	9.64	

设备层空调机组测试点风量   表 8-3

设备层	实测参数	测点位置			过滤效果		
		新风口	静电～高效	高效后	粗效＋中效＋静电	高效	综合
十九层	细菌气溶胶浓度（CFU/m³）	60	39	14	35％	64％	76％
	$PM_{2.5}$ 质量浓度（μm/m³）	33	30	1	9％	97％	97％
	PM_{10} 质量浓度（μm/m³）	35	32	2	9％	94％	94％
五十二层	细菌气溶胶浓度（CFU/m³）	81	64	49	22％	22％	39％
	$PM_{2.5}$ 质量浓度（μm/m³）	38	28	2	26％	93％	95％
	PM_{10} 质量浓度（μm/m³）	49	43	2	12％	95％	96％

注：综合指在粗效＋中效＋静电＋高效过滤器下计算的过滤效率。

由表 8-3 可知，高效过滤器对细菌气溶胶、PM$_{2.5}$、PM$_{10}$ 的过滤效果显著优于粗效＋中效＋静电的组合式过滤，且对颗粒物的过滤效果更明显，高达 93%～97%。十九层过滤器对细菌气溶胶的过滤效果优于五十二层。而对于颗粒物，五十二层设备层中粗效＋中效＋静电的组合式过滤效果优于十九层，但对高效过滤器，其过滤效果差异不明显。

上述结果表明，过滤器使用年限对颗粒物的过滤效果有直接影响，但颗粒物过滤效果并不等同于对微生物气溶胶的去除效果。

8.1.5 办公建筑相关防疫指南

（1）中国建筑科学研究院建筑环境与能源研究院基于 2003 年防治 SARS 疫情期间的宝贵经验，依据现行国家标准《空调通风系统运行管理标准》GB 50365 编制了新型冠状病毒疫情防控指南——《疫情期公共建筑空调通风系统运行管理技术指南（试行）》。本指南主要适用于办公建筑，其他建筑如酒店、学校、医院、交通枢纽等相同功能部分可参照执行，不同功能部分需根据使用功能增加或补充。

（2）《办公建筑应对"新型冠状病毒"运行管理应急措施指南》为中国建筑学会团体标准，编号为 T/ASC 08-2020，自 2020 年 2 月 5 日起实施。

（3）中国建设科技集团组织编制《办公建筑运行管理和使用的应急措施指南》，主要针对需要正常使用的办公建筑（其他公共建筑可以参考采用），其重点内容为建筑的通风空调系统、给水排水系统以及垃圾收集和暂存等。

8.1.6 办公建筑空气微生物控制建议

（1）疫情期要求每周一次对出风口、冷凝水积水盘、过滤网进行消毒。

（2）办公建筑应加强室内外空气流通，最大限度引入室外新鲜空气。

1）使用前 1～2h（视情况调整）开启空调系统，采用全回风系统对区域进行预热/预冷，冬季适当提高、夏季适当降低空调机组的设定送风温度和室内设定温度。

2）使用期间，空调机组宜按全新风工况运行：空调系统全新风运行，单风机系统关闭回风阀、双风机系统关闭混风阀，保持新风阀和排风阀全开，风机设置变频装置的可根据人员数量调整运行频率，保证人均新风量不低于 30m³/h。严寒和寒冷地区，冬季开启新风系统或全新风工况运行之前，应确保机组的防冻保护功能安全可靠。

3）使用后新风与排风系统应继续运行 1h，对区域进行全面通风换气，以保证室内空气清新。并对空调机组内部空气过滤器、表面式冷却器等关键设备进行全面消毒。

（3）人员密度较高的区域，建议停止使用，包括大型会议室、报告厅、职工餐厅、健身房、便利店等。针对会议应有如下要求：

1）应减少会议，优先使用电话会议、视频会议等非接触的会议形式。会议室的使用应统一管理，优先安排有外窗、空调系统相对独立、通风换气能力强的会议室。

2）对于设置有外窗的会议室，会议期间外窗宜保持一定开度，会议结束后应进行全面的通风换气，并采取必要的消毒措施。

（4）定期对建筑内的各区域（尤其是人员不经常停留区域）进行巡查，及时处理围护结构漏水、室内积水、污物积存、建筑或构件生霉等非正常情况。

8.2　学校建筑

8.2.1　工程概况

北京海淀凯文学校是研究团队设立的、位于北京市海淀区四季青桥西杏石口路的示范工程之一。于 2016 年建成，占地面积 26 万 m² （图 8-10）。该学校设有小学部和中学部，并配套建有艺术中心、餐厅和体育馆等公共区域建筑。本示范工程为学校室内空气洁净新风改造项目，由长沙远大建筑节能有限公司承担。该项目为学校各个建筑物不同功能区的室内空气环境制定改造方案，为学校的艺术中心、体育馆、餐厅、小学部、中学部等建筑物进行新风系统改造，配置组合过滤热回收洁净新风机组，设计新风系统管道，以去除空气中的细颗粒物和微生物污染，使室内空气质量达到净化要求，为广大师生提供健康、安静、舒适的室内空气环境，满足人体的健康需求。

图 8-10　北京海淀凯文学校全貌

学校建筑是学生生活和学习的场所，学生们大部分时间是在室内度过的，空气微生物污染直接影响空气质量和人们身体健康。近年来，学校建筑室内空气质量已经引起人们广泛关注，我国也制定了一系列的相关标准。

国家标准《中小学校教室换气卫生要求》GB/T 17226-2017 中规定，中小学校教室内空气中二氧化碳日平均最高容许浓度应≤0.10％，小学生、初中生和高中生的必要换气量分别不宜低于 20m³/（h·人）、25m³/（h·人）和 32m³/（h·人）。

2017 年 1 月中国质量检测协会发布了《中小学教室空气质量规范》T/CAQI 27—2017，规定了教室室内空气中的二氧化碳、细颗粒物、臭氧和甲醛 6 项空气污染物的浓度限值。

2019 年湖南省发布了地方标准《中小学校室内空气质量要求》DB43/T 1646—2019，这是全国首部针对学校建筑室内空气质量的地方标准，适用于中小学校普通教室、宿舍、图书馆、功能教室空气质量的检测和环境控制。该标准规定了甲醛、TVOC、臭氧、CO_2、$PM_{2.5}$ 和菌落总数等 12 项空气质量参数，室内空气质量控制要求分为两级，其中室内空气菌落总数的一级标准为＜2000CFU/m³，二级标准为＜2500CFU/m³。近期，江苏省室内环境净化委员会也已开始着手起草相关标准。

许多科研工作者对学校建筑室内空气微生物污染现状展开了研究。据调查，学校建筑存在各种空气微生物污染，室外大气环境污染会经围护结构渗透到室内，装修材料会散发出污染物，教学活动也会带来室内空气污染。校内有教室、办公室、体育馆、活动中心、图书馆、食堂和宿舍等不同功能的房间，室内空气污染程度存在一定的差异。

项目组采用撞击法对北京某高校空气中的不同功能区、不同时态的微生物浓度进行测试，研究北京地区冬季高校宿舍空气微生物污染情况以及粒径分布特征，得到以下结论：

（1）对比宿舍、卫生间及室外等不同功能区的空气微生物浓度发现，卫生间的细菌浓度相对较高，校园的真菌浓度相对较高；对比早中晚不同时态时发现，中午 12 时的空气中细菌和真菌浓度相对较低，早上和晚上空气中细菌和真菌浓度较高。不同功能区、不同时间的微生物气溶胶体积浓度差异有统计学意义（F 值分别为 3.989、7.769，$P<0.05$）

（2）不同功能区和不同时态条件下，空气中微生物的粒径分布特征呈献大致相同的规律，室内空气中细菌粒径集中出现在 V 级，真菌粒径集中出现在 IV 级，说明高校空气中的微生物浓度主要集中在 1.1～3.3μm 粒径范围。

可见，学校建筑室内空气中有一定程度上的微生物污染，需要采用合适的空气污染控制措施改善室内空气品质。

8.2.2 关键技术

近年来，室外空气污染已经是全世界共同关注的热点问题，新风系统是目前人们广泛采用的提高室内空气品质的技术措施。但是当室外空气质量差的时候，开窗通风会给室内带入污染物，影响室内的空气品质，不利于室内人员的健康。同时，现代建筑为了阻隔室外污染物和节能的需求，围护结构气密性越来越高，但会导致室内氧气量不足。因此，对于门窗关闭的封闭空间或气密性较好的建筑环境，设置新风系统可以利用净化后的空气来稀释室内污染的空气，降低室内污染物浓度，改善室内空气环境和质量。

新风系统是室内空气污染控制的一个有效措施，是由风机、净化等处理设备、风管及其部件组成，将新风送入室内，并将室内空气排至室外的通风系统。新风系统将室外空气处理成新鲜洁净的新风后，通过机械送风均匀连续地送入室内，为室内人员提供充足氧气的同时对室内空气污染物进行稀释，并将室内的污浊空气排出室内，从而使室内空气得到净化，提高室内空气品质。《健康建筑评价标准》T/ASC 02—2016 中将室内新风系统作为评分项，对于设置具有空气净化功能的集中式新风系统、分户式新风系统的住宅建筑，可得 15 分。

随着建筑技术的不断发展，新风系统技术已经开始逐渐应用在各类建筑中。新风系统的应用可以高效地改善室内空气质量，营造高质量、高标准的健康建筑空气环境，从而实现建设健康中国的目标。

为分析新风系统过滤净化组合对室内空气微生物控制效果的影响，根据室内微生物浓度的质量平衡控制方程，利用 Simulink 模型，模拟不同过滤净化组合的新风系统对室内微生物的净化控制。以高校宿舍为研究对象，确定各级过滤器的滤菌效率、室内外空气初始细菌浓度、室内人员静态发菌量和新风系统新风量等重要参数后进行模拟，得到以下结论：

（1）采用不同过滤净化组合新风系统时，室内空气细菌浓度呈现大致相同的变化规律：新风开启前，室内细菌浓度处于一个较高的初始值，新风系统开启后，室内细菌浓度迅速下降，且随着新风开启时长的增加，下降速度也在逐渐减慢，一段时间后逐渐趋于稳定。

（2）对比不同过滤净化组合的新风系统，粗效＋中效＋高效的三级组合过滤时室内细菌稳定浓度值相对最低，净化效果最好，净化时间相对较少；粗效和中效一级过滤组合新风系统净化效果最差。说明在一些对室内细菌污染净化要求较高的场合应优先使用粗效＋中效＋高效三级过滤组合新风系统。

新风系统中设置静电除尘器会对室内空气微生物的控制得到更好的净化效果。静电除尘器工作共分为四个步骤：气体电离、粉尘等粒子荷电、粒子运动及捕获、杂尘处理。首先，用直流电将两侧金属电极接通，使控制区域产生可令空气电离的电场，当气体从中流过后会发生电离，电离时极间产生的电流可达到灭菌的目的。其次，电离后的电子及阴、阳离子吸附在粉尘和微生物等粒子上，使粒子带上不同极性的电荷。然后，在电场的作用下，粒子向不同的电极运动，并吸附在两侧电极上，从而实现粉尘、微生物与气体的分离。最后，通过杂尘处理阶段，将积累的杂尘清出静电除尘器。

远大洁净新风机采用粗效＋静电＋高效三级组合过滤方式，一级粗效过滤器，主要针对空气中粒径大于 $5\mu m$ 的大粉尘颗粒进行过滤；二级静电过滤器，主要针对空气中粒径较小的微生物和细颗粒物进行过滤；三级高效过滤器，主要针对空气中粒径小于 $1\mu m$ 的 $PM_{2.5}$ 等细小颗粒进行过滤。经过三级过滤的洁净空气被引入室内，稀释室内空气，以达到控制室内污染物的目的。

远大组合过滤热回收洁净新风机组有多个系列不同类型，包括中小型新风机组（风量 $250\sim3000m^3/h$）和大型管道式新风机组（风量 $10000\sim50000m^3/h$）。本示范工程属于学校建筑，有多个不同功能区的房间，建筑面积不同，所需要的净化风量也不相同，可以根据需要选择和配置合适的新风机组，以满足不同改造区域的需求。

8.2.3　现场测试

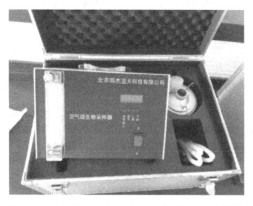

图 8-11　安德森六级撞击式空气微生物采样器

测试选用北京明杰蓝天科技有限公司 JMT-6 安德森六级撞击式空气微生物采样器（图 8-11），依据《室内空气质量标准》GB/T 18883—2002 和《公共场所卫生检验方法 第 3 部分：空气微生物》GB/T 18204.3—2013 制定测试方案和测试步骤。

测试房间选择教室、办公室、多功能厅和篮球馆等不同功能房间，测试内容为室内空气中细菌和真菌浓度（图 8-12）。当测试房间室内面积小于 $50m^2$ 时设置位于房间中心的测试点；当测试房间室内面积分别为 50～

200m² 和 200m² 以上分别需设置 2 个和 3～5 个测试点,并按照均匀布点的原则进行设置。采用自然沉降法时,当测试房间面积不足 50m² 时设置 3 个采样点,当测试房间面积大于 50m² 时,设置 5 个采样点。采样点高度为 1.5m,应避免距离墙壁太近,距离不应小于 1m,同时采样点应远离风口、风道等。采样流量为 28.3L/min,采样时间为 5min。采样前关闭门窗和空调等通风装置 20min。每个测点采样完成后,立即使用 Parafilm 封口膜将培养皿进行包裹和密封。

(a)　　　　　　　　　　(b)

图 8-12　室内空气微生物采样现场
(a) 撞击法;(b) 自然沉降法

8.2.4　控制效果与效益评价分析

新风系统控制学校室内微生物浓度测试结果如表 8-4 所示。从测试结果可以看出,开启新风机组 1h 后,各房间室内空气微生物浓度明显下降,对比室外细菌浓度降低了 62.5%～95.01%,对比室外真菌浓度降低了 68.38%～100%。对相邻的 4 个面积相同的教室室内空气微生物浓度进行了测试,对比新风机组开启前后的室内浓度变化,如表 8-5 所示。从测试结果可以看出,新风机组开启约 1h 后,室内空气中细菌浓度降低了 58.34%～93.76%,室内空气中真菌浓度降低了 83.35%～100%。可见该示范工程所采用的新风系统关键技术对学校各建筑室内微生物污染控制有明显作用,显著改善了室内空气品质。

新风机组开启后室内空气微生物浓度　　　　　　　表 8-4

季节	房间编号	细菌			真菌		
		室外 (CFU/m³)	室内 (CFU/m³)	灭菌率 (%)	室外 (CFU/m³)	室内 (CFU/m³)	灭菌率 (%)
冬季	活动室	169.61	28.27	83.33	275.62	87.16	68.38
	办公室 1		56.54	66.67		35.34	87.18
	办公室 2		63.60	62.50		21.20	92.31

续表

季节	房间编号	细菌			真菌		
		室外 (CFU/m³)	室内 (CFU/m³)	灭菌率 (%)	室外 (CFU/m³)	室内 (CFU/m³)	灭菌率 (%)
秋季	多功能厅	62.88	15.72	75.00	86.46	6.29	92.73
	篮球场		6.29	90.00		6.29	92.73
	办公室3		10.48	83.33		0.00	100.00
	办公室4		10.48	83.33		5.24	93.94
	办公室5		20.96	66.67		5.24	93.94
	教室1		12.58	79.99		3.14	96.37
	教室2		15.72	75.00		3.14	96.37
	教室3		3.14	95.01		0.00	100.00
	教室4		9.43	85.00		3.14	96.37

新风机组开启前后室内空气微生物浓度对比　　　　　　　　　　　表 8-5

房间编号	细菌			真菌		
	室内浓度变化(CFU/m³)		灭菌率 (%)	室内浓度变化(CFU/m³)		灭菌率 (%)
	开启前	开启后		开启前	开启后	
教室1	31.44	12.58	59.99	18.86	3.14	83.35
教室2	37.73	15.72	58.34	22.01	3.14	85.73
教室3	50.30	3.14	93.76	31.44	0.00	100.00
教室4	40.87	9.43	76.93	18.86	3.14	83.35

经济效益方面，新风系统采取的热回收装置，可减小空调系统能耗，节约成本；环保效益方面，新风系统不产生污染物的同时改善室内空气质量；社会效益方面，新风系统的使用可以引起人们对室内空气品质的重视。

8.2.5　学校建筑相关防疫指南

为应对疫情，全国暖通空调行业颁布各项指南，在疫情期间对空调系统运行管理进行合理引导。

国务院于2020年2月发布的《新冠病毒肺炎流行期间办公场所和公共场所空调通风系统运行管理指南》中提出，在办公建筑或公共建筑内，应停止使用不带新风的集中式空调系统，对于全空气空调系统宜按照全新风工况运行，设置新风系统的空调应保证新风系统正常运行。

中国物业管理协会设施设备技术委员会与中国建筑科学研究院于2020年2月1日推出《疫情期公共建筑空调通风系统运行管理指南》，可适用于学校等公共建筑，指导疫情防控期间各类公共建筑空调通风系统的安全运行，防止因空调通风系统引起的空气流通而导致新型冠状病毒的扩散。之后又编制了《高校物业管理区域新冠肺炎疫情防控工作操作指引》，对高校物业空调系统调控方面进行了简单的说明。

中国制冷学会于 2020 年 2 月编制《春节上班后应对新冠肺炎疫情安全使用空调（供暖）的建议》，建议全空气、空气与水空调系统均应以最大新风量运行。

中国建筑学会 2020 年 2 月编制《办公建筑应对"新型冠状病毒"运行管理应急措施指南》，其中给出了办公建筑科学运行的指导建议。

浙江大学城乡规划设计研究院有限公司于 2020 年 3 月编制《新冠肺炎疫期教育建筑运行管理防疫技术指南》，为疫情期间空调系统的设置和运行措施、消毒检查等方面做出了指导。

国家卫生健康委员会于 2020 年 7 月编制《新冠肺炎疫情期间重点场所和单位卫生防护指南》，对学校建筑内人员密集场所等重点区域的通风条件做出要求：应保持空调系统新风口清洁，空调运行过程中建议以最大新风量运行，定期对送风口等设备和部件进行清理和消毒。

8.2.6 学校建筑空气微生物控制建议

（1）执行室内空气微生物数量限定标准，室内空气中微生物数超过一定值，将会对人体健康产生危害。

（2）控制室内空气湿度。过高的室内空气湿度是滋生大量细菌和真菌的重要原因，空气除湿机和空调都可以有效抽取空气中的水分，降低室内湿度，保持室内空气干燥。此外，经常在天气晴朗阳光充足时开窗通风，一方面能够向室内引入干燥清洁的空气置换室内空气；另一方面，紫外线能够直接杀死空气中和衣物上大量微生物。

（3）适时开窗通风。室外污染不严重时，经常开门窗与室外空气进行气体交换，有利于降低室内空气微生物的浓度。

（4）保持室内清洁卫生，进行相关知识宣传教育，引领学生正确认识及减少微生物对人体的伤害。

8.3 医院建筑

8.3.1 工程概况

空气微生物包括存在于空气中的细菌、真菌和病毒等，目前世界卫生组织（WHO）已经将空气微生物纳入到室内空气污染物的范畴。特别是医院这个特殊的公共室内环境，从患者到医护人员都有机会被空气微生物所感染，尤其是在免疫抑制的患者中增加了传播几率。与空气微生物接触有关的健康问题有传染病、毒性反应、肺炎、支气管炎、哮喘、过敏、肺泡炎、鼻炎和花粉症等。因此，有必要系统地调查医院空气微生物的分布情况。

西安国际医学中心（图 8-13）位于西安市高新区，北临纬三十路，南临纬三十二路，西依西太路，东靠经十六路。建筑面积约 52 万 m²，建成后是一座集医疗、教学、科研、体检、保健为一体的三级甲等规模的综合性国际医院，是研究团队设立的医院建筑类示范工程。

西安国际医学中心净化区设计是在原平面的基础上根据院方的要求，并结合相关净化设计依据，对净化区的净化空调系统进行设计。净化工程范围包括：二层中心供应室（中

图 8-13 西安国际医学中心

心供应室设检查，包装灭菌区和无菌物品存放区）；三层手术部、ICU［手术部设 16 间手术室：其中 I 级 4 间（其中 1 间为眼科手术室），II 级 1 间，III 级 11 间（其中 1 间为负压手术室），洁净走廊及其辅房、清洁走廊及其辅房；ICU 设心脏中心 ICU、综合 ICU、神经外科 ICU、呼吸 ICU］；三层静脉配置中心（心胸消化医院配液中心及其辅房，神经肿瘤医院配液中心及其辅房）；四层手术部［手术部设 44 间手术室：其中 I 级 19 间（其中 2 间眼科手术室），II 级 7 间，III 级 18 间，洁净走廊及其辅房、清洁走廊及其辅房］；十一层层流病房（设 I 级移植病房 20 间，4 间 II 级过渡病房，洁净走廊及其辅房）。

8.3.2 关键技术

1. 净化型组合式空气处理机组

图 8-14 迷宫式箱板结构

针对净化型组合式空气处理机组的特殊性，依据国际标准、安全可靠、智能控制以及节能卫生等设计理念，研发产品已广泛应用于各类洁净车间净化空调系统中。该净化型组合式空气处理机组采用专利技术（发明专利号：ZL98111326.5）——阴阳模板互扣迷宫式密封（图 8-14），铝型材与面板通过高压聚氨酯发泡形成一个高强度整体，铝型材带凹凸槽，安装后形成榫头连接，通过螺栓与内嵌箱板螺母紧扣的连接方式，形成了严密的迷宫式密封。

净化型组合式空气处理机组功能段较为复杂（图 8-15 和图 8-16），主要包括过滤、降温、升温、除湿、再热、加湿、降噪、消毒等。箱体密封、保温、承压性满足漏风率低、变形率低、无冷桥等要求。基于高效洁净考虑，机组应具有粗、中、亚高效等多级过滤，实现对处理空气的高级别过滤，因此可对空气微生物达到一定的去除效果。机组配置变频电机实现风量灵活调节，整体设计满足箱体内部截面风速不宜过大，表冷器等部件进行防冻设计。为杜绝二次污染，机组需要干式水盘、亲水膜表冷器、无皮带粉尘、不滋生细菌等特殊设计。同时，为实现温湿度的精确调节，需要采用集中控制，提高维护信号的可视化程度。图 8-17 给出了净化机组的室内送风口和回风口。

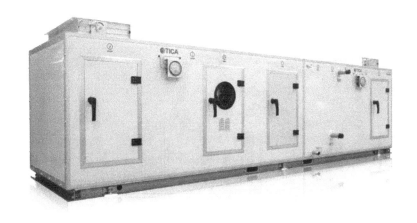

图 8-15　净化型组合式空气处理机组

图 8-16　净化机组实景图

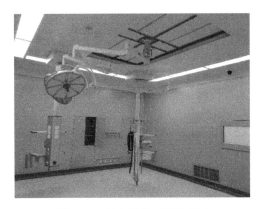

图 8-17　室内送风口和回风口

2. 双级新风专用深度除湿空调

深度除湿机组适用于制药厂、医疗卫生、生物工程等对空气有湿度要求的场所，主要用于医院手术室新风预处理（见图 8-18）。相较于自取新风的方式，深度除湿机组采用制冷剂直接蒸发的氟盘管，无二次换热，除湿性能优越。通过前期的实验可知，室内空气相对湿度高，可促进空气微生物的浓度，因此，对手术室进行深度除湿，可抑制空气微生物的生长。

8.3.3　室内环境测试

1. 测试仪器

FA-3 型六级空气微生物采样器（捕获率：≥98%；采样流量：28.3 L/min；粒径范围：第一级：>7.0μm，第二级：4.7～7.0μm，第三级：3.3～4.7μm，第四级：2.1～3.3μm，第五级：1.1～2.1μm，第六级：0.65～1.1μm），主要用于空气微生物的采集。北京爱康温湿度模块（精度：±0.3℃和1.5%）。

SW-CJ-1B 超净工作台主要用于无菌操作；XCS-LX-B50L 高压灭菌锅主要用于高压灭菌所需要的培养基以及其他物品；XCS-DPX-40BS 恒温培养箱主要用于空气微生物的培养；XCS-101-0BS 电热恒温鼓风干燥箱主要用于干燥玻璃仪器。

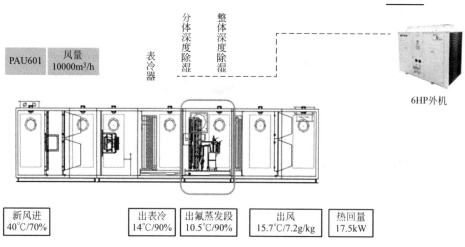

图 8-18　深度除湿机组示意

2. 测试药品

细菌采用普通营养琼脂培养基（广东环凯），真菌采用马铃薯葡萄糖琼脂培养基（广东环凯）。

3. 测试依据

《公共场所卫生检验方法 第 3 部分空气微生物》GBT 18204.3-2013；

《医院洁净手术部建筑技术规范》GB 50333-2013；

《医院消毒卫生标准》GB 15982-2012；

《公共场所集中空调通风系统卫生规范》WS 394-2012。

4. 测试步骤

于 2020 年 11 月 15～20 日选取西安国际医学中心的典型医疗场所进行空气净化机组运行前后的空气微生物采样。典型医疗场所分别为百级手术室和万级手术室（Ⅰ类环境），病房 9 室、12 室和 15 室（Ⅲ类环境），骨科 3 号和 5 号门诊（Ⅳ类环境）。测试医院不同功能区具体信息如表 8-6 所示。

西安国际医学中心医疗功能区　　　　　　　　　　表 8-6

医院场所	所在楼层	面积(m²)	通风形式
百级手术室	E 楼五层	70 左右	新风系统
万级手术室	E 楼五层	40 左右	新风系统
病房 9 室	D 楼六层	70 左右	新风系统
病房 12 室	D 楼六层	70 左右	新风系统
病房 15 室	D 楼六层	70 左右	新风系统
骨科 3 号门诊	B 楼一层	15 左右	新风系统
骨科 5 号门诊	B 楼一层	15 左右	新风系统

使用 FA-3 型六级空气微生物采样器对选择的典型医疗场所进行运行空气净化机组前后的空气微生物采样。采样器流量设置为 28.3 L/min，手术室采样时间为 10min，门诊和

病房采样时间为5min。采样高度分别设置为1.2～1.5m（以模拟的呼吸区域）。采样结束后，立即将6个培养皿取出并编号为1～6，与采样器的1～6级对应。采集空气微生物的同时收集室内温湿度，同时记录采样点当天其他可能影响采样结果的因素。使用自然沉降采样法对典型医疗场所进行运行空气净化机组前后的空气微生物采样。百级手术室和万级手术室放置30min后收集，病房和门诊放置5min后收集。

百级手术室运行净化型组合式空气处理机组10min后进行净化工况的空气微生物收集（采样时净化机组运行），万级手术室运行净化型组合式空气处理机组20min后进行净化工况的空气微生物收集（采样时净化机组运行），门诊和病房运行净化型组合式空气处理机组30min后进行净化工况的空气微生物收集（采样时净化机组运行），采样步骤与上述空气微生物本底浓度的采样步骤相同。

5. 测试结果

（1）撞击法空气微生物浓度

净化机组运行前，百级手术室空气细菌和空气真菌的浓度分别为57CFU/m³和2CFU/m³；净化机组运行后，百级手术室空气细菌和空气真菌的浓度分别为5CFU/m³和1CFU/m³，净化效率分别为92%和50%（图8-19）。净化机组运行前，万级手术室空气细菌和空气真菌的浓度分别为66CFU/m³和4CFU/m³；净化机组运行后，万级手术室净化后空气细菌和空气真菌的浓度分别为16CFU/m³和0CFU/m³，净化效率分别为76%和100%。

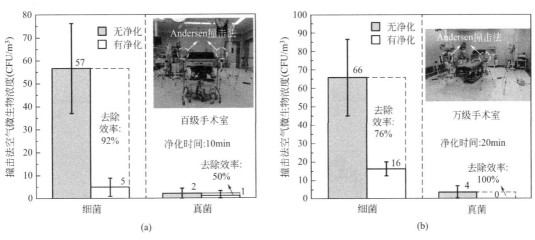

图8-19 手术室撞击法空气微生物浓度

(a) 百级手术室；(b) 万级手术室

净化机组运行前，骨科3号门诊空气细菌和空气真菌的浓度分别为329CFU/m³和2120CFU/m³；净化机组运行后，骨科3号门诊空气细菌和空气真菌的浓度分别为167CFU/m³和707CFU/m³，净化效率分别为49%和67%（图8-20）。净化机组运行前，骨科5号门诊空气细菌和空气真菌的浓度分别为277CFU/m³和2006CFU/m³；净化机组运行后，骨科5号门诊空气细菌和空气真菌的浓度分别为178CFU/m³和1430CFU/m³，净化效率分别为36%和29%。

如图8-21所示，净化机组运行前，病房9室空气细菌和空气真菌的浓度分别为

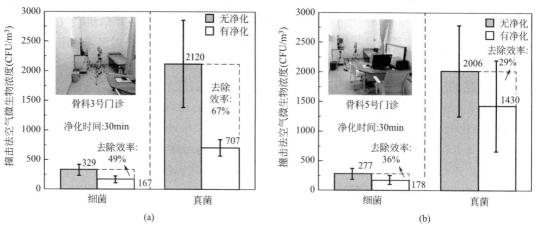

图 8-20　门诊撞击法空气微生物浓度

（a）骨科 3 号门诊；（b）骨科 5 号门诊

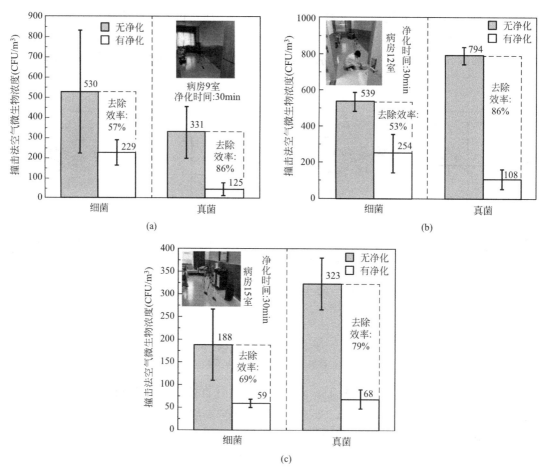

图 8-21　病房撞击法空气微生物浓度去除效率

（a）病房 9 室；（b）病房 12 室；（c）病房 15 室

530CFU/m³ 和 331CFU/m³；净化机组运行后，病房 9 室空气细菌和空气真菌的浓度分别为 229CFU/m³ 和 125CFU/m³，净化效率分别为 57％和 86％。净化机组运行前，病房 12 室空气细菌和空气真菌的浓度分别为 539CFU/m³ 和 794CFU/m³；净化机组运行后，病房 12 室净化后空气细菌和空气真菌的浓度分别为 254CFU/m³ 和 108CFU/m³，净化效率分别为 53％和 86％。净化机组运行前，病房 15 室空气细菌和空气真菌的浓度分别为 188CFU/m³ 和 323CFU/m³；净化机组运行后，病房 15 室空气细菌和空气真菌的浓度分别为 59CFU/m³ 和 68CFU/m³，净化效率分别为 69％和 79％。

（2）沉降法空气微生物浓度

净化机组运行前，百级手术室空气细菌和空气真菌的浓度分别为 7.0CFU/皿 和 1.0CFU/皿；净化机组运行后，百级手术室空气细菌和空气真菌的浓度分别为 0CFU/皿 和 0CFU/皿，净化效率都为 100％（图 8-22）。净化机组运行前，万级手术室空气细菌和空气真菌的浓度分别为 6.7CFU/皿 和 0.3CFU/皿；净化机组运行后，万级手术室净化后空气细菌和空气真菌的浓度分别为 2.0CFU/皿 和 0CFU/皿，净化效率分别为 70％ 和 100％。

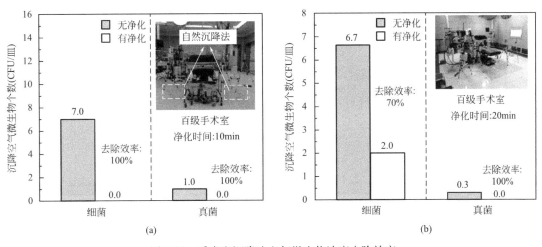

图 8-22　手术室沉降法空气微生物浓度去除效率
(a) 百级手术室；(b) 万级手术室

净化机组运行前，骨科 3 号门诊空气细菌和空气真菌的浓度分别为 3.0CFU/皿和 7.0CFU/皿；净化机组运行后，骨科 3 号门诊空气细菌和空气真菌的浓度分别为 1.7CFU/皿和 2.0CFU/皿，净化效率分别为 44％和 71％（图 8-23）。净化机组运行前，骨科 5 号门诊空气细菌和空气真菌的浓度分别为 5.2CFU/皿和 7.0CFU/皿；净化机组运行后，骨科 5 号门诊空气细菌和空气真菌的浓度分别为 1.6CFU/皿和 2.5CFU/皿，净化效率分别为 69％和 65％。

如图 8-24 所示，净化机组运行前，病房 9 室空气细菌和空气真菌的浓度分别为 5.2CFU/皿和 2.2CFU/皿；净化机组运行后，病房 9 室空气细菌和空气真菌的浓度分别为 2.5CFU/皿和 0.2CFU/皿，去除效率分别为 52％和 93％。净化机组运行前，病房 12 室空气细菌和空气真菌的浓度分别为 4.7CFU/皿和 3.3CFU/皿；净化机组运行后，病房 12 室空气细菌和空气真菌的浓度分别为 1.0CFU/皿和 0.3CFU/皿，去除效率分别为 79％

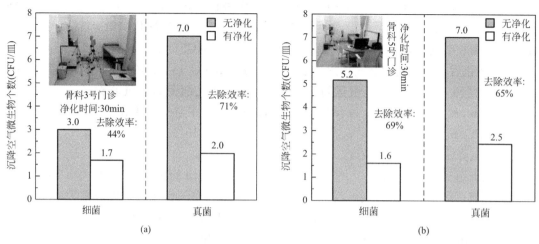

图 8-23　门诊沉降法空气微生物浓度去除效率

（a）骨科 3 号门诊；（b）骨科 5 号门诊

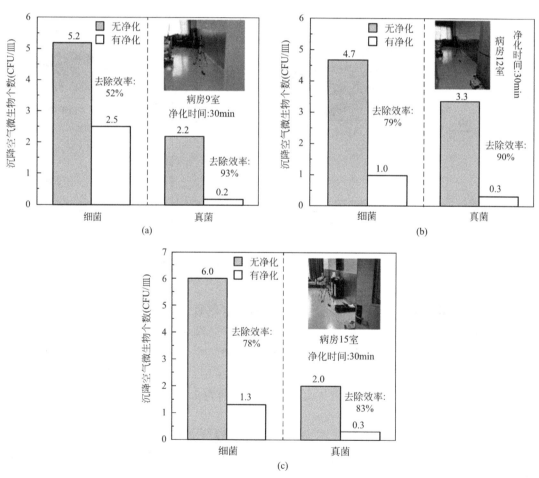

图 8-24　病房沉降法空气微生物浓度去除效率

（a）病房 9 室；（b）病房 12 室；（c）病房 15 室

和90%。净化机组运行前，病房15室空气细菌和空气真菌的浓度分别为6.0CFU/皿和2.0CFU/皿；净化机组运行后，病房15室空气细菌和空气真菌的浓度分别为1.3CFU/皿和0.3CFU/皿，去除效率分别为78%和83%。

8.3.4 控制效果与效益评价分析

从撞击法采集现场测试结果来看，净化后百级手术室的空气细菌浓度符合《医院洁净手术部建筑技术规范》GB 50333—2013规定的洁净手术室用房Ⅰ类等级手术区的标准（5CFU/m³），万级手术室也符合《医院洁净手术部建筑技术规范》GB 50333—2013规定的洁净手术室用房Ⅲ类等级手术区的标准（75CFU/m³）。然而，该规范未对手术室内的空气真菌浓度做出规定，因此，本次测试可以为手术室的空气真菌浓度控制提供数据支撑。到目前为止，国内并没有标准或者规范规定医院内门诊和病房净化处理后撞击法空气微生物浓度的限值，也没有明确的效果评价指标。因此，本次测试同样可以为门诊和病房的室内环境场所内净化后空气微生物的浓度限值提供基础的数据支撑。对比《公共场所集中空调通风系统卫生规范》WS 394—2012中规定的公共场所送风卫生指标中的空气细菌限值（500CFU/m³）和空气真菌浓度限值（500CFU/m³），骨科门诊的空气细菌浓度均符合要求。然而，对于空气真菌来说，骨科门诊不能达到该规范中的浓度限值，且骨科5号门诊远超过限值（2.86倍），这是应该值得注意的。同样的，病房的空气细菌和空气真菌浓度均符合要求。

从沉降法采集现场测试结果来看，净化机组运行后百级手术室的空气细菌浓度符合《医院洁净手术部建筑技术规范》GB 50333—2013规定的洁净手术室用房Ⅰ类等级手术区的标准（0.2CFU/30min·Φ90皿），万级手术室符合《医院洁净手术部建筑技术规范》GB 50333—2013规定的洁净手术室用房Ⅲ类等级手术区的标准（2CFU/30min·Φ90皿）。同样的，该规范没有手术室空气真菌浓度的限值规定。因此，本次测试可以为手术室沉降法空气真菌浓度控制提供基础的数据支撑。净化机组运行后骨科3号门诊、骨科5号门诊的空气细菌浓度符合《医院消毒卫生标准》GB 15982—2012规定的医院Ⅳ类环境的标准［4CFU/皿（5min）］。净化机组运行后病房9室、12室、15室的空气细菌浓度符合《医院消毒卫生标准》GB 15982—2012规定的医院Ⅲ类环境的标准［4CFU/皿（5min）］。

净化型组合式空气处理机组对空气中的微生物有一定的去除效率，并且可以杜绝二次污染，达到可示范性的要求。其中，阴阳模板互扣迷宫式密封具有刚度好、漏风率低、杜绝冷桥、噪声低、节能效果好、智能化控制等优点，并且不结露、无锈点、不易滋生细菌、不会产生二次污染。而且，深度除湿机组的空调系统组成简单，具有可靠性高、能效比高、安装维护方便、运行费用低、造价低等优点。

8.3.5 医院建筑相关防疫指南

为积极应对新型冠状病毒感染的肺炎疫情防治工作，规范新型冠状病毒感染的肺炎传染病应急医疗设施的设计与建设，促进对新型冠状病毒感染的肺炎疫情防控工作的科学指导，中国工程建设标准化协会批准中国中元国际工程有限公司等单位编制了《新型冠状病毒感染的肺炎传染病应急医疗设施设计标准》，编号为T/CECS 661—2020自2020年2月6日起施行。

为进一步做好新型冠状病毒感染的预防与控制工作，有效降低医疗机构内的传播风险，保障医疗质量和医疗安全，国家卫生健康委办公厅于 2020 年 1 月 22 日组织制定了《医疗机构内新型冠状病毒感染预防与控制技术指南（第一版）》。

根据《传染病医院建筑设计规范》GB 50849、《综合医院建筑设计规范》GB 51039 等相关标准规范的要求，为指导各地集中收治新型冠状病毒肺炎患者的应急救治设施建设，国家卫生健康委制定了《新型冠状病毒肺炎应急救治设施设计导则（试行）》。

8.3.6　医院建筑空气微生物控制建议

（1）应针对医疗场所IV类室内环境制定更加详细、全面的空气微生物标准或规范，执行现有的医疗场所室内空气微生物限定标准。

（2）保持各个医疗场所室内环境的清洁卫生，要定期进行清洁和消毒，医护人员和病患要保持卫生。

（3）净化机组可以对医疗场所的空气微生物起到一定的净化效果，因此应定期开启净化机组净化空气微生物。但是要定期检查净化机组，避免二次污染。

8.4　海关口岸设施

8.4.1　工程概况

北京大兴国际机场负压隔离留验设施位于北京大兴国际机场，是研究团队设立的海关口岸类示范工程。北京大兴国际机场距天安门 46km，为 4F 级国际机场、世界级航空枢纽（图 8-25）。机场航站楼占地面积 78 万 m²，民航站坪设 223 个机位，4 条运行跑道，可满足年旅客吞吐量 7200 万人次、货邮吞吐量 200 万 t、飞机起降量 62 万架次的使用需求。

图 8-25　北京大兴国际机场外观及内部概况

据统计，2020 年大兴国际机场旅客量吞吐量达到 1610 万人次，全国排名第 17 位；飞机起降 133114 架次，全国排名第 18 位。

8.4.2 关键技术

以项目组编制的行业标准《口岸负压隔离留验设施建设及配置指南》SN/T 5296—2021 为指导，设计并建设北京大兴机场口岸负压隔离留验设施。用以扼制室内致病微生物污染扩散、消除国外疫区人员进入我国国境导致疫病传播风险。

建成的大兴国际机场负压隔离留验设施共设 3 个不同功能区域，分别为 1 个医学排查区（位于地下一层 31 地块）与 2 个负压隔离区（分别位于地上一层 16 地块与地下一层 32 地块），相对位置见图 8-26。

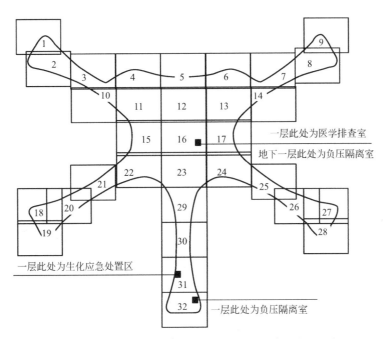

图 8-26　北京大兴国际机场口岸负压隔离区建设位置示意

医学排查区承担对疑似入境染疫患者进行生物学取样、样品检疫和废物处理，位于机场辅助工作区地下一层。医学排查区由南北两个小区组成，南区核心区域为 3 个医学排查室，用以暂留疑似染疫入境人员并进行医学采样；北区为核心区域为医学检测区，用以检疫病人生物学采样样品（图 8-27、图 8-28）。

两处负压隔离区分别位于地上一层与地下一层，负压隔离区由隔离病房与医学排查室组成。隔离病房用以留观疑似患者病症使用，医学排查室配合检验患者生物学采样样本。判断是否进一步移交专业医疗机构（图 8-29、图 8-30）。

大兴国际机场负压隔离留验区均采用全新风净化空调系统，空调机组净化过滤段由粗效＋中效过滤器组成，送风末端设置高效空气过滤器，保证房间洁净度水平（图 8-31）。同时，房间排风口设有高效排风过滤装置，消除致病微生物气溶胶随排风外泄隐患。

此外，根据项目组参与编制的《口岸负压隔离留验设施建设及配置指南》SN/T 5296—

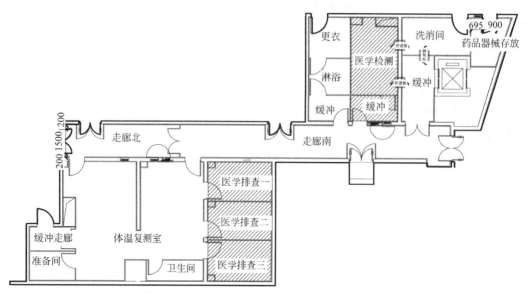

图 8-27　医学排查区平面图

图 8-28　医学排查区核心工作间实景图

2021 要求，除对和室外相通的普通清洁区域保持对室外大气正压外，向内各房间均按照不小于 5Pa 的负压梯度设计。医学排查区和负压病房隔离区的核心房间设置为对室外大气绝对负压，并保持房间内压力梯度按照低污染区向高污染区逐渐降低的顺序，确保气流保持定向有序流动，最大限度防止致病微生物向室外大气传播扩散（图 8-32）。

8.4.3　现场测试

现场测试全部 3 套独立的净化空调系统，其中一层医学排查室为一套独立系统，一层负压隔离室为一套独立系统，地下一层负压隔离室为一套独立系统。调研参数包括房间常规参数（换气次数、静压差、洁净度、温度、相对湿度、噪声、照度、新风量）以及浮游菌浓度。

医学排查区核心房间常规参数调研结果见表 8-7，微生物浓度调研结果见表 8-8。隔离病房核心房间常规参数调研结果见表 8-9，微生物浓度调研结果见表 8-10。

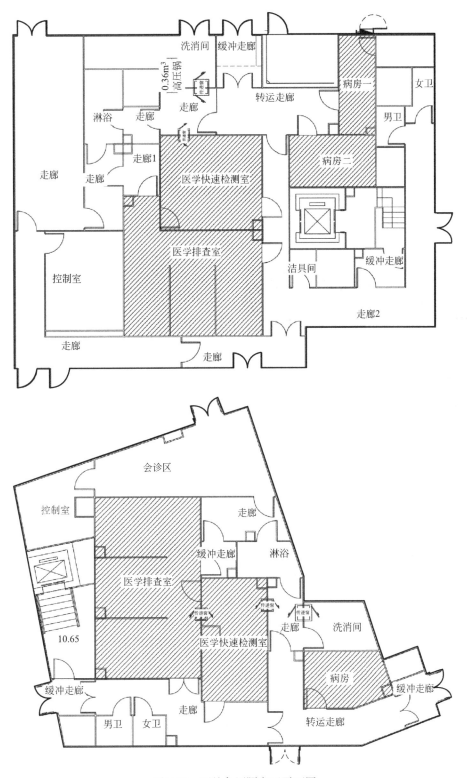

图 8-29 两处负压隔离区平面图

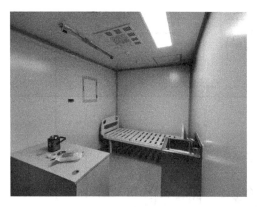

图 8-30　负压隔离隔区离病房实景图

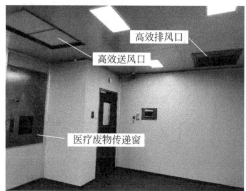

图 8-31　空调机组及房间送/排风口示意图

8.4.4　控制效果

调研结果表明，系统下辖各房间除外围非核心房间对室外大气保持 10Pa 正压，保障洁净度要求系统向内方向外，核心房间均采取压力梯度向内不小于−5Pa 的调试，且均对室外大气绝对负压，并确保房间内压力梯度按照低污染区向高污染区有序流动。通过控制不同房间压差大小，确保气流保持合理的定向流动，最大限度防止致病微生物向外扩散。

8.4.5　效益评价

负压隔离留验设施是从事与出入口岸的人体及其携带品有关的病原学、免疫学、酶学、血清学、分子生物学、生物化学隔离留验的专设场所，其设立的目的是为了预防和控制传染性疾病的传播及蔓延，具备对染疫嫌疑人进行诊查和检验以及对染疫人采集和留验等措施所必备的设施。在出入口岸的人体及其携带品中，可能会存在各种各样的病原体或有毒物质，这些病原体和有毒物质有可能具备较强的传染性，如果室内污染区压力不稳引起扩散，不仅污染负压隔离留验设施，还可能导致检验结果失败或混淆。为了预防和避免传染性疾病传播的发生，做好负压隔离留验设施的安全防护，是预防负压隔离留验设施感染以及检验成功的有效措施。

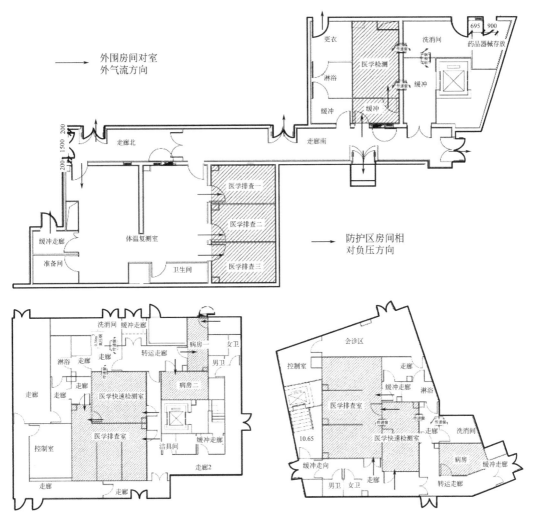

图 8-32　负压隔离区气流流向示意图

医学排查区核心房间常规参数调研结果　　　　　　　表 8-7

房间名称	房间设计级别	换气次数 (h⁻¹)	静压差 (Pa)	含尘浓度　粒/L				温度 (℃)	相对湿度 (%)
				点平均最大值		室平均统计值			
				≥0.5μm	≥5.0μm	≥0.5μm	≥5.0μm		
缓冲	万级	32.7	+15(对走廊南) +7(对大气)	16.1	1.9	18.0	2.5	24.2	33.5
医学检测	万级	15.4	−17(对缓冲) −10(对大气)	149.1	1.9	193.5	2.8	24.8	32.7
医学排查一	万级	17.0	−6(对体温复测室) −16(对大气)	85.3	1.5	88.7	1.8	22.6	34.8
医学排查二	万级	15.0	−8(对体温复测室) −18(对大气)	65.5	1.6	77.7	2.0	22.3	31.9
医学排查三	万级	15.4	−10(对体温复测室) −20(对大气)	100.6	1.9	113.7	2.5	23.5	35.4

注：全新风，系统新风量：1639m³/h；室外温度：5.8℃；相对湿度：20.1%。

医学排查区核心房间悬浮细菌调研结果　　表8-8

房间名称	房间设计级别	采样编号	采样量(L)	1号皿菌落数	2号皿菌落数	3号皿菌落数	CFU/m³	平均值(CFU/m³)
缓冲	万级	1号	140	0	0	0	0	0
医学检测	万级	1号	140	0	1	0	2.4	2.4
医学排查一	万级	1号	140	0	1	1	4.8	4.8
医学排查二	万级	1号	140	2	0	0	7.1	7.1
医学排查三	万级	1号	140	1	1	0	4.8	4.8

两处负压隔离区核心房间常规参数调研结果　　表8-9

房间名称	房间设计级别	换气次数(h⁻¹)	静压差(Pa)	含尘浓度(粒/L)				温度(℃)	相对湿度(%)
				点平均最大值		室平均统计值			
				≥0.5μm	≥5.0μm	≥0.5μm	≥5.0μm		
医学排查室	万级	15.2	−7(对走廊) −13(对大气)	64.0	2.1	71.5	2.4	24.3	43.2
医学快速检测室	万级	16.4	−7(对医学排查室) −14(对走廊) −20(对大气)	99.9	1.2	100.8	1.5	24.8	48.7
病房	万级	19.6	−8(对转运走廊) −20(对大气)	166.9	1.5	196.0	1.5	23.9	45.5

注:全新风,系统新风量:3042m³/h;室外温度:5.8℃;相对湿度:20.1%。

房间名称	房间设计级别	换气次数(h⁻¹)	静压差(Pa)	含尘浓度(粒/L)				温度(℃)	相对湿度(%)
				点平均最大值		室平均统计值			
				≥0.5μm	≥5.0μm	≥0.5μm	≥5.0μm		
医学排查室	万级	17.4	−5(对走廊1) −5(对走廊2) −11(对大气)	168.0	1.8	177.7	2.4	24.9	35.7
医学快速检测室	万级	15.1	−6(对医学排查室) −11(对走廊2) −17(对大气)	165.3	1.6	208.1	2.6	24.6	36.7
病房一	万级	18.6	−7(对转运走廊) −21(对大气)	314.5	2.0	341.1	2.6	24.2	34.5
病房二	万级	24.6	−9(对转运走廊) −23(对大气)	302.9	1.9	305.8	2.5	24.0	32.9

注:全新风,系统新风量:3636m³/h;室外温度:5.8℃;相对湿度:20.1%。

两处负压隔离区房间悬浮细菌调研结果 表 8-10

房间名称	房间设计级别	采样编号	采样量(L)	1号皿菌落数	2号皿菌落数	3号皿菌落数	CFU/m³	平均值(CFU/m³)
医学排查室	万级	1号	140	2	0	2	9.5	9.5
医学快速检测室	万级	1号	140	2	1	0	7.1	7.1
病房	万级	1号	140	2	1	1	9.5	9.5
房间名称	房间设计级别	采样编号	采样量(L)	1号皿菌落数	2号皿菌落数	3号皿菌落数	CFU/m³	平均值(CFU/m³)
医学排查室	万级	1号	140	0	0	3	7.1	7.1
医学快速检测室	万级	1号	140	2	0	1	7.1	7.1
病房一	万级	1号	140	4	2	4	23.8	23.8
病房二	万级	1号	140	1	4	1	14.3	14.3

该项目的顺利实施，是行业标准《口岸负压隔离留验设施建设及配置指南》SN/T 5296-2021 的成功应用案例，有利于更好地指导和规范负压隔离留验设施的建设、日常使用和维护，确保人员安全，促进我国负压隔离留验设施健康、高效、合理使用。

本章参考文献

[1] Chang J C，Foarde K K，VanOsdell D W. Assessment of fungal (Penicillium chrysogenum) growth on three HVAC duct materials [J]. Environment International，1996，22（4）：425-431.

[2] 严汉彬，丁力行. 控制空调系统微生物污染的温湿度条件分析 [J]. 制冷与空调，2011，11（2）：14-17.

[3] Hospodsky D，Qian J，Nazaroff W W，et al. Human occupancy as a source of indoor airborne bacteria [J]. PloS one，2012，7（4）：e34867.

[4] Qian J，Hospodsky D，Yamamoto N，et al. Size-resolved emission rates of airborne bacteria and fungi in an occupied classroom [J]. Indoor air，2012，22（4）：339-351.

[5] Goh I，Obbard J，Viswanathan S，et al. Airborne bacteria and fungal spores in the indoor environment. A case study in Singapore [J]. Acta Biotechnologica，2000，20（1）：67-73.

[6] Lundqvist G R，Aalykke C，Bonde G. Evaluation of children as sources of bioaerosols in a climate chamber study [J]. Environment international，1990，16（3）：213-218.

[7] Heo K J，Lim C E，Kim H B，et al. Effects of human activities on concentrations of culturable bioaerosols in indoor air environments [J]. Journal of Aerosol Science，2017，104：58-65.

[8] Tseng C-H，Wang H-C，Xiao N-Y，et al. Examining the feasibility of prediction models by monitoring data and management data for bioaerosols inside office buildings [J]. Building and environment，2011，46（12）：2578-2589.

[9] Fang Z，Gong C，Ouyang Z，et al. Characteristic and concentration distribution of culturable airborne bacteria in residential environments in Beijing，China [J]. Aerosol and Air Quality Research，2014，14（3）：943-953.

[10] Green C F，Scarpino P V，Gibbs S G. Assessment and modeling of indoor fungal and bacterial bioaerosol concentrations [J]. Aerobiologia，2003，19（3-4）：159-169.

[11] Tang J W. The effect of environmental parameters on the survival of airborne infectious agents [J].

Journal of the Royal Society Interface，2009，6：S737-S746.

[12] Van Leuken J，Swart A，Havelaar A，et al. Atmospheric dispersion modelling of bioaerosols that are pathogenic to humans and livestock-A review to inform risk assessment studies [J]．Microbial Risk Analysis，2016，1：19-39.

[13] Bartlett K H，Martinez M，Bert J. Modeling of occupant-generated CO_2 dynamics in naturally ventilated classrooms [J]．Journal of Occupational and Environmental Hygiene，2004，1（3）：139-148.

[14] 王清勤，王静，陈西平.建筑室内生物污染控制与改善 [M]．北京：中国建筑工业出版社，2011.

[15] 李安桂.贴附通风理论及设计方法 [M]．北京：中国建筑工业出版社，2020.

[16] 张国强，尚守平，徐峰.室内空气品质 [M]．北京：中国建筑工业出版社，2012.

[17] de Aquino Neto F R，de Góes Siqueira L F. Guidelines for indoor air quality in offices in Brazil [C]．//Proceedings of the Proceedings of Healthy Buildings，F，2000.

[18] WHO. WHO guideline indoor air quality：Dampness and mould [M]．Geneva：World Health Organization，2009.

[19] Korea M o E o. Indoor Air quality management in public facilities [S]．Indoor Air Quality Management Act Amendment May，2005.

[20] Verde S C，Almeida S M，Matos J，et al. Microbiological assessment of indoor air quality at different hospital sites [J]．Research in microbiology，2015，166（7）：557-563.

[21] Eduard W. Fungal spores：a critical review of the toxicological and epidemiological evidence as a basis for occupational exposure limit setting [J]．Critical reviews in toxicology，2009，39（10）：799-864.

[22] Agency N E. Institute of Environmental Epidemiology，Ministry of the Environment，Guidelines for good indoor air quality in office premises [S]．1996.

[23] National Institute of Occupational S a H. Sampling and characterization of bioaerosols [S]．1998.

[24] WHO. Indoor air quality：biological contaminants，WHO-Regional Publications [M]．European Series，1990.

[25] IAQA. Indoor Air Quality Standard 95-1 recommended for Florida [M]．Florida：Longwood，1995.

[26] 于玺华，车凤翔.现代空气微生物学及采检鉴技术 [M]．北京：军事医学科学出版社，1998.

[27] 军事科学院军事医学研究院微生物流行病研究所 等.颗粒 生物气溶胶采样和分析 通则.GB/T 38517—2020 [S]．北京：中国标准出版社，2020.

[28] 段会勇.动物舍微生物气溶胶及其向周围环境的传播 [D]．山东：山东农业大学，2008.

[29] 张妍，李振海.室内空气净化器性能指标的探讨 [J]．环境与健康杂志，2007，（6）：453-455.

[30] 宋瑞金，吴俊华，赵欣.被动式室内空气净化产品功能的评价指标探讨 [J]．环境与健康杂志，2008，（3）：260-261.

[31] 任键林.通风过滤净化系统对室内 $PM_{2.5}$ 颗粒污染物净化效力的研究 [D]．天津：天津大学，2018.

[32] 清华大学等.空气净化器污染物净化性能测定.JG/T 294-2010 [S]．北京：中国标准出版社，2010.

[33] 倪沈阳.室内环境 $PM_{2.5}$ 质量浓度控制方法研究 [D]．吉林：吉林建筑大学，2018.

[34] 胡晓微，张于峰，谢朝国，等.室内空气净化器性能评价指标的试验研究 [J]．安全与环境学报，2012，12（5）：64-68.

[35] 张宝莹，刘凡.室内空气净化装置颗粒物净化效果评价技术进展 [J]．环境与健康杂志，2009，26（3）：269-271.

［36］ Adams R I，Bhangar S，Dannemiller K C，et al. Ten questions concerning the microbiomes of build-ings［J］. Building and Environment，2016，109：224-234.

［37］ 中国建筑科学研究院 等 . 医院洁净手术部建筑技术规范 . GB 50333—2013［S］. 北京：中国标准出版社，2013.

［38］ 中国疾病预防控制中心环境与健康相关产品安全所 等 . 公共场所集中空调通风系统卫生规范 . WS 394—2012［S］. 北京：中国标准出版社，2012.